数控车床编程

100例

SHUKONG CHECHUANG
BIANCHENG 100LI

刘蔡保　编著

化学工业出版社

· 北京 ·

内 容 简 介

《数控车床编程 100 例》面向实际生产，从学习者的角度出发，按照产品由简单到复杂、由单一模块到配合零件、由基本外形到宏程序编制的纵向结构，逐步精细讲解编程的方法和要点，最后得到总体的编程经验的提升。本书每一道例题，遵循模块化结构，即设置有：学习目的＋加工图纸及要求＋工艺分析和模型＋数控程序＋刀具路径及切削验证五大模块，使学习成为多层次、多维度的求知探索。

本书适合从事数控加工的技术人员、编程人员、工程师和管理人员使用，也可供高等院校、职业技术学院相关专业师生参考。

图书在版编目（CIP）数据

数控车床编程 100 例/刘蔡保编著. —北京：化学工业出版社，2024.2
ISBN 978-7-122-44446-2

Ⅰ.①数… Ⅱ.①刘… Ⅲ.①数控机床-车床-程序设计
Ⅳ.①TG519.1

中国国家版本馆 CIP 数据核字（2023）第 216848 号

责任编辑：王　烨　　　　　　　文字编辑：郑云海　温潇潇
责任校对：边　涛　　　　　　　装帧设计：王晓宇

出版发行：化学工业出版社
　　　　　（北京市东城区青年湖南街 13 号　邮政编码 100011）
印　　刷：北京云浩印刷有限责任公司
装　　订：三河市振勇印装有限公司
880mm×1230mm　1/32　印张 14½　字数 451 千字
2024 年 7 月北京第 1 版第 1 次印刷

购书咨询：010-64518888　　　　　　售后服务：010-64518899
网　　址：http://www.cip.com.cn

定　　价：79.80 元　　　　　　　　　　版权所有　违者必究

···········

前言
Preface

　　本书是对手工编程的扩展和延伸，其中多用循环指令联合编程来实现加工程序。

　　在基础的编程学习教材中，多采用一个循环指令来完成整个外轮廓的编程。本书则根据加工的工艺，在保证加工效率的前提下，将 G71、G73 等指令联合使用，以此来编制各种复杂的零件加工程序。

　　本书以突出编程理念为主导，在分析和精讲编程方法的基础上，精心挑选多达 100 个实例，重点讲述 FANUC 编程的思路和方法。

　　本书的编写有以下特点：

◆ 精简扼要的编程理论

　　通过精要的理论提炼，精确完整地将宏程序（参数编程）编程所需的知识点，以明晰简洁的语言阐述出来，易于学习、易于吸收、易于深化。

◆ 极其宏大的百例例题

　　为了巩固和升华基础编程的学习，本书从基础到高难度，在宁缺毋滥的前提下，按照学习的规律挑选了 100 道加工例题，涵盖了数控车的外圆、沟槽、螺纹加工，也包括了内轮廓、钻孔、端面槽的特殊加工，覆盖了车削生产加工的方方面面。

◆ 五大模块的相得益彰

　　每一道例题，不是将程序单独罗列展示，而是通过"学习目的+加工图纸及要求+工艺分析和模型+数控程序+刀具路径及切削验证"的综合性讲解，使学习变成多层次、多维度的求知探索。

　　1. 学习目的：简单说明本道例题必须掌握的知识点。

　　2. 加工图纸及要求：通过工件图展示所编程工件的详细参数，而三维图则展示其三维模型。

　　3. 工艺分析和模型：用极精简的语言将宏程序（参数编程）编程的重点、要点阐述出来，配之以完整的几何模型图，做到一例一分析、一例一模型。

4. 数控程序：采用表格的方式将程序完整地呈现出来，通过加工区域、加工程序和加工说明三大块，让学习者完全领会每一步的意义所在。

5. 刀具路径及切削验证：通过刀具路径的截图深入了解工件的切削过程，知道程序是如何走刀的、是何种效果。

书籍好比一架梯子，它能引导我们登上知识的殿堂；书籍如同一把钥匙，它能帮助我们开启心灵的智慧之窗。希望大家能够通过本书的学习，对自己的编程能力有所巩固与提高。

本书在编写过程中得到了内子徐小红女士的大力支持，在此表示感谢。限于编者水平，书中不当之处，敬请读者朋友批评指正。

刘蔡保

2024.5

目录
Contents

第一章
外圆轴类零件

一、圆弧阶台轴零件

1. 学习目的

① 思考前端和中间圆弧如何计算。

② 熟练掌握通过外径粗车循环 G71 编程的方法。

③ 能迅速构建编程所使用的模型。

视频演示

2. 加工图纸及要求

数控车削加工如图 1.1 所示的零件，编制其加工的数控程序。

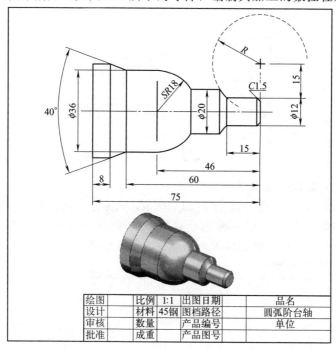

绘图		比例	1:1	出图日期		品名	
设计		材料	45钢	图档路径		圆弧阶台轴	
审核		数量		产品编号		单位	
批准		成重		产品图号			

图 1.1　圆弧阶台轴零件

3. 工艺分析和模型

(1) 工艺分析

该零件由外圆柱面、顺圆弧、逆圆弧、斜锥面等表面组成，零件图尺寸标注完整，符合数控加工尺寸标注要求；轮廓描述清楚完整；零件材料为 45 钢，切削加工性能较好，无热处理和硬度要求。

(2) 毛坯选择

零件材料为 45 钢，ϕ45mm 棒料。

(3) 刀具选择（见表 1.1）

表 1.1　刀具选择

刀具号	刀具规格名称	加工内容	刀具特征	备注
T01	硬质合金 35°外圆车刀	车端面及车轮廓		
T02	切断刀（切槽刀）	切断	宽 3mm	

(4) 几何模型

本例题一次性装夹，轮廓部分采用 G71 的循环编程，其加工路径的模型设计如图 1.2 所示。

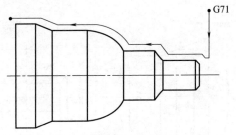

图 1.2　几何模型和编程路径示意图

(5) 数学计算

本题需要计算圆弧的半径和坐标值，可采用三角函数、勾股定理等几何知识计算，也可使用计算机制图软件（如 AutoCAD、UG、Mastercam、SolidWorks 等）的标注方法来计算。

4. 数控程序

开始	M03 S800	主轴正转，800r/min
	T0101	换 1 号外圆车刀
	G98	指定走刀按照 mm/min 进给
端面	G00 X50 Z0	快速定位工件端面上方
	G01 X0 F80	车端面，走刀速度 80mm/min

G71 粗车循环	G00 X48 Z3	快速定位循环起点
	G71U3R1	X 向每次吃刀量 3,退刀为 1
	G71P10Q20U0.4 W0.1F100	循环程序段 10～20
外轮廓	N10 G00 X9	垂直移动到最低处,不能有 Z 值
	G01 Z0	接触工件
	X12 Z−1.5	车削 $C1.5$ 的倒角
	Z−15	车削 $\phi12$ 的外圆
	G02 X20 Z−18.138 R21.213	车削 $R21.213$ 的顺时针圆弧
	G01 Z−31.033	车削 $\phi20$ 的外圆
	G03 X36 Z−46 R18	车削 $R18$ 的逆时针圆弧
	G01 Z−60	车削 $\phi36$ 的外圆
	X41.096 Z−67	斜向车削
	N20 G01 Z−78	车削 $\phi41.096$ 的外圆
精车	M03 S1200	提高主轴转速,1200r/min
	G70 P10 Q20 F40	精车
	G00 X200 Z200	快速退刀
切断	T0202	换切断刀,即切槽刀
	M03S800	主轴正转,800r/min
	G00 X45 Z−78	快速定位至切断处
	G01 X0 F20	切断
结束	G00 X200 Z200	快速退刀
	M05	主轴停
	M30	程序结束

5. 刀具路径及切削验证（见图 1.3）

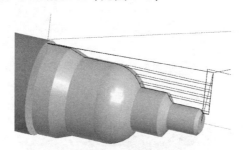

图 1.3　刀具路径及切削验证

二、圆弧短轴零件

1. 学习目的

① 思考中间圆弧如何计算。

② 熟练掌握通过外径粗车循环 G71 和复合轮廓粗车循环 G73 编程的方法。

视频演示

③ 能迅速构建编程所使用的模型。

2. 加工图纸及要求

数控车削加工如图 1.4 所示的零件，编制其加工的数控程序。

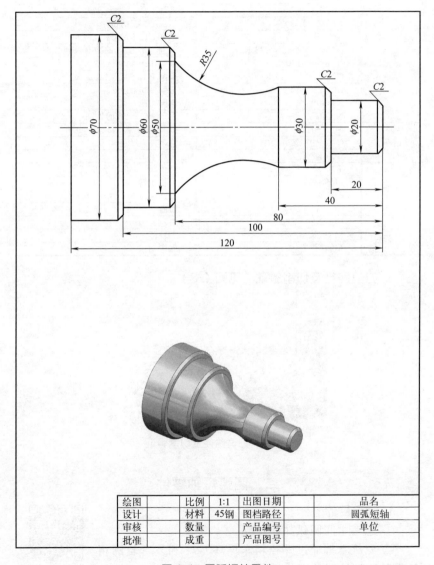

绘图		比例	1:1	出图日期		品名
设计		材料	45钢	图档路径		圆弧短轴
审核		数量		产品编号		单位
批准		成重		产品图号		

图 1.4　圆弧短轴零件

3. 工艺分析和模型

（1）工艺分析

该零件由外圆柱面、顺圆弧、倒角等表面组成，零件图尺寸标注完整，符合数控加工尺寸标注要求；轮廓描述清楚完整；零件材料为45钢，切削加工性能较好，无热处理和硬度要求。

（2）毛坯选择

零件材料为45钢，ϕ72mm棒料。

（3）刀具选择（表1.2）

表1.2　刀具选择

刀具号	刀具规格名称	加工内容	刀具特征	备注
T01	硬质合金45°外圆车刀	车端面及车轮廓		
T02	切断刀（切槽刀）	切断	宽3mm	

（4）几何模型

本例题一次性装夹，轮廓部分采用G71和G73的循环联合编程，其加工路径的模型设计如图1.5所示。

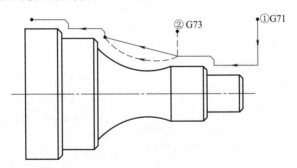

图1.5　几何模型和编程路径示意图

（5）数学计算

本题工件尺寸和坐标值明确，可直接进行编程。

4. 数控程序

开始	M03 S800	主轴正转，800r/min
	T0101	换1号外圆车刀
	G98	指定走刀按照 mm/min 进给
端面	G00 X75 Z0	快速定位工件端面上方
	G01 X0 F80	车端面，走刀速度 80mm/min

	G00 X75 Z3	快速定位循环起点
G71 粗车循环	G71U3R1	X 向每次吃刀量 3,退刀为 1
	G71P10Q20U0.4 W0.1F100	循环程序段 10~20
外轮廓	N10G00 X20	快速定位到轮廓右端 3mm 处
	G01 Z−20	车削 ϕ12 的部分
	X26 Z−20	车削 ϕ30 的右端
	X30 Z−22	车削 C2 的倒角
	X30 Z−40	车削 ϕ30 的外圆
	X50 Z−80	斜向直线车削至 R35 圆弧终点
	X56 Z−80	车削 ϕ60 的右端
	X60 Z−82	车削 C2 的倒角
	X60 Z−100	车削 ϕ60 的外圆
	X66 Z−100	车削 ϕ70 的右端
	X70 Z−102	车削 C2 的倒角
	N20 X70 Z−123	车削 ϕ70 的外圆
精车	M03 S1200	提高主轴转速,1200r/min
	G70 P10 Q20 F40	精车
G73 粗车循环	M03 S800	主轴正转,800r/min
	G00 X35 Z−40	快速定位循环起点
	G73 U4W3 R4	G73 粗车循环,循环 4 次
	G73 P30 Q40 U0.2 W0.2F80	循环程序段 30~40
外轮廓	N30G01 X30 Z−40	接触工件
	N40G02 X50 Z−80 R35	车削 R35 的顺时针圆弧
精车	M03 S1200	提高主轴转速,1200r/min
	G70 P30 Q40 F40	精车
倒角	M03 S800	主轴正转,800r/min
	G00 Z2	刀具平移出工件
	G00 X12 Z2	快速定位到倒角延长线
	G01 X20 Z−2 F100	车削倒角
	G00 X200 Z200	快速退刀
切断	T0202	换切断刀,即切槽刀
	M03 S800	主轴正转,800r/min
	G00 X75 Z−123	快速定位至切断处
	G01 X0 F20	切断
结束	G00 X200 Z200	快速退刀
	M05	主轴停
	M30	程序结束

5. 刀具路径及切削验证（见图 1.6）

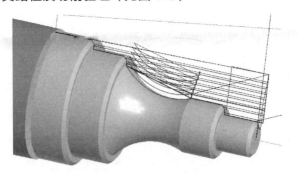

图 1.6　刀具路径及切削验证

三、球头圆弧轴零件

1. 学习目的

① 思考球头部分和连续圆弧如何计算。

② 熟练掌握通过外径粗车循环 G71 和复合轮廓粗车循环 G73 联合编程的方法。

视频演示

③ 能迅速构建编程所使用的模型。

2. 加工图纸及要求

数控车削加工如图 1.7 所示的零件，编制其加工的数控程序。

3. 工艺分析和模型

（1）工艺分析

该零件由外圆柱面、顺圆弧、逆圆弧、斜锥面等表面组成，零件图尺寸标注完整，符合数控加工尺寸标注要求；轮廓描述清楚完整；零件材料为 45 钢，切削加工性能较好，无热处理和硬度要求。

（2）毛坯选择

零件材料为 45 钢，$\phi 60mm$ 棒料。

（3）刀具选择（表 1.3）

表 1.3　刀具选择

刀具号	刀具规格名称	加工内容	刀具特征	备注
T01	硬质合金 35°外圆车刀	车轮廓		
T02	切断刀（切槽刀）	切断	宽 3mm	

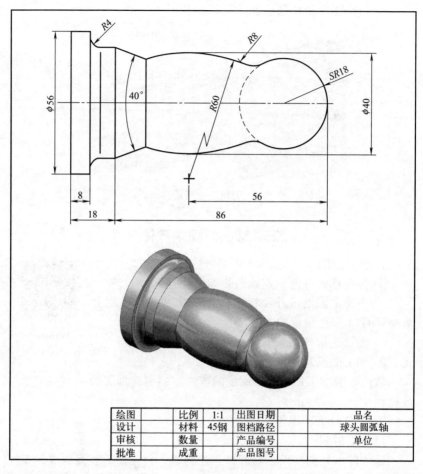

绘图		比例	1:1	出图日期		品名	
设计		材料	45钢	图档路径		球头圆弧轴	
审核		数量		产品编号		单位	
批准		成重		产品图号			

图 1.7　球头圆弧轴零件

（4）几何模型

本例题一次性装夹，轮廓部分采用 G71 和 G73 的循环联合编程，其加工路径的模型设计如图 1.8 所示。

（5）数学计算

本题需要计算圆弧的半径，可采用三角函数、勾股定理等几何知识计算，也可使用计算机制图软件（如 AutoCAD、UG、Mastercam、SolidWorks 等）的标注方法来计算。

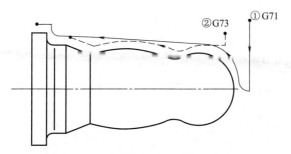

图 1.8　几何模型和编程路径示意图

4. 数控程序

开始	M03 S800	主轴正转,800r/min
	T0101	换 1 号外圆车刀
	G98	指定走刀按照 mm/min 进给
G71 粗车循环	G00 X65 Z3	快速定位循环起点
	G71 U3 R1	X 向每次吃刀量 3,退刀为 1
	G71 P10 Q20 U0.4 W0.1 F100	循环程序段 10～20
外轮廓	N10G00 X−4	快速定位到相切圆弧起点
	G02 X0 Z0 R2	$R2$ 的过渡顺时针圆弧
	G03 X36 Z−18 R18	车削 $R18$ 的逆时针圆弧
	G01 X43.771 Z−86	斜向车削至连续圆弧和斜线的终点
	G01 Z−92	车削 $\phi43.771$ 的外圆
	G02 X51.771 Z−96 R4	车削 $R4$ 的圆角
	G01 X56	车削 $\phi56$ 的外圆右端
	N20G01 Z−104	车削 $\phi56$ 的外圆
G73 粗车循环	G00 X45 Z−16	快速定位循环起点
	G73 U2 W3 R2	G73 粗车循环,循环 2 次
	G73 P30 Q40 U0.2 W0.2F80	循环程序段 30～40
外轮廓	N30G01 X36 Z−16	定位到圆弧右侧
	G01 X36 Z−18	接触圆弧
	G03 X31.756 Z−26.479 R18	车削 $R18$ 的逆时针圆弧
	G02 X31.061 Z−33.277 R8	车削 $R8$ 的顺时针圆弧
	G03 X34.372 Z−73.582 R60	车削 $R60$ 的逆时针圆弧
	N40G01 X43.771 Z−86	车削 40°外圆
精车	M03 S1200	提高主轴转速,1200r/min
	G00 Z2	刀具平移出工件
	G00 X−4	快速定位到相切圆弧起点
	G02 X0 Z0 R2 F40	$R2$ 的过渡顺时针圆弧
	G03 X31.756 Z−26.479 R18	车削 $R18$ 的逆时针圆弧

	G02 X31.061 Z−33.277 R8	车削 R8 的顺时针圆弧
	G03 X34.372 Z−73.582 R60	车削 R60 的逆时针圆弧
	G01 X43.771 Z−86	车削 40°外圆
精车	G01 Z−92	车削 ϕ43.771 的外圆
	G02 X51.771 Z−96 R4	车削 R4 的圆角
	G01 X56	车削 ϕ56 的外圆右端
	G01 Z−104	车削 ϕ56 的外圆
	G00 X200 Z200	快速退刀
	T0202	换切断刀，即切槽刀
切断	M03 S800	主轴正转，800r/min
	G00 X62 Z−107	快速定位至切断处
	G01 X0 F20	切断
	G00 X200 Z200	快速退刀
结束	M05	主轴停
	M30	程序结束

5. 刀具路径及切削验证（见图 1.9）

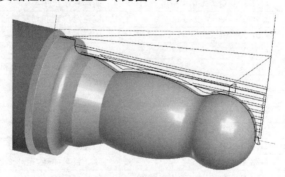

图 1.9　刀具路径及切削验证

四、球头浅槽轴零件

1. 学习目的

① 思考球头部分如何计算。

② 思考如何方便快速地实现浅槽的加工。

③ 熟练掌握通过外径粗车循环 G71 编程的方法。

④ 能迅速构建编程所使用的模型。

视频演示

2. 加工图纸及要求

数控车削加工如图 1.10 所示的零件，编制其加工的数控程序。

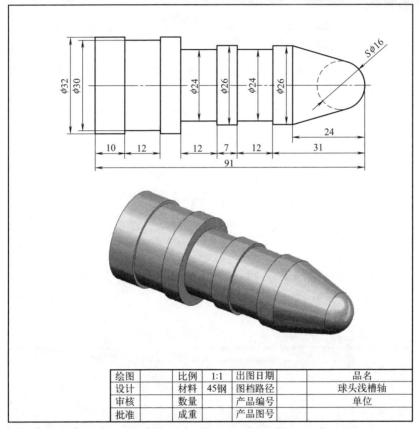

绘图		比例	1:1	出图日期		品名
设计		材料	45钢	图档路径		球头浅槽轴
审核		数量		产品编号		单位
批准		成重		产品图号		

图 1.10　球头浅槽轴零件

3. 工艺分析和模型

(1) 工艺分析

该零件由外圆柱面、逆圆弧、斜锥面、槽等表面组成，零件图尺寸标注完整，符合数控加工尺寸标注要求；轮廓描述清楚完整；零件材料为 45 钢，切削加工性能较好，无热处理和硬度要求。

(2) 毛坯选择

零件材料为 45 钢，ϕ34mm 棒料。

(3) 刀具选择（见表 1.4）

表 1.4　刀具选择

刀具号	刀具规格名称	加工内容	刀具特征	备注
T01	硬质合金 35°外圆车刀	车轮廓		
T02	切断刀（切槽刀）	切槽和切断	宽 3mm	

(4) 几何模型

本例题一次性装夹，轮廓部分采用 G71 的循环编程，其加工路径的模型设计如图 1.11 所示。

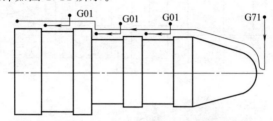

图 1.11　几何模型和编程路径示意图

(5) 数学计算

本题需要计算圆弧的半径，可采用勾股定理等几何知识计算，也可使用计算机制图软件（如 AutoCAD、UG、Mastercam、Solid-Works 等）的标注方法来计算。

4. 数控程序的编制

	M03 S800	主轴正转，800r/min
开始	T0101	换 1 号外圆车刀
	G98	指定走刀按照 mm/min 进给
G71 粗车循环	G00 X36 Z3	快速定位循环起点
	G71 U3 R1	X 向每次吃刀量3，退刀为1
	G71 P10 Q20 U0.4 W0.1 F100	循环程序段 10～20
外轮廓	N10G00 X−4	快速定位到相切圆弧起点
	G02 X0 Z0 R2	R2 的过渡顺时针圆弧
	G03 X15.36 Z−5.76 R8	车削 Sϕ16 球头的逆时针圆弧
	G01 X26 Z−24	斜向车削
	Z−62	车削 ϕ26 的外圆
	X32	车削至 ϕ32 外圆端面
	N20 Z−94	车削 ϕ32 的外圆
精车	M03 S1200	提高主轴转速，1200r/min
	G70 P10 Q20 F40	精车
	G00 X200 Z200	快速退刀

	T0202	换切断刀,即切槽刀
浅槽	M03 S800	主轴正转,800r/min
	G00 X30 Z−34	定位到第1个浅槽的上方
	G01 X24 F30	切削槽
	Z−43	平槽底
	X30 F200	抬刀
	G00 Z−53	定位到第2个浅槽的上方
	G01 X24 F30	切削槽
	Z−62	平槽底
	X36 F200	抬刀
	G00 Z−72	定位到第3个浅槽的上方
	G01 X30 F30	切削槽
	Z−81	平槽底
	X36 F200	抬刀
切断	Z−94	快速定位至切断处
	G01 X0 F20	切断
	G00 X200 Z200	快速退刀
结束	M05	主轴停
	M30	程序结束

5. 刀具路径及切削验证（见图1.12）

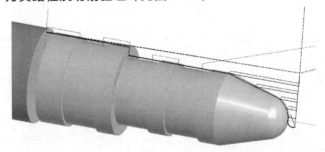

图 1.12　刀具路径及切削验证

五、等尺寸轮廓轴零件

1. 学习目的

① 思考等尺寸的轮廓如何计算。

② 思考如何使用相对编程方法编程。

③ 熟练掌握通过外径粗车循环 G71 编程的方法。

视频演示

④ 能迅速构建编程所使用的模型。

2. 加工图纸及要求

数控车削加工如图 1.13 所示的零件，编制其加工的数控程序。

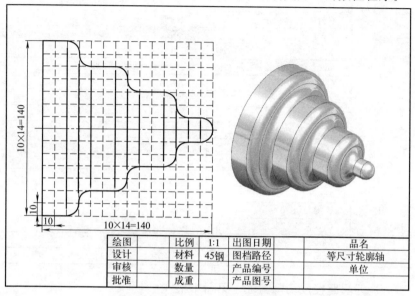

绘图		比例	1:1	出图日期		品名	
设计		材料	45钢	图档路径		等尺寸轮廓轴	
审核		数量		产品编号		单位	
批准		成重		产品图号			

图 1.13　等尺寸轮廓轴零件

3. 工艺分析和模型

(1) 工艺分析

该零件由外圆柱面、顺圆弧、逆圆弧等表面组成，零件图尺寸标注完整，符合数控加工尺寸标注要求；轮廓描述清楚完整；零件材料为 45 钢，切削加工性能较好，无热处理和硬度要求。

(2) 毛坯选择

零件材料为 45 钢，$\phi145$mm 棒料。

(3) 刀具选择 （见表 1.5）

表 1.5　刀具选择

刀具号	刀具规格名称	加工内容	刀具特征	备注
T01	硬质合金35°外圆车刀	车轮廓		
T02	切断刀（切槽刀）	切断	宽 3mm	

(4) 几何模型

本例题一次性装夹，轮廓部分采用 G71 的循环编程，其加工路径的模型设计如图 1.14 所示。

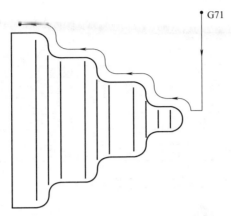

图 1.14　几何模型和编程路径示意图

（5）数学计算
本题工件尺寸和坐标值明确，可直接进行编程。

4. 宏程序

开始	M03 S800	主轴正转，800r/min
	T0101	换 1 号外圆车刀
	G98	指定走刀按照 mm/min 进给
G71 粗车 循环	G00 X150 Z3	快速定位循环起点
	G71 U3 R1	X 向每次吃刀量 3，退刀为 1
	G71 P10 Q20 U0.2 W0.2 F100	循环程序段 10～20
外轮廓	N10 G00 X0	垂直移动到最低处，不能有 Z 值
	G01 Z0	接触工件
	G03 X20 Z−10 R10	车削 R10 的逆时针圆弧
	G01 W−10	车削 ϕ20 外圆
	G02 U20W−10 R10	车削 R10 的顺时针圆弧
	G03 U20W−10 R10	车削 R10 的逆时针圆弧
	G01 W−20	车削 ϕ60 外圆
	G02 U20W−10 R10	车削 R10 的顺时针圆弧
	G03 U20W−10 R10	车削 R10 的逆时针圆弧
	G01 W−20	车削 ϕ100 外圆
	G02 U20W−10 R10	车削 R10 的顺时针圆弧
	G03 U20W−10 R10	车削 R10 的逆时针圆弧
	G01 W−20	车削 ϕ140 外圆
	N20G01 U3	抬刀

精车循环	M03 S1200	提高主轴转速,1200r/min
	G70 P10 Q20 F40	精车
切断	G00 X200 Z200	快速退刀
	T0202	换切断刀,即切槽刀
	M03 S800	主轴正转,800r/min
	G00 X150 Z−143	快速定位至切断处
	G01 X0 F20	切断
	G00 X200 Z200	快速退刀
结束	M05	主轴停
	M30	程序结束

5. 刀具路径及切削验证（见图 1.15）

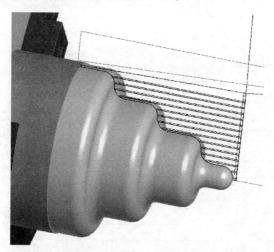

图 1.15　刀具路径及切削验证

六、球头细腰轴零件

1. 学习目的

① 思考球头部分如何计算。

② 熟练掌握通过外径粗车循环 G71 和复合轮廓粗车循环 G73 联合编程的方法。

③ 能迅速构建编程所使用的模型。

视频演示

2. 加工图纸及要求

数控车削加工如图 1.16 所示的零件，编制其加工的数控程序。

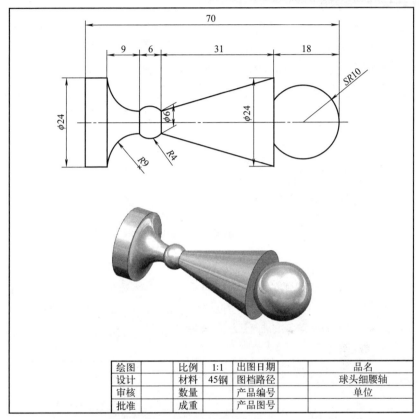

绘图		比例	1:1	出图日期		品名	
设计		材料	45钢	图档路径		球头细腰轴	
审核		数量		产品编号		单位	
批准		成重		产品图号			

图 1.16 球头细腰轴零件

3. 工艺分析和模型

(1) 工艺分析

该零件由外圆柱面、逆圆弧、斜锥面等表面组成，零件图尺寸标注完整，符合数控加工尺寸标注要求；轮廓描述清楚完整；零件材料为 45 钢，切削加工性能较好，无热处理和硬度要求。

(2) 毛坯选择

零件材料为 45 钢，$\phi 27$mm 棒料。

(3) 刀具选择（见表 1.6）

表 1.6　刀具选择

刀具号	刀具规格名称	加工内容	刀具特征	备注
T01	硬质合金 35°外圆车刀	车轮廓		
T02	切断刀（切槽刀）	切断	宽 3mm	

(4) 几何模型

本例题一次性装夹，轮廓部分采用 G71 和 G73 的循环联合编程，其加工路径的模型设计如图 1.17 所示。

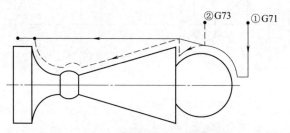

②G73　　①G71

图 1.17　几何模型和编程路径示意图

(5) 数学计算

本题需要计算圆弧的坐标值，可采用三角函数、勾股定理等几何知识计算，也可使用计算机制图软件（如 AutoCAD、UG、Mastercam、SolidWorks 等）的标注方法来计算。

4. 数控程序

开始	M03 S800	主轴正转，800r/min
	T0101	换 1 号外圆车刀
	G98	指定走刀按照 mm/min 进给
G71 粗车循环	G00 X30 Z3	快速定位循环起点
	G71U3R1	X 向每次吃刀量 3，退刀为 1
	G71P10Q20U0.4 W0.1F100	循环程序段 10～20
外轮廓	N10 G00 X0	垂直移动到最低处，不能有 Z 值
	G01　　Z0	接触工件
	G03 X20 Z－10 R10	车削 $R10$ 的逆时针圆弧到顶端
	G01 X24 Z－18	斜向车削至 $\phi24$ 的位置
	N20 Z－73	车削到 $\phi24$ 的外圆
G73 粗车循环	G00 X26 Z－8	快速定位循环起点
	G73 U7 W0 R4	G73 粗车循环，循环 4 次
	G73 P30 Q40 U0.2 W0.2F80	循环程序段 30～40

	N30 G01 X20	下刀至圆弧顶端右侧
外轮廓	Z－10	接触圆弧
	G03 X12 Z－18 R10	车削 R10 的逆时针圆弧
	G01 X24	车削 φ24 外圆的右端面
	X6 Z－49	斜向车削锥面
	G03 X6 Z－55 R4	车削 R4 的逆时针圆弧
	N40G02 X24 Z－64 R9	车削 R9 的顺时针圆弧
精车	M03 S1200	提高主轴转速，1200r/min
	G00 Z3	定位 Z 向位置
	G00 X0	垂直移动到最低处
	G01 Z0 F40	接触工件
	G03 X12 Z－18 R10	完整车削 R10 的逆时针圆弧
	G01 X24	车削 φ24 外圆的右端面
	X6 Z－49	斜向车削锥面
	G03 X6 Z－55 R4	车削 R4 的逆时针圆弧
	G02 X24 Z－64 R9	车削 R9 的顺时针圆弧
	G01 Z－70	车削到 φ24 的外圆
	G00 X100 Z100	退刀
切断	T0202	换切断刀，即切槽刀
	M03S800	主轴正转，800r/min
	G00 X30 Z－73	快速定位至切断处
	G01 X0 F20	切断
结束	G00 X200 Z200	快速退刀
	M05	主轴停
	M30	程序结束

5. 刀具路径及切削验证（见图 1.18）

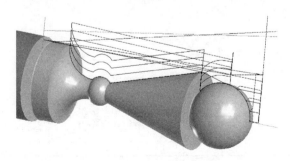

图 1.18　刀具路径及切削验证

七、多斜面球头阶台轴零件

1. 学习目的

① 思考前端球头部分和连续圆弧如何计算。

② 熟练掌握通过三角函数计算角度的方法。

③ 熟练掌握通过外径粗车循环 G71、复合轮廓粗车循环 G73 和 G01 联合编程的方法。

④ 能迅速构建编程所使用的模型。

视频演示

2. 加工图纸及要求

数控车削加工如图 1.19 所示的零件，编制其加工的数控程序。

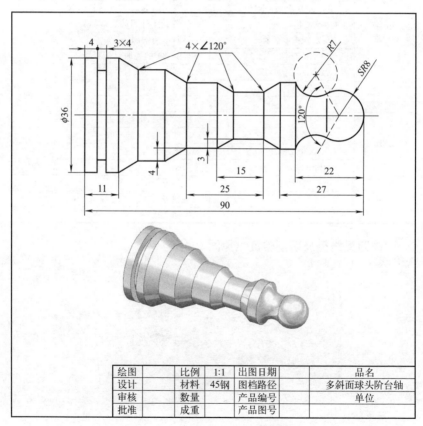

绘图		比例	1:1	出图日期		品名
设计		材料	45钢	图档路径		多斜面球头阶台轴
审核		数量		产品编号		单位
批准		成重		产品图号		

图 1.19　多斜面球头阶台轴零件

3. 工艺分析和模型

(1) 工艺分析

该零件由外圆柱面、顺圆弧、逆圆弧、斜锥面、槽等表面组成，零件图尺寸标注完整，符合数控加工尺寸标注要求；轮廓描述清楚完整；零件材料为 45 钢，切削加工性能较好，无热处理和硬度要求。

(2) 毛坯选择

零件材料为 45 钢，$\phi38$mm 棒料。

(3) 刀具选择（见表 1.7）

表 1.7　刀具选择

刀具号	刀具规格名称	加工内容	刀具特征	备注
T01	硬质合金 35°外圆车刀	车轮廓		
T02	切断刀（切槽刀）	切槽和切断	宽 3mm	

(4) 几何模型

本例题一次性装夹，轮廓部分采用 G71、G73、G01 的循环联合编程，其加工路径的模型设计如图 1.20 所示。

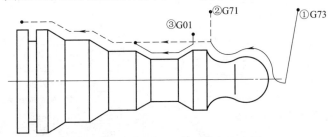

图 1.20　几何模型和编程路径示意图

(5) 数学计算

本题需要计算圆弧的坐标值和锥面关键点的坐标值，可采用三角函数、勾股定理等几何知识计算，也可使用计算机制图软件（如 AutoCAD、UG、Mastercam、SolidWorks 等）的标注方法来计算。

4. 数控程序

开始	M03 S800	主轴正转，800r/min
	T0101	换 1 号外圆车刀
	G98	指定走刀按照 mm/min 进给
G73 粗车循环	G00 X40 Z3	快速定位循环起点
	G73 U10 W1 R4	G73 粗车循环，循环 4 次
	G73 P10 Q20 U0.2 W0.2F80	循环程序段 10～20

外轮廓	N10 G00 X−4	快速定位到相切圆弧起点
	G02 X0 Z0 R2	$R2$ 的过渡顺时针圆弧
	G03X13.856 Z−12 R8	车削 $S\phi16$ 球头的逆时针圆弧
	N20 G02 X20.875 Z−22 R7	车削 $R7$ 的顺时针圆弧
G71 粗车循环	G00 X40 Z−22	快速定位循环起点
	G71 U3 R1	X 向每次吃刀量 3，退刀为 1
	G71 P30 Q40U0.4 W0.1F100	循环程序段 30～40
外轮廓	N30 G01 X20.785	定位到轮廓右端
	Z−57.196	车削 $\phi20.785$ 的部分
	X28.785 Z−64.124	斜向车削锥面
	Z−72.751	车削 $\phi28.785$ 的部分
	X36 Z−79	斜向车削锥面
	N40 Z−93	车削 $\phi36$ 的外圆部分
G01 轮廓	G00 X24Z−27	定位到 $\phi24$ 外圆上方
	G01 X[20.785+0.2]	接触工件，留 X 向余量
	X[15.392+0.2] Z−32.196	斜向车削锥面，留 X 向余量
	Z−42	车削 $\phi15.392$ 的部分，留 X 向余量
	X[20.785+0.2] Z−47.196	斜向车削锥面，留 X 向余量
精车	G00X24	抬刀
	Z2	定位 Z 向位置
	M03 S1200	提高主轴转速，1200r/min
	N10 G00 X−4	快速定位到相切圆弧起点
	G02 X0 Z0 R2 F40	$R2$ 的过渡顺时针圆弧
	G03X13.856 Z−12 R8	车削 $S\phi16$ 球头的逆时针圆弧
	G02 X20.875 Z−22 R7	车削 $R7$ 的顺时针圆弧
	G01Z−27	车削 $\phi20.785$ 的部分
	X15.392 Z−32.196	斜向车削锥面
	Z−42	车削 $\phi15.392$ 的部分
	X20.785 Z−47.196	斜向车削锥面
	Z−57.196	车削 $\phi20.785$ 的部分
	X28.785 Z−64.124	斜向车削锥面
	Z−72.751	车削 $\phi28.785$ 的部分
	X36 Z−79	斜向车削锥面
	Z−93	车削 $\phi36$ 的外圆部分
	G00 X200 Z200	快速退刀
切槽	T0202	换切断刀，即切槽刀
	M03S800	主轴正转，800r/min
	G00 X40 Z−86	快速定位至沟槽处
	G01 X28 F20	切槽
	X40 F100	抬刀

	Z−93	快速定位至切断处
切断	G01 X0 F20	切断
	G00 X200 Z200	快速退刀
结束	M05	主轴停
	M30	程序结束

5. 刀具路径及切削验证（见图 1.21）

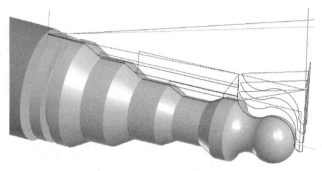

图 1.21　刀具路径及切削验证

八、双螺纹细长轴零件

1. 学习目的

① 思考复合形状轴类零件加工顺序。

② 熟练掌握通过外径粗车循环 G71 编程的方法。

③ 熟练掌握不同类型槽的加工方法。

④ 注意嵌入式螺纹的退刀方法。

⑤ 能迅速构建编程所使用的模型。

视频演示

2. 加工图纸及要求

数控车削加工如图 1.22 所示的零件，编制其加工的数控程序。

3. 工艺分析和模型

（1）工艺分析

该零件由圆柱面、斜锥面、多组槽、螺纹等表面组成，零件图尺寸标注完整，符合数控加工尺寸标注要求；轮廓描述清楚完整；零件材料为 45 钢，切削加工性能较好，无热处理和硬度要求。

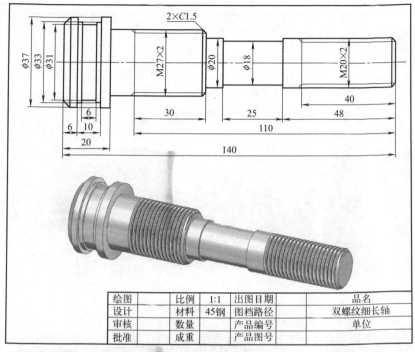

绘图		比例	1:1	出图日期		品名
设计		材料	45钢	图档路径		双螺纹细长轴
审核		数量		产品编号		单位
批准		成重		产品图号		

图 1.22 双螺纹细长轴零件

(2) 毛坯选择

零件材料为 45 钢，ϕ42mm 棒料。

(3) 刀具选择（见表 1.8）

表 1.8 刀具选择

刀具号	刀具规格名称	加工内容	刀具特征	备注
T01	硬质合金 35°外圆车刀	车端面及车轮廓		
T02	切断刀（切槽刀）	切槽和切断	宽 3mm	
T03	螺纹刀	外螺纹	60°牙型角	

(4) 几何模型

本例题一次性装夹，轮廓部分采用 $G71$ 的循环编程，其尺寸~~
径的模型设计如图 1.23 所示。

(5) 数学计算

本题工件尺寸和坐标值明确，可直接进行编程。

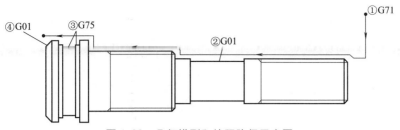

图 1.23　几何模型和编程路径示意图

4. 数控程序

开始	M03 S800	主轴正转,800r/min
	T0101	换 1 号外圆车刀
	G98	垂直移动到最低处,不能有 Z 值
端面	G00 X55 Z0	快速定位工件端面上方
	G01 X0 F80	车端面,走刀速度 80mm/min
G71 粗车 循环	G00 X55 Z3	接触工件
	G71U3R1	X 向每次吃刀量 3,退刀为 1
	G71P10Q20U0.4 W0.1F100	循环程序段 10~20
外轮廓	N10G00 X17	垂直移动到最低处,不能有 Z 值
	G01 Z0	接触工件
	X20 Z−1.5	车削 C1.5 的倒角
	Z−80	车削 φ20 的外圆
	X24	车削螺纹右端面
	X27 Z−81.5	车削 C1.5 的倒角
	Z−120	车削 φ27 的外圆
	X37	车削 φ37 的外圆右端面
	N20 Z−143	车削 φ37 的外圆
精车	M03 S1200	提高主轴转速,1200r/min
	G70 P10 Q20 F40	精车
浅槽	M03S800	降低主轴转速,800r/min
	G00X100Z100	快速退刀,准备换刀
	T0202	换 02 号切槽刀
	G00 X22 Z−51	快速定位至槽上方,准备切削 φ18 的槽
	G01 X18 F20	切槽
	Z−73	横向走刀,切浅槽
	X41 F100	抬刀
尾部第 1 层宽槽	G00 Z−127	快速定位至尾部第 1 层槽上方
	G75 R1	G75 切槽循环固定格式
	G75 X33 Z−134 P3000 Q2000 R0 F20	G75 切槽循环固定格式

	G00 X35 Z−129	快速定位至尾部第2层槽上方
尾部第2层宽槽	G75 R1	G75 切槽循环固定格式
	G75 X31 Z−132 P3000 Q1500 R0 F20	G75 切槽循环固定格式
	G00X40	抬刀
	G00X100Z100	快速退刀准备换刀
外螺纹	T0303	换03号螺纹刀
	G00X23 Z3	定位到第1个螺纹循环起点
	G76 P010260 Q100R0.1	G76 螺纹循环固定格式
	G76 X17.835 Z−40 P1083Q500R0F2	G76 螺纹循环固定格式
	G00X30 Z−77	定位到第2个螺纹循环起点
	G76 P010260 Q100R0.1	G76 螺纹循环固定格式
	G76 X24.835 Z−110 P1083 Q500R0F2	G76 螺纹循环固定格式
	G00 X200 Z200	快速退刀
尾部倒角和切断	T0202	换切断刀,即切槽刀
	M03S800	主轴正转,800r/min
	G00 X43 Z−143	快速定位至槽上方
	G01 X31 F20	切出槽的位置
	X43 F100	抬刀
	Z−140	定位到倒角上方
	X37 F20	接触倒角
	X31Z−143	切倒角
	X0	切断
	G00 X200 Z200	快速退刀
结束	M05	主轴停
	M30	程序结束

5. 刀具路径及切削验证（见图1.24）

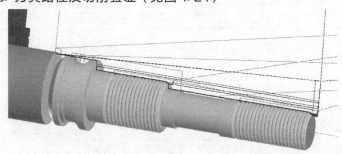

图 1.24　刀具路径及切削验证

九、多圆弧阶台螺纹轴零件

1. 学习目的

① 思考中间的圆弧如何计算。

② 熟练掌握通过三角函数计算角度的方法。

视频演示

③ 熟练掌握通过外径粗车循环 G71、复合轮廓粗车循环 G73 和 G01 联合编程的方法。

④ 掌握多头螺纹的编程方法。

⑤ 能迅速构建编程所使用的模型。

2. 加工图纸及要求

数控车削加工如图 1.25 所示的零件，编制其加工的数控程序。

3. 工艺分析和模型

(1) 工艺分析

该零件由外圆柱面、顺圆弧、逆圆弧、斜锥面、螺纹等表面组成，零件图尺寸标注完整，符合数控加工尺寸标注要求；轮廓描述清楚完整；零件材料为 45 钢，切削加工性能较好，无热处理和硬度要求。

(2) 毛坯选择

零件材料为 45 钢，ϕ85mm 棒料。

(3) 刀具选择（见表 1.9）

表 1.9　刀具选择

刀具号	刀具规格名称	加工内容	刀具特征	备注
T01	硬质合金 35°外圆车刀	车端面及车轮廓		
T02	切断刀（切槽刀）	切断	宽 3mm	
T03	螺纹刀	外螺纹	60°牙型角	

(4) 几何模型

本例题一次性装夹，轮廓部分采用 G71、G73、G01 的循环联合编程，其加工路径的模型设计如图 1.26 所示。

(5) 数学计算

本题需要计算圆弧的坐标值，可采用三角函数、勾股定理等几何知识计算，也可使用计算机制图软件（如 AutoCAD、UG、Mastercam、SolidWorks 等）的标注方法来计算。

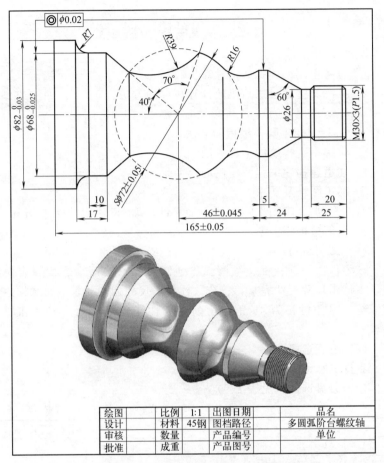

图 1.25 多圆弧阶台螺纹轴零件

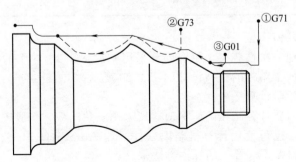

图 1.26 几何模型和编程路径示意图

4. 数控程序

	M03 S800	主轴正转，800r/min
开始	T0101	换 1 号外圆车刀
	G98	指定走刀按照 mm/min 进给
端面	G00 X85 Z0	快速定位工件端面上方
	G01 X0 F80	车端面，走刀速度 80mm/min
G71 粗车循环	G00 X88 Z3	快速定位循环起点
	G71U3R1	X 向每次吃刀量3，退刀为1
	G71P10Q20U0.4 W0.1F100	循环程序段 10～20
	N10 G00 X26	垂直移动到最低处，不能有 Z 值
	G01 Z0	接触工件
	X30 Z−2	车削倒角
	Z−28.5	车削 ϕ30 的外圆
	X47.939 Z−44	斜向车削锥面
外轮廓	Z−49	车削 ϕ47.939 的外圆部分
	X67.658 Z−82.687	斜向车削锥面至圆弧交点
	X68 Z−135.52	斜向车削锥面至 ϕ68 处
	Z−145.52	车削 ϕ68 的外圆
	G02 X82 Z−152.52 R7	车削 R7 的顺时针圆弧
	N20G01Z−168	车削 ϕ82 的外圆
	G00 X33 Z−18	定位至螺纹尾部
	G01 [X30+0.2] F80	接触工件，留 X 向余量
G01 螺纹退刀	X[26+0.2] Z−20	车削倒角，留 X 向余量
	Z−25	车削 ϕ26 的外圆，留 X 向余量
	X[30+0.2] Z−28.5	斜向车削锥面，留 X 向余量
	G01X70	抬刀
G73 粗车循环	Z−49	快速定位循环起点
	G73 U10 W1 R4	G73 粗车循环，循环 4 次
	G73 P30 Q40 U0.2 W0.2F80	循环程序段 30～40
	N30 G01 X47.939	接触工件
外轮廓	G02 X51.129 Z−69.653 R16	车削 R16 的顺时针圆弧
	G03X67.658 Z−82.687 R36	车削 R36 的逆时针圆弧
	G02 X46.281 Z−122.578 R39	车削 R39 的顺时针圆弧
	N40 G01 X68 Z−135.52	斜向车削锥面至 ϕ68 处
	G00 Z2	定位精车起点
	M03 S1200	提高主轴转速，1200r/min
精车	G00 X26	垂直移动到最低处，不能有 Z 值
	G01 Z0 F40	接触工件
	X30 Z−2	车削倒角
	Z−18	车削 ϕ30 的外圆

	X26 Z−20	车削倒角
精车	Z−25	车削 φ26 的外圆
	X47.939 Z−44	斜向车削锥面
	Z−49	车削 φ47.939 的外圆部分
	G02 X51.129 Z−69.653 R16	车削 R16 的顺时针圆弧
	G03 X67.658 Z−82.687 R36	车削 R36 的逆时针圆弧
	G02 X46.281 Z−122.578 R39	车削 R39 的顺时针圆弧
	G01 X68 Z−135.52	斜向车削锥面至 φ68 处
	Z−145.52	车削 φ68 的外圆
	G02 X82 Z−152.52 R7	车削 R7 的顺时针圆弧
	G01 Z−165	车削 φ82 的外圆
	G00 X100 Z100	快速退刀准备换刀
多头螺纹	T0303	换 03 号螺纹刀
	G00 X33 Z3	定位到螺纹循环起点
	G92 X29.2 Z−23 F3 L1	G92 螺纹循环,多头螺纹第 1 头,第 1 层①
	X28.5	第 2 层
	X28.376	第 3 层
	G92 X29.2 Z−23 F3 L2	G92 螺纹循环,多头螺纹第 2 头,第 1 层
	X28.5	第 2 层
	X28.376	第 3 层
	G00 X200 Z200	快速退刀
切断	T0202	换切断刀,即切槽刀
	M03 S800	主轴正转,800r/min
	G00 X90 Z−168	快速定位至切断处
	G01 X0 F20	切断
结束	G00 X200 Z200	快速退刀
	M05	主轴停
	M30	程序结束

① 多头螺纹分度有"L"的分头方法和"Q"的分度数方法,具体需要根据机床选用。

5. 刀具路径及切削验证（见图 1.27）

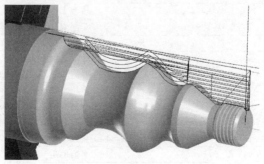

图 1.27　刀具路径及切削验证

十、长螺纹标准轴零件

1. 学习目的

① 思考中间的圆弧如何计算。

② 熟练掌握通过外径粗车循环 G71 和复合轮廓粗车循环 G73 联合编程的方法。

③ 掌握多头螺纹的编程方法。

④ 能迅速构建编程所使用的模型。

视频演示

2. 加工图纸及要求

数控车削加工如图 1.28 所示的零件，编制其加工的数控程序。

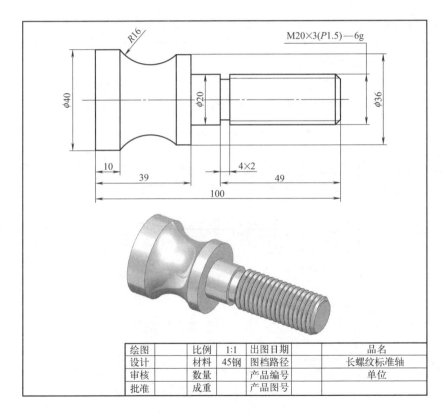

绘图		比例	1:1	出图日期		品名	
设计		材料	45钢	图档路径		长螺纹标准轴	
审核		数量		产品编号		单位	
批准		成重		产品图号			

图 1.28　长螺纹标准轴零件

3. 工艺分析和模型

(1) 工艺分析

该零件由外圆柱面、顺圆弧、槽、螺纹等表面组成，零件图尺寸标注完整，符合数控加工尺寸标注要求；轮廓描述清楚完整；零件材料为 45 钢，切削加工性能较好，无热处理和硬度要求。

(2) 毛坯选择

零件材料为 45 钢，$\phi45mm$ 棒料。

(3) 刀具选择（见表 1.10）

表 1.10　刀具选择

刀具号	刀具规格名称	加工内容	刀具特征	备注
T01	硬质合金 35°外圆车刀	车端面及车轮廓		
T02	切断刀（切槽刀）	切槽和切断	宽 4mm	
T03	螺纹刀	外螺纹	60°牙型角	

(4) 几何模型

本例题一次性装夹，轮廓部分采用 G71 和 G73 的循环联合编程，其加工路径的模型设计如图 1.29 所示。

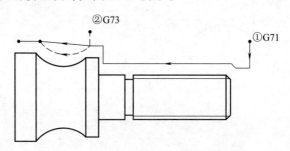

图 1.29　几何模型和编程路径示意图

(5) 数学计算

本题工件尺寸和坐标值明确，可直接进行编程。

4. 数控程序

开始	M03 S800	主轴正转，800r/min
	T0101	换 1 号外圆车刀
	G98	指定走刀按照 mm/min 进给
端面	G00 X50 Z0	快速定位工件端面上方
	G01 X0 F80	车端面，走刀速度 80mm/min

G71 粗车循环	G00 X50 Z3	快速定位循环起点
	G71 U3 R1	X 向每次吃刀量 3,退刀为 1
	G71 P10 Q20 U0.4 W0.1 F100	循环程序段 10~20
外轮廓	N10 G00 X16	垂直移动到最低处,不能有 Z 值
	G01 Z0	接触工件
	X20 Z-2	倒角
	Z-61	车削 $\phi20$ 的外圆
	X36	车削 $\phi36$ 的右端面
	Z-67	车削 $\phi36$ 的外圆
	X40 Z-90	斜向车削至 $\phi40$ 的右端
	N20 Z-104	车削 $\phi40$ 的外圆
G73 粗车循环	G00 X40 Z-67	快速定位循环起点
	G73 U6 W1 R3	G73 粗车循环,循环 3 次
	G73 P30 Q40 U0.2 W0.2 F80	循环程序段 30~40
外轮廓	N30 G01 X36	接触工件
	N40 G02 X40 Z-90 R16	车削 R16 的顺时针圆弧
精车	M03 S1200	提高主轴转速,1200r/min
	G00 X30 Z3	定位精车起点
	X16	垂直移动到最低处
	G01 Z0	接触工件
	X20 Z-2	倒角
	Z-61	车削 $\phi20$ 的外圆
	X36	车削 $\phi36$ 的右端面
	Z-67	车削 $\phi36$ 的外圆
	G02 X40 Z-90 R16	车削 R16 的顺时针圆弧
	G01 Z-104	车削 $\phi40$ 的外圆
	G00 X100 Z100	快速退刀
退刀槽	T0202	换切断刀,即切槽刀
	M03 S800	主轴正转,800r/min
	G00 X24 Z-49	快速定位至切槽处
	G01 X16 F20 F20	切槽
	X24 F100	抬刀
	G00 X100 Z100	快速退刀,准备换刀
多头螺纹	T0303	换 03 号螺纹刀
	G00 X23 Z3	定位到螺纹循环起点
	G92 X19.2 Z-47 F3 L1	G92 螺纹循环,多头螺纹第 1 头,第 1 层
	X18.5	第 2 层
	X18.376	第 3 层

多头螺纹	G92 X19.2Z—47 F3 L2	G92 螺纹循环,多头螺纹第 2 头,第 1 层
	X18.5	第 2 层
	X18.376	第 3 层
	G00X100Z100	快速退刀
切断	T0202	换切断刀,即切槽刀
	M03S800	主轴正转,800r/min
	G00 X50 Z—104	快速定位至切断处
	G01 X0 F20	切断
结束	G00 X200 Z200	快速退刀
	M05	主轴停
	M30	程序结束

5. 刀具路径及切削验证（见图 1.30）

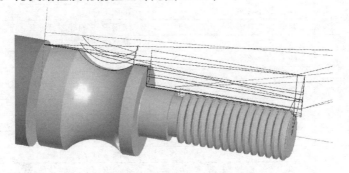

图 1.30　刀具路径及切削验证

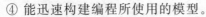

十一、球头定位轴零件

1. 学习目的

① 思考球头部分和中间的圆弧如何计算。

② 熟练掌握通过三角函数计算角度的方法。

③ 熟练掌握通过外径粗车循环 G71、复合轮廓粗车循环 G73 和 G01 联合编程的方法。

视频演示

④ 能迅速构建编程所使用的模型。

2. 加工图纸及要求

数控车削加工如图 1.31 所示的零件，编制其加工的数控程序。

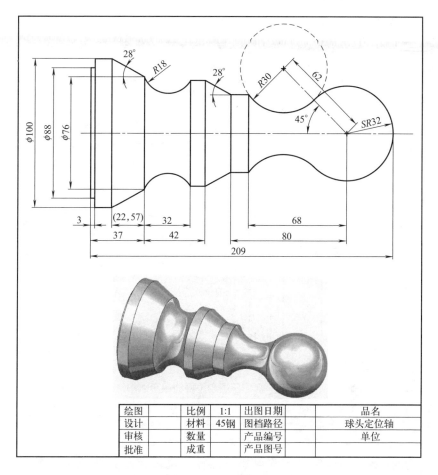

绘图		比例	1:1	出图日期		品名
设计		材料	45钢	图档路径		球头定位轴
审核		数量		产品编号		单位
批准		成重		产品图号		

图 1.31　球头定位轴零件

3. 工艺分析和模型

(1) 工艺分析

该零件由外圆柱面、顺圆弧、逆圆弧、斜锥面、螺纹等表面组成，零件图尺寸标注完整，符合数控加工尺寸标注要求；轮廓描述清楚完整；零件材料为 45 钢，切削加工性能较好，无热处理和硬度要求。

（2）毛坯选择

零件材料为 45 钢，$\phi 105mm$ 棒料。

（3）刀具选择（见表 1.11）

表 1.11　刀具选择

刀具号	刀具规格名称	加工内容	刀具特征	备注
T01	硬质合金 35°外圆车刀	车端面及车轮廓		
T02	切断刀（切槽刀）	切断	宽 3mm	

（4）几何模型

本例题一次性装夹，轮廓部分采用 G71 和 G73 的循环联合编程，其加工路径的模型设计如图 1.32 所示。

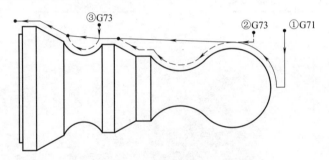

图 1.32　几何模型和编程路径示意图

（5）数学计算

本题需要计算圆弧的坐标值和锥面关键点的坐标值，可采用三角函数、勾股定理等几何知识计算，也可使用计算机制图软件（如 AutoCAD、UG、Mastercam、SolidWorks 等）的标注方法来计算。

4. 数控程序

开始	M03 S800	主轴正转，800r/min
	T0101	换 1 号外圆车刀
	G98	指定走刀按照 mm/min 进给
G71 粗车循环	G00 X110 Z3	快速定位循环起点
	G71U3R1	X 向每次吃刀量 3，退刀为 1
	G71P10Q20U0.4 W0.1F100	循环程序段 10～20

外轮廓	N10 G00 X0	垂直移动到最低处,不能有 Z 值
	G01 Z0	接触工件
	G03 X64 Z-32 R32	车削 R32 的逆时针圆弧全圆弧顶端
	G01 X71.252 Z-130	斜向车削到 ϕ71.252 的右端
	Z-140	车削 ϕ71.252 的外圆
	X76 Z-172	斜向车削到 ϕ76 的右端
	X100 Z-194.569	斜向车削锥面
	N20 Z-212	车削 ϕ100 的外圆
粗车	G00 X68 Z-30	快速定位循环起点
	G73 U15 W1 R6	G73 粗车循环,循环 6 次
	G73 P30 Q40 U0.2 W0.2F80	循环程序段 30~40
外轮廓	N30 G01 X64	定位到圆弧顶端右侧
	Z-32	接触圆弧
	G03 X45.255 Z-54.627 R32	车削 R32 的逆时针圆弧
	G02 X50.768 Z-100 R30	车削 R30 的顺时针圆弧
	G01 Z-112	车削 ϕ50.768 的外圆
	N40 X71.252 Z-130	斜向车削锥面
G73 粗车循环	G00 X74 Z-140	快速定位循环起点
	G73 U8 W0 R4	G73 粗车循环,循环 4 次
	G73 P50 Q60 U0.2 W0.2F80	循环程序段 50~60
外轮廓	N50 G01 X71.252	接触工件
	N60 G02 X76 Z-172 R18	车削 R18 的顺时针圆弧
精车	G00 X74 Z2	定位精车起点
	M03 S1200	提高主轴转速,1200r/min
	G00 X-4	快速定位到相切圆弧起点
	G02 X0 Z0 R2 F40	R2 的过渡顺时针圆弧
	G03 X45.255 Z-54.627 R32	车削 R32 的逆时针圆弧
	G02 X50.768 Z-100 R30	车削 R30 的顺时针圆弧
	G01 Z-112	车削 ϕ50.768 的外圆
	X71.252 Z-130	斜向车削锥面
	Z-140	车削 ϕ71.252 的外圆
	G02 X76 Z-172 R18	车削 R18 的顺时针圆弧
	G01 X100 Z-194.569	斜向车削锥面
	Z-209	车削 ϕ100 的外圆
	G00 X200 Z200	快速退刀
尾部槽切断	T0202	换切断刀,即切槽刀
	M03S800	主轴正转,800r/min
	G00 X104 Z-209	快速定位至尾部槽
	G01X88 F20	切槽

尾部槽切断	X108 F100	抬刀
	G00 X104 Z−212	快速定位至切断处
	G01 X0 F20	切断
结束	G00 X200 Z200	快速退刀
	M05	主轴停
	M30	程序结束

5. 刀具路径及切削验证（见图 1.33）

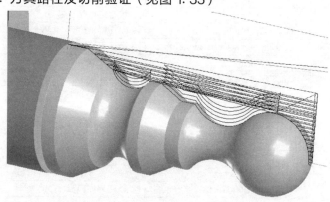

图 1.33　刀具路径及切削验证

十二、球头多锥面宽槽轴零件

1. 学习目的

视频演示

① 思考中间的圆弧如何计算。

② 熟练掌握通过三角函数计算角度的方法。

③ 熟练掌握通过外径粗车循环 G71、复合轮廓粗车循环 G73 和 G01 联合编程的方法。

④ 能迅速构建编程所使用的模型。

2. 加工图纸及要求

数控车削加工如图 1.34 所示的零件，编制其加工的数控程序。

3. 工艺分析和模型

（1）工艺分析

该零件由内外圆柱面、顺圆弧、斜锥面、宽槽等表面组成，零件

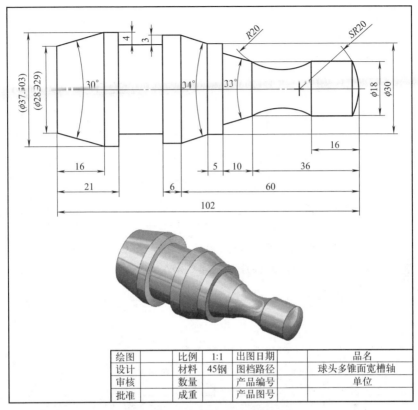

绘图		比例	1:1	出图日期		品名	
设计		材料	45钢	图档路径		球头多锥面宽槽轴	
审核		数量		产品编号		单位	
批准		成重		产品图号			

图 1.34 球头多锥面宽槽轴零件

图尺寸标注完整，符合数控加工尺寸标注要求；轮廓描述清楚完整；零件材料为 45 钢，切削加工性能较好，无热处理和硬度要求。

（2）毛坯选择

零件材料为 45 钢，$\phi40mm$ 棒料。

（3）刀具选择（表 1.12）

表 1.12　刀具选择

刀具号	刀具规格名称	加工内容	刀具特征	备注
T01	硬质合金 35°外圆车刀	车端面及车轮廓		
T02	切断刀（切槽刀）	切槽和切断	宽 3mm	

（4）几何模型

本例题一次性装夹，轮廓部分采用 G71 和 G73 的循环联合编程，其加工路径的模型设计如图 1.35 所示。

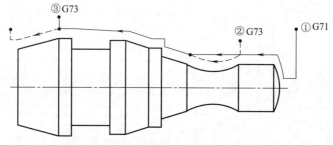

图 1.35　几何模型和编程路径示意图

(5) 数学计算

本题需要计算圆弧的坐标值,可采用三角函数、勾股定理等几何知识计算,也可使用计算机制图软件(如 AutoCAD、UG、Mastercam、SolidWorks 等)的标注方法来计算。

4. 数控程序

	M03 S800	主轴正转,800r/min
开始	T0101	换 1 号外圆车刀
	G98	指定走刀按照 mm/min 进给
G71 粗车 循环	G00 X42 Z3	快速定位循环起点
	G71 U3 R1	X 向每次吃刀量 3,退刀为 1
	G71 P10 Q20 U0.4 W0.1 F100	循环程序段 10～20
外轮廓	N10 G00 X0	垂直移动到最低处,不能有 Z 值
	G01 Z0	接触工件
	G03 X18 Z−2.139 R20	车削 R20 的逆时针圆弧
	G01　Z−36	车削 ϕ18 的外圆
	X24 Z−46	斜向车削锥面
	X30	车削 ϕ30 的外圆右端面
	Z−51	车削 ϕ30 的外圆
	X35.503 Z−60	斜向车削锥面
	Z−81	车削 ϕ35.503 的外圆
	X37.503	车削 ϕ37.503 的外圆右端面
	N20 Z−86	车削 ϕ37.503 的外圆
G73 粗车 循环	G00 X20 Z−16	快速定位循环起点
	G73 U2 W1 R2	G73 粗车循环,循环 2 次
	G73 P30 Q40 U0.2 W0.2F80	循环程序段 30～40
外轮廓	N30 G01 X18	接触工件
	N40 G02 X18 Z−36 R20	车削 R20 的顺时针圆弧

続表

粗车	G00 X44	抬刀
	Z−86	快速定位循环起点
	G73 U3 W0 R0	G73粗车循环,循环3次
	G73 P50 Q60 U0.2 W0.2F80	循环程序段50~60
外轮廓	N50 G01 X37.503	接触工件
	X28.929 Z−102	斜向车削锥面
	Z−105	车削切断处的位置
	N60 X40	抬刀
精车	M03 S1200	提高主轴转速,1200r/min
	G00 X42 Z2	定位精车起点
	G00 X−4	快速定位到相切圆弧起点
	G02 X0 Z0 R2 F40	R2的过渡顺时针圆弧
	G03 X18 Z−2.139 R20	车削R32的逆时针圆弧
	G01 Z−16	车削φ18的外圆
	G02 X18 Z−36 R20	车削R20的顺时针圆弧
	G01X24 Z−46	斜向车削锥面
	X30	车削φ30的外圆右端面
	Z−51	车削φ30的外圆
	X35.503 Z−60	斜向车削锥面
	Z−81	车削φ35.503的外圆
	X37.503	车削φ37.503的外圆右端面
	Z−86	车削φ37.503的外圆
	X28.929 Z−102	斜向车削锥面
	Z−105	车削切断处的位置
	X40	抬刀
	G00 X200 Z200	快速退刀
宽槽	T0202	换切断刀,即切槽刀
	M03S800	主轴正转,800r/min
	G00 X40 Z−69	定位切槽循环起点
	G75 R1	G75切槽循环固定格式
	G75 X29.503 Z−81 P3000 Q2000 R0 F20	G75切槽循环固定格式
切断	G00 X45 Z−105	快速定位至切断处
	G01 X0 F20	切断
结束	G00 X200 Z200	快速退刀
	M05	主轴停
	M30	程序结束

第一章 外圆轴类零件　041

5. 刀具路径及切削验证（见图 1.36）

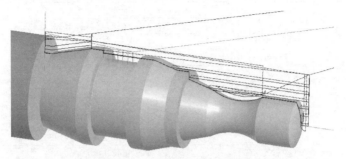

图 1.36　刀具路径及切削验证

十三、圆弧锥面配合轴零件

1. 学习目的

视频演示

① 思考中间的圆弧如何计算。

② 熟练掌握通过三角函数计算角度的方法。

③ 熟练掌握通过外径粗车循环 G71 和复合轮廓粗车循环 G73 联合编程的方法。

④ 学会采用 G01 完成尾部加工的编程方法。

⑤ 能迅速构建编程所使用的模型。

2. 加工图纸及要求

数控车削加工如图 1.37 所示的零件，编制其加工的数控程序。

3. 工艺分析和模型

（1）工艺分析

该零件由内外圆柱面、顺圆弧、逆圆弧、斜锥面等表面组成，零件图尺寸标注完整，符合数控加工尺寸标注要求；轮廓描述清楚完整；零件材料为 45 钢，切削加工性能较好，无热处理和硬度要求。

（2）毛坯选择

零件材料为 45 钢，ϕ50mm 棒料。

（3）刀具选择（见表 1.13）

表 1.13　刀具选择

刀具号	刀具规格名称	加工内容	刀具特征	备注
T01	硬质合金 35°外圆车刀	车端面及车轮廓		
T02	切断刀（切槽刀）	切断	宽 3mm	

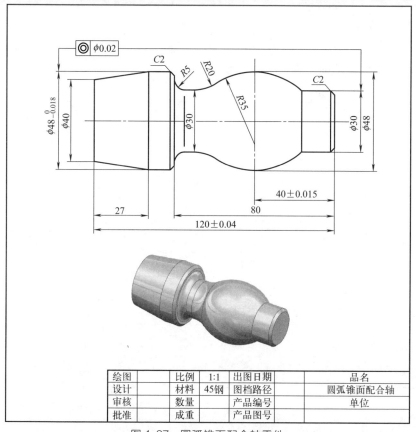

图 1.37 圆弧锥面配合轴零件

（4）几何模型

本例题一次性装夹，轮廓部分采用 G71、G73、G01 的循环联合编程，其加工路径的模型设计如图 1.38 所示。

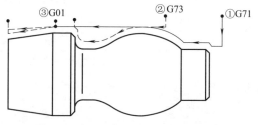

图 1.38 几何模型和编程路径示意图

(5) 数学计算

本题需要计算圆弧的坐标值，可采用三角函数、勾股定理等几何知识计算，也可使用计算机制图软件（如 AutoCAD、UG、Mastercam、SolidWorks 等）的标注方法来计算。

4. 数控程序

开始	M03 S800	主轴正转,800r/min
	T0101	换 1 号外圆车刀
	G98	指定走刀按照 mm/min 进给
端面	G00 X55 Z0	快速定位工件端面上方
	G01 X0 F80	车端面,走刀速度 80mm/min
G71 粗车循环	G00 X55 Z3	快速定位循环起点
	G71 U3 R1	X 向每次吃刀量 3,退刀为 1
	G71 P10 Q20 U0.4 W0.1 F100	循环程序段 10~20
外轮廓	N10 G00 X26	垂直移动到最低处,不能有 Z 值
	G01 Z0	接触工件
	X30 Z−2	车削 C2 倒角
	Z−16.569	车削 $\phi30$ 的外圆
	G03 X48 Z−40 R35	车削 $R35$ 的逆时针圆弧至圆弧顶端
	N20 G01 Z−93	车削 $\phi48$ 的外圆
G73 粗车循环	G00 X50 Z−35	快速定位循环起点
	G73 U8 W1 R3	G73 粗车循环,循环 3 次
	G73 P30 Q40 U0.2 W0.2 F100	循环程序段 30~40
外轮廓	N30 G01 X48	定位到圆弧顶端右侧
	Z−40	接触圆弧
	G03 X36.545 Z−59.186 R35	车削 $R35$ 的逆时针圆弧
	G02 X30 Z−70.150 R20	车削 $R20$ 的顺时针圆弧
	G01 Z−75	车削 $\phi30$ 的外圆
	G02 X40 Z−80 R5	车削 $R5$ 的圆角
	G01 X44	车削 $\phi44$ 的外圆右端面
	X48 Z−82	车削 C2 倒角
	Z−93	车削 $\phi44$ 的外圆
	N40 X50	抬刀
尾部锥面	G00 X52 Z−93	定位尾部锥面的起点
	G01 X48 F100	接触工件
	X44 Z−120	斜向车削锥面,第 1 层
	G01 X52	抬刀
	G00 Z−93	定位尾部锥面的起点
	G01 X48 F100	接触工件
	X[40+0.2] Z−120	斜向车削锥面,最后一层留 X 向余量
	X60	抬刀

	M03 S1200	提高主轴转速,1200r/min
精车	G00 Z3	定位精车起点
	G00 X26	垂直移动到最低处,不能有 Z 值
	G01 Z0 F40	接触工件
	X30 Z−2	车削 C2 倒角
	Z−16.569	车削 φ30 的外圆
	G03 X36.545 Z−59.186 R35	车削 R35 的逆时针圆弧
	G02 X30Z−70.150 R20	车削 R20 的顺时针圆弧
	G01 Z−75	车削 φ30 的外圆
	G02 X40 Z−80 R5	车削 R5 的圆角
	G01 X44	车削 φ44 的外圆右端面
	X48 Z−82	车削 C2 倒角
	Z−93	车削 φ44 的外圆
	X40 Z−120	斜向车削锥面
	X60	抬刀
	G00 X200 Z200	快速退刀
切断	T0202	换切断刀,即切槽刀
	M03S800	主轴正转,800r/min
	G00 X55 Z−123	快速定位至切断处
	G01 X0 F20	切断
结束	G00 X200 Z200	快速退刀
	M05	主轴停
	M30	程序结束

5. 刀具路径及切削验证（见图1.39）

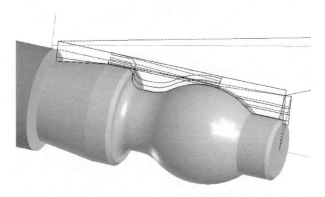

图 1.39　刀具路径及切削验证

十四、操纵手柄零件

1. 学习目的

① 思考手柄的连续圆弧的计算方法。

② 熟练掌握通过外径粗车循环 G71 和复合轮廓粗车循环 G73 的方法。

视频演示

③ 掌握实现尾部外圆的编程方法。

④ 能迅速构建编程所使用的模型。

2. 加工图纸及要求

数控车削加工如图 1.40 所示的零件，编制其加工的数控程序。

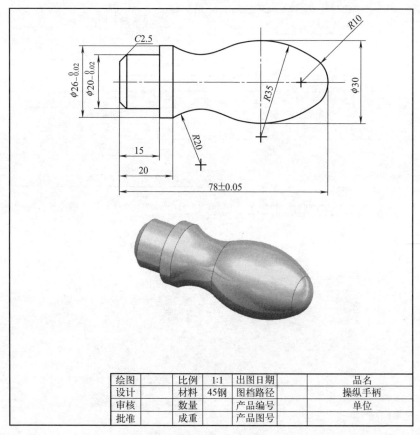

绘图		比例	1:1	出图日期		品名	
设计		材料	45钢	图档路径		操纵手柄	
审核		数量		产品编号		单位	
批准		成重		产品图号			

图 1.40　操纵手柄零件

3. 工艺分析和模型

(1) 工艺分析

该零件由外圆柱面、顺圆弧、逆圆弧等表面组成，零件图尺寸标注完整，符合数控加工尺寸标注要求；轮廓描述清楚完整；零件材料为 45 钢，切削加工性能较好，无热处理和硬度要求。

(2) 毛坯选择

零件材料为 45 钢，ϕ34mm 棒料。

(3) 刀具选择（见表 1.14）

表 1.14　刀具选择

刀具号	刀具规格名称	加工内容	刀具特征	备注
T01	硬质合金 35°外圆车刀	车轮廓		
T02	切断刀（切槽刀）	切槽和切断	宽 3mm	

(4) 几何模型

本例题一次性装夹，轮廓部分采用 G71、G73、G75 的循环联合编程，其加工路径的模型设计如图 1.41 所示。

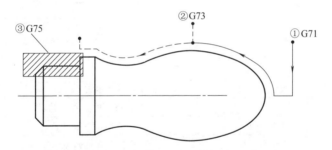

图 1.41　几何模型和编程路径示意图

(5) 数学计算

本题需要计算圆弧的坐标值，可采用三角函数、勾股定理等几何知识计算，也可使用计算机制图软件（如 AutoCAD、UG、Mastercam、SolidWorks 等）的标注方法来计算。

4. 数控程序

	M03 S800	主轴正转，800r/min
开始	T0101	换 1 号外圆车刀
	G98	指定走刀按照 mm/min 进给

G71 粗车循环	G00 X38 Z3	快速定位循环起点
	G71 U3 R1	X 向每次吃刀量3,退刀为1
	G71 P10 Q20 U0.4 W0.1 F100	循环程序段10～20
外轮廓	N10 G00 X0	垂直移动到最低处,不能有 Z 值
	G01 Z0	接触工件
	G03 X16 Z-4 R10	车削 $R10$ 的逆时针圆弧
	N20 G03 X30 Z-25 R35	车削至 $R35$ 的逆时针圆弧的顶端
G73 粗车循环	G00 X35 Z-25	快速定位循环起点
	G73 U2 W0 R3	G73 粗车循环,循环3次
	G73 P30 Q40 U0.2 W0.2 F80	循环程序段30～40
外轮廓	N30 G01 X30	接触工件
	G03 X23.785 Z-39.417 R35	车削 $R35$ 的逆时针圆弧
	G02 X26 Z-58 R20	车削 $R20$ 的顺时针圆弧
	N40 G01 Z-65	车削 $\phi26$ 的外圆
精车	M03 S1200	提高主轴转速,1200r/min
	G00 X35 Z2	定位精车起点
	X-4	快速定位到相切圆弧起点
	G02 X0 Z0 R2 F40	$R2$ 的过渡顺时针圆弧
	G03 X16 Z-4 R10	车削 $R10$ 的逆时针圆弧
	G03 X23.785 Z-39.417 R35	车削 $R35$ 的逆时针圆弧
	G02 X26 Z-58 R20	车削 $R20$ 的顺时针圆弧
	G01 Z-65	车削 $\phi26$ 的外圆
	X40	抬刀
	G00 X200 Z200	快速退刀
G75 切宽槽	T0202	换切断刀,即切槽刀
	M03 S800	主轴正转,800r/min
	G00 X34 Z-66	定位切槽循环起点
	G75 R1	G75 切槽循环固定格式
	G75 X20 Z-81 P3000 Q2000 R0 F20	G75 切槽循环固定格式
切尾部	G01 X24 Z-81 F80	定位在尾部倒角上方
	X15 F20	切倒角深度的槽
	X28 F80	抬刀
	Z-66 F300	返回宽槽起始处
精车槽底	M03 S1200	提高主轴转速,1200r/min
	X20 F40	下刀
	Z-78.5	平槽底

尾部倒角	M03 S800	主轴正转,800r/min
和切断	X15 Z−81	切倒角
	G01 X0 F20	切断
	G00 X200 Z200	快速退刀
结束	M05	主轴停
	M30	程序结束

5. 刀具路径及切削验证（见图 1.42）

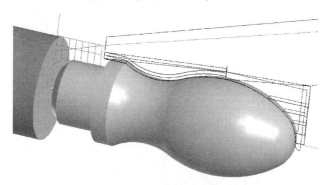

图 1.42　刀具路径及切削验证

十五、辊轴零件

1. 学习目的

① 思考中间两段圆弧如何计算。

② 熟练掌握通过外径粗车循环 G71 和复合轮廓粗车循环 G73 联合编程的方法。

视频演示

③ 掌握实现尾部外圆的编程方法。

④ 掌握嵌入式螺纹的退刀编程方法。

⑤ 能迅速构建编程所使用的模型。

2. 加工图纸及要求

数控车削加工如图 1.43 所示的零件，编制其加工的数控程序。

3. 工艺分析和模型

（1）工艺分析

该零件由外圆柱面、顺圆弧、逆圆弧、螺纹等表面组成，零件图尺寸标注完整，符合数控加工尺寸标注要求；轮廓描述清楚完整；零

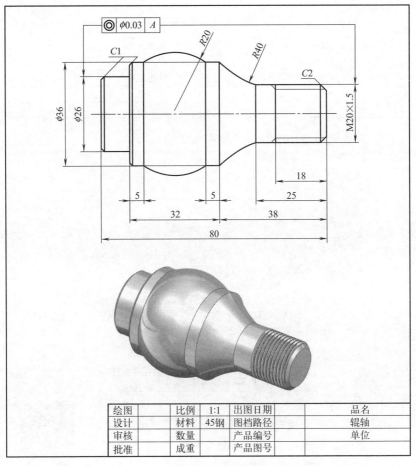

绘图		比例	1:1	出图日期		品名	
设计		材料	45钢	图档路径		辊轴	
审核		数量		产品编号		单位	
批准		成重		产品图号			

图 1.43　辊轴零件

件材料为 45 钢，切削加工性能较好，无热处理和硬度要求。

　（2）毛坯选择

　零件材料为 45 钢，$\phi 45$mm 棒料。

　（3）刀具选择（见表 1.15）

表 1.15　刀具选择

刀具号	刀具规格名称	加工内容	刀具特征	备注
T01	硬质合金 35°外圆车刀	车端面及车轮廓		
T02	切断刀(切槽刀)	切槽和切断	宽 3mm	
T03	螺纹刀	外螺纹	60°牙型角	

（4）几何模型

本例题一次性装夹，轮廓部分采用 G71、G73、G75 的循环联合编程，其加工路径的模型设计见图 1.44。

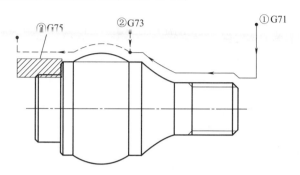

图 1.44　几何模型和编程路径示意图

（5）数学计算

本题需要计算圆弧的坐标值，可采用三角函数、勾股定理等几何知识计算，也可使用计算机制图软件（如 AutoCAD、UG、Mastercam、SolidWorks 等）的标注方法来计算。

4. 数控程序

开始	M03 S800	主轴正转，800r/min
	T0101	换 1 号外圆车刀
	G98	指定走刀按照 mm/min 进给
端面	G00 X50 Z0	快速定位工件端面上方
	G01 X0 F80	车端面，走刀速度 80mm/min
G71 粗车循环	G00 X48 Z3	快速定位循环起点
	G71 U2 R1	X 向每次吃刀量 2，退刀为 1
	G71 P10 Q20 U0.4 W0.1 F100	循环程序段 10～20
外轮廓	N10 G00 X16	垂直移动到最低处，不能有 Z 值
	G01 Z0	接触工件
	X20 Z−2	车削倒角
	Z−25	车削 $\phi20$ 的外圆
	G02 X36 Z−38 R40	车削 $R40$ 的顺时针圆弧
	N20 G01 Z−43	车削 $\phi36$ 的外圆
G73 粗车循环	G00 X48 Z−43	快速定位循环起点
	G73 U3 W0 R3	G73 粗车循环，循环 3 次
	G73 P30 Q40 U0.2 W0.2F80	循环程序段 30～40

	N30 G01 X36	接触工件
外轮廓	G03 X36 Z−65 R20	车削 R20 的逆时针圆弧
	N40 G01 Z−85	车削 φ36 的外圆,多车一段距离,防止切槽循环碰刀
	M03 S1200	提高主轴转速,1200r/min
	G00 X22 Z2	定位精车的起点
	X16	垂直移动到最低处
	G01 Z0	接触工件
	X20 Z−2	车削倒角
精车	Z−25	车削 φ20 的外圆
	G02 X36 Z−38 R40	车削 R40 的顺时针圆弧
	G01 Z−43	车削 φ36 的外圆
	G03 X36 Z−65 R20	车削 R20 的逆时针圆弧
	G01 Z−70	车削 φ36 的外圆
	X48	抬刀
	G00 X200 Z200	快速退刀
	T0303	换 03 号螺纹刀
	G00X23 Z3	定位到螺纹循环起点
外螺纹	G76 P010260 Q100R0.1	G76 螺纹循环固定格式
	G76 X18.376 Z−18 P813 Q400 R0 F1.5	G76 螺纹循环固定格式
	G00 X200 Z200	快速退刀
	T0202	换切断刀,即切槽刀
	M03 S800	主轴正转,800r/min
宽槽	G00 X40 Z−73	定位切槽循环起点
	G75 R1	G75 切槽循环固定格式
	G75 X26 Z−83 P3000 Q2000 R0 F20	G75 切槽循环固定格式
	G01 X30 Z−83 F80	定位在尾部倒角上方
切尾部	X24 F20	切倒角深度的槽
	X40 F80	抬刀
第1个倒角	Z−72 F300	返回第1个倒角起始处
	X36 F80	下刀
	X34 Z−73 F20	切倒角
	M03 S1200	提高主轴转速,1200r/min
精车槽底	X26 F40	下刀
	Z−82	平槽底

尾部倒角和切断	M03 S800	主轴正转, 800r/min
	X24 Z−83	切尾部倒角
	X0 F20	切断
	G00 X200 Z200	快速退刀
结束	M05	主轴停
	M30	程序结束

5. 刀具路径及切削验证（见图 1.45）

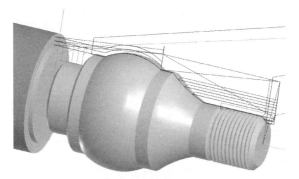

图 1.45　刀具路径及切削验证

十六、多阶台宽槽螺纹轴零件

1. 学习目的
① 思考圆弧如何计算。
② 理解工件图中等距阶台的标注方式。
③ 熟练掌握通过外径粗车循环 G71 和 G01 联合编程的方法。

视频演示

④ 掌握实现浅槽的编程方法。
⑤ 掌握嵌入式螺纹的退刀编程方法。
⑥ 能迅速构建编程所使用的模型。

2. 加工图纸及要求
数控车削加工如图 1.46 所示的零件，编制其加工的数控程序。

3. 工艺分析和模型
（1）工艺分析
该零件由外圆柱面、顺圆弧、宽槽、螺纹等表面组成，零件图尺

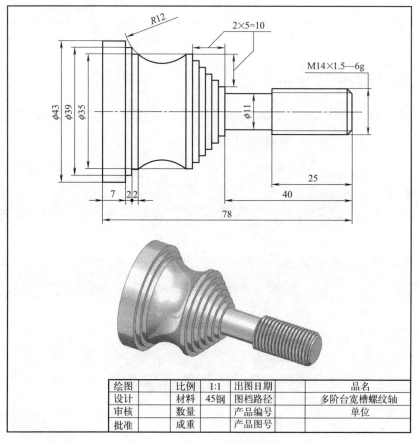

绘图		比例	1:1	出图日期		品名	
设计		材料	45钢	图档路径		多阶台宽槽螺纹轴	
审核		数量		产品编号		单位	
批准		成重		产品图号			

图 1.46　多阶台宽槽螺纹轴零件

寸标注完整，符合数控加工尺寸标注要求；轮廓描述清楚完整；零件材料为 45 钢，切削加工性能较好，无热处理和硬度要求。

　（2）毛坯选择

　零件材料为 45 钢，ϕ45mm 棒料。

　（3）刀具选择（见表 1.16）

表 1.16　刀具选择

刀具号	刀具规格名称	加工内容	刀具特征	备注
T01	硬质合金 35°外圆车刀	车端面及车轮廓		
T02	切断刀（切槽刀）	切槽和切断	宽 3mm	
T03	螺纹刀	外螺纹	60°牙型角	

（4）几何模型

本例题一次性装夹，轮廓部分采用 G71、G01 的循环联合编程，其加工路径的模型设计见图 1.47。

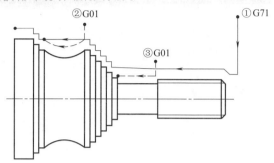

图 1.47　几何模型和编程路径示意图

（5）数学计算

本题工件尺寸和坐标值明确，可直接进行编程。

4. 数控程序

开始	M03 S800	主轴正转，800r/min
	T0101	换 1 号外圆车刀
	G98	指定走刀按照 mm/min 进给
端面	G00 X50 Z0	快速定位工件端面上方
	G01 X0 F80	车端面，走刀速度 80mm/min
G71 粗车循环	G00 X48 Z3	快速定位循环起点
	G71 U3 R1	X 向每次吃刀量 3，退刀为 1
	G71 P10 Q20 U0.4 W0.1 F100	循环程序段 10～20
外轮廓	N10 G00 X11	垂直移动到最低处，不能有 Z 值
	G01 Z0	接触工件
	X14 Z−1.5	车削倒角
	Z−40	车削 $\phi14$ 的外圆
	X15	连续阶台
	W−2	连续阶台
	U4	连续阶台
	W−2	连续阶台
	U4	连续阶台
	W−2	连续阶台
	U4	连续阶台
	W−2	连续阶台
	U4	连续阶台

外轮廓	W−2	连续阶台
	U4	连续阶台
	Z−69	车削 φ35 的外圆
	U4	连续阶台
	W−2	连续阶台
	U4	连续阶台
	N20Z−81	车削 φ43 的外圆
精车	M03 S1200	提高主轴转速，1200r/min
	G70 P10 Q20 F40	精车
圆弧	G00 X37 Z−52	定位至圆弧起点上方
	G01 X35 F40	接触工件
	G02 X35 Z−67 R20	车削 R12 的顺时针圆弧
	G00 X44	抬刀
	G00 X200 Z200	快速退刀
宽槽	T0202	换切断刀，即切槽刀
	M03 S800	主轴正转，800r/min
	G00 X18 Z−28	定位至圆弧起点上方
	G01 X11 F100	接触工件
	Z−40	车削宽槽
	X18 F100	抬刀
	G00 X200 Z200	快速退刀
外螺纹	T0303	换 03 号螺纹刀
	G00X16 Z3	定位到螺纹循环起点
	G76 P010060 Q100R0.1	G76 螺纹循环固定格式
	G76 X12.376 Z−28 P813Q400 R0F1.5	G76 螺纹循环固定格式
	G00 X200 Z200	快速退刀
切断	T0202	换切断刀，即切槽刀
	M03 S800	主轴正转，800r/min
	G00 X48 Z−81	快速定位至切断处
	G01 X0 F20	切断
	G00 X200 Z200	快速退刀
结束	M05	主轴停
	M30	程序结束

5. 刀具路径及切削验证（见图 1.48）

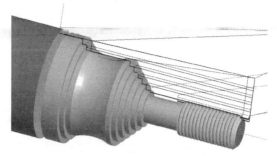

图 1.48　刀具路径及切削验证

十七、锥面圆弧标准轴零件

1. 学习目的

① 思考中间两段圆弧如何计算。

② 熟练掌握通过外径粗车循环 G71 和复合轮廓粗车循环 G73 联合编程的方法。

视频演示

③ 能迅速构建编程所使用的模型。

2. 加工图纸及要求

数控车削加工如图 1.49 所示的零件，编制其加工的数控程序。

3. 工艺分析和模型

(1) 工艺分析

该零件由外圆柱面、顺圆弧、逆圆弧、斜锥面、退刀槽、螺纹等表面组成，零件图尺寸标注完整，符合数控加工尺寸标注要求；轮廓描述清楚完整；零件材料为 45 钢，切削加工性能较好，无热处理和硬度要求。

(2) 毛坯选择

零件材料为 45 钢，ϕ50mm 棒料。

(3) 刀具选择（见表 1.17）

表 1.17　刀具选择

刀具号	刀具规格名称	加工内容	刀具特征	备注
T01	硬质合金 35°外圆车刀	车端面及车轮廓		
T02	切断刀（切槽刀）	切槽和切断	宽 4mm	
T03	螺纹刀	外螺纹	60°牙型角	

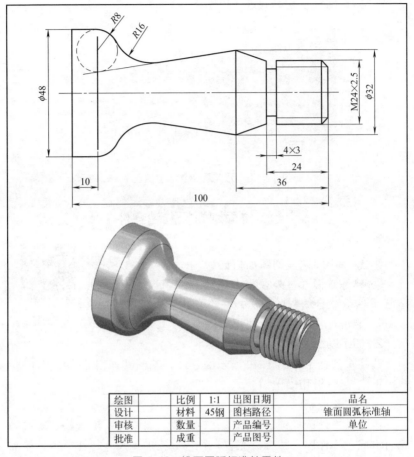

图 1.49 锥面圆弧标准轴零件

（4）几何模型

本例题一次性装夹，轮廓部分采用 G71 和 G73 的循环联合编程，其加工路径的模型设计见图 1.50。

（5）数学计算

本题需要计算圆弧的坐标值和锥面关键点的坐标值，可采用三角函数、勾股定理等几何知识计算，也可使用计算机制图软件（如 AutoCAD、UG、Mastercam、SolidWorks 等）的标注方法来计算。

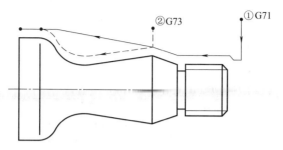

图 1.50　几何模型和编程路径示意图

4. 数控程序

开始	M03 S800	主轴正转,800r/min
	T0101	换 1 号外圆车刀
	G98	指定走刀按照 mm/min 进给
端面	G00 X55 Z0	快速定位工件端面上方
	G01 X0 F80	车端面,走刀速度 80mm/min
G71 粗车循环	G00 X55 Z3	快速定位循环起点
	G71 U3 R1	X 向每次吃刀量 3,退刀为 1
	G71 P10 Q20 U0.4 W0.1 F100	循环程序段 10~20
外轮廓	N10 G00 X19	垂直移动到最低处,不能有 Z 值
	G01　　Z0	接触工件
	X24 Z−2.5	车削 C2.5 倒角
	Z−24	车削 $\phi24$ 的外圆
	X32 Z−36	斜向车削锥面
	X48 Z−90	斜向车削到 $R8$ 圆弧右侧
	N20 Z−104	车削 $\phi48$ 的外圆
G73 粗车循环	G00 X35 Z−36	快速定位循环起点
	G73 U4 W1 R3	G73 粗车循环,循环 3 次
	G73 P30 Q40 U0.2 W0.2F80	循环程序段 30~40
外轮廓	N30 G01 X32	接触工件
	X22.881 Z−66.437	斜向车削锥面
	G02 X39.226 Z−82.936 R16	车削 $R16$ 的顺时针圆弧
	N40 G03 X48 Z−90 R8	车削 $R8$ 的逆时针圆弧
精车	M03 S1200	提高主轴转速,1200r/min
	G00　　Z2	定位精车起点
	N10 G00 X19	垂直移动到最低处,不能有 Z 值
	G01　　Z0	接触工件
	X24 Z−2.5	车削 C2.5 倒角
	Z−24	车削 $\phi24$ 的外圆

	X32 Z－36	斜向车削锥面
精车	X22.881 Z－66.437	斜向车削锥面
	G02 X39.226 Z－82.936 R16	车削 R16 的顺时针圆弧
	G03 X48 Z－90 R8	车削 R8 的逆时针圆弧
	G01 Z－104	车削 φ48 的外圆
	G00 X200 Z200	快速退刀
退刀槽	T0202	换切断刀,即切槽刀
	M03S800	主轴正转,800r/min
	G00 X28 Z－24	定位到退刀槽上方
	G01 X18 F20	切槽
	G01 X28 F100	抬刀
	G00 X200 Z200	快速退刀
外螺纹	T0303	换 03 号螺纹刀
	G00X26 Z3	定位到螺纹循环起点
	G76 P010060 Q100R0.1	G76 螺纹循环固定格式
	G76 X20.294 Z－22 P2353 Q1000R0F2.5	G76 螺纹循环固定格式
	G00 X200 Z200	快速退刀
切断	T0202	换切断刀,即切槽刀
	G00 X55 Z－104	快速定位至切断处
	M03S800	主轴正转,800r/min
	G01 X0 F20	切断
结束	G00 X200 Z200	快速退刀
	M05	主轴停
	M30	程序结束

5. 刀具路径及切削验证（见图 1.51）

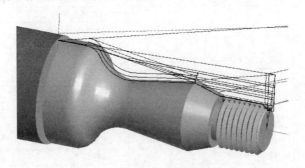

图 1.51　刀具路径及切削验证

十八、多阶台复合机械轴零件

1. 学习目的

① 思考中间两段圆弧如何计算。

② 熟练掌握通过三角函数计算角度的方法。

③ 熟练掌握通过外径粗车循环 G71 和复合轮廓粗
车循环 G73 联合编程的方法。

视频演示

④ 掌握实现尾部等距槽和倒角以及切断的连续加工的编程方法。

⑤ 掌握螺纹的编程方法。

⑥ 能迅速构建编程所使用的模型。

2. 加工图纸及要求

数控车削加工如图 1.52 所示的零件，编制其加工的数控程序。

3. 工艺分析和模型

(1) 工艺分析

该零件由外圆柱面、顺圆弧、斜锥面、多组槽、螺纹等表面组
成，零件图尺寸标注完整，符合数控加工尺寸标注要求；轮廓描述清
楚完整；零件材料为 45 钢，切削加工性能较好，无热处理和硬度
要求。

(2) 毛坯选择

零件材料为 45 钢，ϕ60mm 棒料。

(3) 刀具选择（见表 1.18）

表 1.18　刀具选择

刀具号	刀具规格名称	加工内容	刀具特征	备注
T01	硬质合金 35°外圆车刀	车端面及车轮廓		
T02	切断刀（切槽刀）	切槽和切断	宽 3mm	

(4) 几何模型

本例题一次性装夹，轮廓部分采用 G71 和 G73 的循环联合编程，
其加工路径的模型设计见图 1.53。

(5) 数学计算

本题需要计算锥面关键点的坐标值，可采用三角函数、勾股定理
等几何知识计算，也可使用计算机制图软件（如 AutoCAD、UG、
Mastercam、SolidWorks 等）的标注方法来计算。

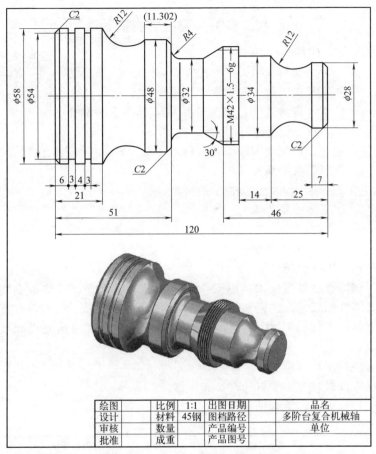

绘图		比例	1:1	出图日期		品名	
设计		材料	45钢	图档路径		多阶台复合机械轴	
审核		数量		产品编号		单位	
批准		成重		产品图号			

图 1.52　多阶台复合机械轴零件

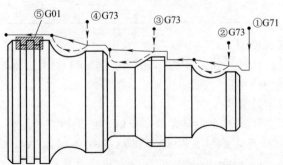

图 1.53　几何模型和编程路径示意图

4. 数控程序

开始	M03 S800	主轴正转, 800r/min
	T0101	换 1 号外圆车刀
	G98	指定走刀按照 mm/min 进给
端面	G00 X64 Z0	快速定位工件端面上方
	G01 X0 F80	车端面, 走刀速度 80mm/min
G71 粗车循环	G00 X62 Z3	快速定位循环起点
	G71 U3 R1	X 向每次吃刀量 3, 退刀为 1
	G71 P10 Q20 U0.4 W0.1 F100	循环程序段 10~20
外轮廓	N10 G00 X24	垂直移动到最低处, 不能有 Z 值
	G01 Z0	接触工件
	X28 Z−2	车削 C2 倒角
	Z−7	车削 φ28 的外圆
	X34 Z−25	斜向车削到 φ34 外圆右侧
	Z−39	车削 φ34 的外圆
	X42	车削 φ42 的外圆右端面
	Z−46	车削 φ42 的外圆
	X44 Z−69	斜向车削到倒角处
	X48 Z−71	车削 C2 倒角
	Z−80.302	车削 φ48 的外圆
	X58 Z−99	斜向车削到 φ58 外圆右侧
	N20 Z−123	车削 φ58 的外圆
G73 粗车循环	G00 X35 Z−7	快速定位循环起点
	G73 U2 W0 R2	G73 粗车循环, 循环 2 次
	G73 P30 Q40 U0.2 W0.2F80	循环程序段 30~40
外轮廓	N30 G01 X28	接触工件
	N40 G02 X34 Z−25 R12	车削 R12 的顺时针圆弧
G73 粗车循环	G00 X44	抬刀
	Z−46	快速定位循环起点
	G73 U3 W0 R3	G73 粗车循环, 循环 3 次
	G73 P50 Q60 U0.2 W0.2F80	循环程序段 50~60
外轮廓	N50 G01 X42	接触工件
	X32 Z−54.66	斜向车削锥面
	Z−65	车削 φ32 的外圆
	G02 X40 Z−69 R4	车削 R4 的圆角
	N60 G01 X44	车削 φ48 的外圆右端面
G73 粗车循环	G00 X52	抬刀
	Z−80.32	快速定位循环起点
	G73 U2 W0 R2	G73 粗车循环, 循环 2 次
	G73 P70 Q80 U0.2 W0.2F80	循环程序段 70~80

	N70 G01 X48	接触工件
外轮廓	N80 G02 X58 Z−99 R12	车削 R12 的顺时针圆弧
	M03 S1200	提高主轴转速,1200r/min
	G00 Z2	定位精车起点
	G00 X24	垂直移动到最低处
	G01 Z0 F40	接触工件
	X28 Z−2	车削 C2 倒
	Z−7	车削 ϕ28 的外圆
	G02 X34 Z−25 R12	车削 R12 的顺时针圆弧
	G01 Z−39	车削 ϕ34 的外圆
	X42	车削 ϕ42 的外圆右端面
精车	Z−46	车削 ϕ42 的外圆
	X32 Z−54.66	斜向车削锥面
	Z−65	车削 ϕ32 的外圆
	G02 X40 Z−69 R4	车削 R4 的圆角
	G01 X44	车削 ϕ48 的外圆右端面
	X48 Z−71	车削 C2 倒角
	Z−80.302	车削 ϕ48 的外圆
	G02 X58 Z−99 R12	车削 R4 的圆角
	G01 Z−123	车削 ϕ58 的外圆
	G00 X200 Z200	快速退刀
	T0303	换 03 号螺纹刀
	G00X45 Z−35	定位到螺纹循环起点
	G76 P010060 Q100R0.1	G76 螺纹循环固定格式
外螺纹	G76 X40.376 Z−50 P813Q400 R0F1.5	G76 螺纹循环固定格式
	G00 X200 Z200	快速退刀
	T0202	换切断刀,即切槽刀
	M03S800	主轴正转,800r/min
	G00 X62 Z−107	定位到第 1 个槽上方
	G01 X54 F20	切槽
等距槽	X62 F100	抬刀
	Z−114	定位到第 2 个槽上方
	X54 F20	切槽
	X62 F100	抬刀
	Z−123	快速定位至槽上方
尾部倒角	X54 F20	切出槽的位置
和切断	X62 F100	抬刀
	Z−121	定位到倒角上方

尾部倒角和切断	X58	接触倒角
	X54 Z−123 F20	切倒角
	G01 X0 F20	切断
结束	G00 X200 Z200	快速退刀
	M05	主轴停
	M30	程序结束

5. 刀具路径及切削验证（见图 1.54）

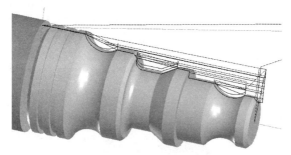

图 1.54　刀具路径及切削验证

十九、复合槽类螺纹轴零件

1. 学习目的

① 思考编程加工的顺序。

② 熟练掌握通过三角函数计算角度的方法。

③ 熟练掌握通过外径粗车循环 G71 和复合轮廓粗车循环 G73 联合编程的方法。

视频演示

④ 掌握螺纹退刀槽和 U 形浅槽的编程方法。

⑤ 掌握螺纹的编程方法。

⑥ 能迅速构建编程所使用的模型。

2. 加工图纸及要求

数控车削加工如图 1.55 所示的零件，编制其加工的数控程序。

3. 工艺分析和模型

（1）工艺分析

该零件由外圆柱面、斜锥面、多组槽、螺纹等表面组成，零件图尺寸标注完整，符合数控加工尺寸标注要求；轮廓描述清楚完整；零

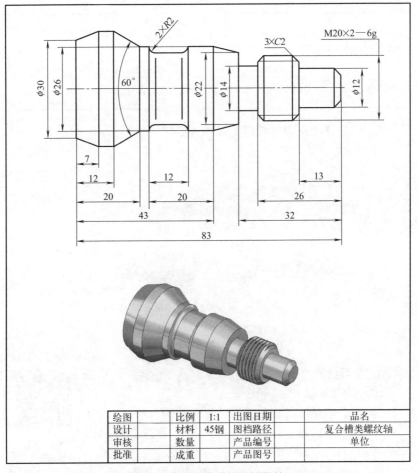

绘图		比例	1:1	出图日期		品名	
设计		材料	45钢	图档路径		复合槽类螺纹轴	
审核		数量		产品编号		单位	
批准		成重		产品图号			

图 1.55 复合槽类螺纹轴零件

件材料为 45 钢，切削加工性能较好，无热处理和硬度要求。

(2) 毛坯选择

零件材料为 45 钢，$\phi38$mm 棒料。

(3) 刀具选择（见表 1.19）

(4) 几何模型

本例题一次性装夹，轮廓部分采用 G71 和 G73 的循环联合编程，其加工路径的模型设计见图 1.56。

表 1.19　刀具选择

刀具号	刀具规格名称	加工内容	刀具特征	备注
T01	硬质合金 35°外圆车刀	车端面及车轮廓		
T02	切断刀（切槽刀）	切槽和切断	宽 3mm	
T03	螺纹刀	外螺纹	60°牙型角	

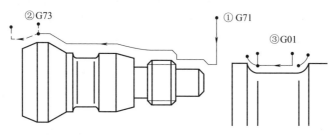

图 1.56　几何模型和编程路径示意图

（5）数学计算

本题需要计算锥面关键点的坐标值，可采用三角函数、勾股定理等几何知识计算，也可使用计算机制图软件（如 AutoCAD、UG、Mastercam、SolidWorks 等）的标注方法来计算。

4. 数控程序

	M03 S800	主轴正转，800r/min
开始	T0101	换 1 号外圆车刀
	G98	指定走刀按照 mm/min 进给
端面	G00 X45 Z0	快速定位工件端面上方
	G01 X0 F80	车端面，走刀速度 80mm/min
G71 粗车循环	G00 X45 Z3	快速定位循环起点
	G71 U3 R1	X 向每次吃刀量 3，退刀为 1
	G71 P10 Q20 U0.4 W0.1 F100	循环程序段 10～20
外轮廓	N10 G00 X8	垂直移动到最低处，不能有 Z 值
	G01 Z0	接触工件
	X12 Z−2	车削 C2 倒角
	Z−13	车削 φ12 的外圆
	X16	车削 φ20 的外圆右端面
	X20 Z−15	车削 C2 倒角
	Z−24	车削 φ20 的外圆
	X22 Z−32	斜向车削锥面右侧
	X26 Z−40	斜向车削锥面
	Z−63	车削 φ26 的外圆
	X35.238 Z−71	斜向车削锥面
	N20 Z−76	车削 φ35.238 的外圆

	G00 X45 Z−76	快速定位循环起点
G73 粗车 循环	G73 U2 W0 R2	G73 粗车循环,循环 2 次
	G73 P30 Q40 U0 W0.2F80	循环程序段 30～40
外轮廓	N30 G01 X35.238	接触工件
	X30 Z−83	斜向车削锥面
	N40 Z−86	车出切断的宽度
精车	M03 S1200	提高主轴转速,1200r/min
	G00 Z3	定位精车起点
	G00 X8	垂直移动到最低处,不能有 Z 值
	G01 Z0 F40	接触工件
	X12 Z−2	车削 C2 倒角
	Z−13	车削 ϕ12 的外圆
	X16	车削 ϕ20 的外圆右端面
	X20 Z−15	车削 C2 倒角
	Z−29	车削 ϕ20 的外圆
	X22 Z−32	斜向车削锥面右侧
	X26 Z−40	斜向车削锥面
	Z−63	车削 ϕ26 的外圆
	X35.238 Z−71	斜向车削锥面
	Z−76	车削 ϕ35.238 的外圆
	X30 Z−83	斜向车削锥面
	Z−86	车出切断的宽度
	G00 X200 Z200	快速退刀
退刀槽	T0202	换切断刀,即切槽刀
	M03S800	主轴正转,800r/min
	G00 X26 Z−29	定位在退刀槽第 1 刀上方
	G01 X14 F20	切槽
	G01 X26 F100	抬刀
	G00 Z−32	定位在退刀槽第 2 刀上方
	G01 X14 F20	切槽
	G01 X26 F100	抬刀
倒角	G00 X22 Z−27	定位在倒角上方
	G01 X20 Z−29 F80	接触工件
	X16 Z−29 F20	车削 C2 倒角
	X14	走刀至槽底
	Z−32	平槽底
	X30 F100	抬刀
	G00 Z−53	定位切槽循环起点
	G75 R1	G75 切槽循环固定格式

	G75 X22 Z-58 P2000 Q2000 R0 F20	G75 切槽循环固定格式
倒角	G00 X30 Z-51	定位到右侧圆角上方
	G01 X26 F20	接触工件
	G02 X22 Z-53 R2	切圆角
	G01 Z-58 F40	平槽底
	X40 F100	抬刀
	Z-60	定位到左侧圆角上方
	X26 F20	接触工件
	G03 X22 Z-58 R2	切圆角
	G01X40	抬刀
	G00 X200 Z200	快速退刀
外螺纹	T0303	换 03 号螺纹刀
	G00X23 Z-10	定位到螺纹循环起点
	G76 P010060 Q100R0.1	G76 螺纹循环固定格式
	G76 X17.835 Z-28 P1083 Q600R0F2	G76 螺纹循环固定格式
	G00 X200 Z200	快速退刀
切断	T0202	换切断刀, 即切槽刀
	G00 X45 Z-86	快速定位至切断处
	G01 X0 F20	切断
结束	G00 X200 Z200	快速退刀
	M05	主轴停
	M30	程序结束

5. 刀具路径及切削验证（见图 1.57）

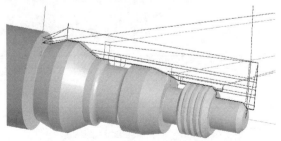

图 1.57　刀具路径及切削验证

二十、球体标准配合轴零件

1. 学习目的

① 思考中间圆弧如何计算。

② 熟练掌握通过三角函数计算角度的方法。

③ 熟练掌握通过外径粗车循环 G71 和复合轮廓粗车循环 G73 联合编程的方法。

④ 掌握实现圆弧切线后的槽的加工编程方法。

⑤ 能迅速构建编程所使用的模型。

视频演示

2. 加工图纸及要求

数控车削加工如图 1.58 所示的零件，编制其加工的数控程序。

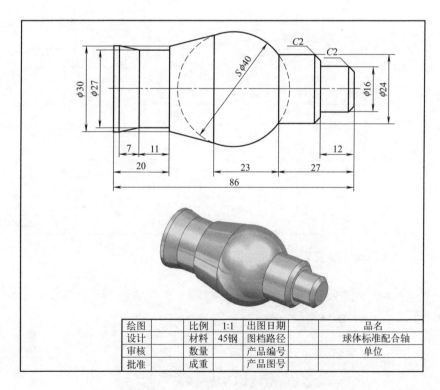

绘图		比例	1:1	出图日期		品名	
设计		材料	45钢	图档路径		球体标准配合轴	
审核		数量		产品编号		单位	
批准		成重		产品图号			

图 1.58 球体标准配合轴零件

3. 工艺分析和模型

（1）工艺分析

该零件由外圆柱面、逆圆弧、斜锥面等表面组成，零件图尺寸标注完整，符合数控加工尺寸标注要求；轮廓描述清楚完整；零件材料为 45 钢，切削加工性能较好，无热处理和硬度要求。

（2）毛坯选择

零件材料为 45 钢，ϕ45mm 棒料。

（3）刀具选择 （见表 1.20）

表 1.20　刀具选择

刀具号	刀具规格名称	加工内容	刀具特征	备注
T01	硬质合金 35°外圆车刀	车端面及车轮廓		
T02	切断刀（切槽刀）	切槽和切断	宽 3mm	

（4）几何模型

本例题一次性装夹，轮廓部分采用 G71、G73、G01 的循环联合编程，其加工路径的模型设计见图 1.59。

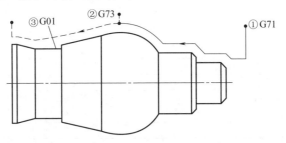

图 1.59　几何模型和编程路径示意图

（5）数学计算

本题需要计算圆弧的坐标值和锥面关键点的坐标值，可采用三角函数、勾股定理等几何知识计算，也可使用计算机制图软件（如 Auto-toCAD、UG、Mastercam、SolidWorks 等）的标注方法来计算。

4. 数控程序

开始	M03 S800	主轴正转，800r/min
	T0101	换 1 号外圆车刀
	G98	指定走刀按照 mm/min 进给
端面	G00 X45 Z0	快速定位工件端面上方
	G01 X0 F80	车端面，走刀速度 80mm/min

	G00 X45 Z3	快速定位循环起点
G71 粗车循环	G71 U3 R1	X 向每次吃刀量 3,退刀为 1
	G71 P10 Q20 U0.4 W0.1 F100	循环程序段 10~20
	N10 G00 X12	垂直移动到最低处,不能有 Z 值
	G01 Z0	接触工件
	X16 Z-2	车削 C2 倒角
外轮廓	Z-12	车削 $\phi16$ 的外圆
	X20	车削 $\phi24$ 的外圆右端面
	X24 Z-14	车削 C2 倒角
	Z-27	车削 $\phi24$ 的外圆
	N20 G03 X40 Z-43 R20	车削至 R20 的逆时针圆弧的顶端
G73 粗车循环	G00 X45 Z-43	快速定位循环起点
	G73 U4 W0 R3	G73 粗车循环,循环 3 次
	G73 P30 Q40 U0.2 W0.2F80	循环程序段 30~40
	N30 G01 X40	接触工件
	G03 X37.47 Z-50 R20	车削 R20 的逆时针圆弧
	G01 X30 Z-66	斜向车削锥面
外轮廓	X27 Z-77	斜向车削锥面,到达宽槽终点
	X30 Z-84	斜向车削锥面
	Z-89	车削 $\phi30$ 的外圆
	N40 X40	抬刀
	M03 S1200	提高主轴转速,1200r/min
	G00 Z3	定位精车起点
	X12	垂直移动到最低处,不能有 Z 值
	G01 Z0 F40	接触工件
	X16 Z-2	车削 C2 倒角
	Z-12	车削 $\phi16$ 的外圆
	X20	车削 $\phi24$ 的外圆右端面
	X24 Z-14	车削 C2 倒角
精车	Z-27	车削 $\phi24$ 的外圆
	G03 X37.47 Z-50 R20	车削 R20 的逆时针圆弧
	G01 X30 Z-66	斜向车削锥面
	X27 Z-77	斜向车削锥面,到达宽槽终点
	X30 Z-84	斜向车削锥面
	Z-89	车削 $\phi30$ 的外圆
	X40	抬刀
	G00 X200 Z200	快速退刀
退刀槽	T0202	换切断刀,即切槽刀
	M03S800	主轴正转,800r/min

	G00 Z−69	快速定位
退刀槽	X34	定位切槽循环起点
	G75 R1	G75 切槽循环固定格式
	G75 X27 Z−77 P0000 Q4000 R0 F20	G75 切槽循环固定格式
切断	G01 X45 F100	抬刀
	Z−89	定位至切断处
	G01 X0 F20	切断
结束	G00 X200 Z200	快速退刀
	M05	主轴停
	M30	程序结束

5. 刀具路径及切削验证（见图 1.60）

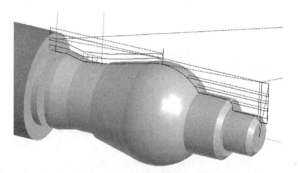

图 1.60　刀具路径及切削验证

二十一、复合阶梯螺纹轴零件

1. 学习目的

① 思考中间两段圆弧如何计算。

② 熟练掌握通过三角函数计算角度的方法。

③ 熟练掌握通过外径粗车循环 G71 和复合轮廓粗车循环 G73 联合编程的方法。

视频演示

④ 掌握实现嵌入式螺纹的编程方法。

⑤ 能迅速构建编程所使用的模型。

2. 加工图纸及要求

数控车削加工如图 1.61 所示的零件，编制其加工的数控程序。

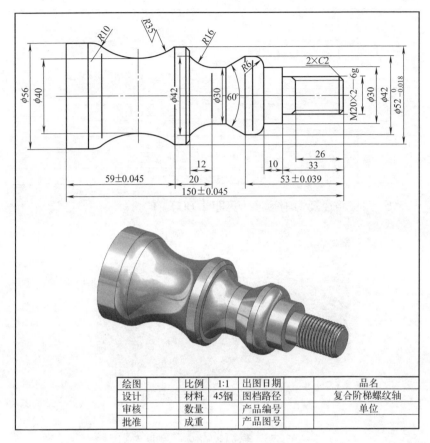

图 1.61 复合阶梯螺纹轴零件

绘图		比例	1:1	出图日期		品名	
设计		材料	45钢	图档路径		复合阶梯螺纹轴	
审核		数量		产品编号		单位	
批准		成重		产品图号			

3. 工艺分析和模型

(1) 工艺分析

该零件由外圆柱面、顺圆弧、逆圆弧、斜锥面、螺纹等表面组成，零件图尺寸标注完整，符合数控加工尺寸标注要求；轮廓描述清楚完整；零件材料为 45 钢，切削加工性能较好，无热处理和硬度要求。

(2) 毛坯选择

零件材料为 45 钢，φ58mm 棒料。

（3）刀具选择（见表1.21）

表 1.21　刀具选择

刀具号	刀具规格名称	加工内容	刀具特征	备注
T01	硬质合金35°外圆车刀	车端面及车轮廓		
T02	切断刀（切槽刀）	切断	宽3mm	
T03	螺纹刀	外螺纹	60°牙型角	

（4）几何模型

本例题一次性装夹，轮廓部分采用 G71 和 G73 的循环联合编程，其加工路径的模型设计见图1.62。

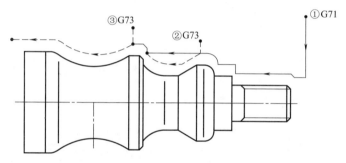

图 1.62　几何模型和编程路径示意图

（5）数学计算

本题需要计算圆弧的坐标值，可采用三角函数、勾股定理等几何知识计算，也可使用计算机制图软件（如 AutoCAD、UG、Mastercam、SolidWorks 等）的标注方法来计算。

4. 数控程序

开始	M03 S800	主轴正转，800r/min
	T0101	换1号外圆车刀
	G98	指定走刀按照 mm/min 进给
端面	G00 X65 Z0	快速定位工件端面上方
	G01 X0 F80	车端面，走刀速度80mm/min
G71 粗车循环	G00 X65 Z3	快速定位循环起点
	G71 U3 R1	X 向每次吃刀量3，退刀为1
	G71 P10 Q20 U0.4 W0.1 F100	循环程序段10~20
外轮廓	N10 G00 X16	垂直移动到最低处，不能有 Z 值
	G01　　Z0	接触工件
	X20 Z−2	车削 $C2$ 倒角

	Z－33	车削 $\phi20$ 的外圆
	X30	车削 $\phi30$ 的外圆右端面
	Z－43	车削 $\phi30$ 的外圆
	G03 X42 Z－49 R6	车削 $R6$ 圆角
外轮廓	G01 Z－83	车削 $\phi42$ 的外圆
	X48	车削 $\phi52$ 的外圆右端面
	X52 Z－85	车削 $C2$ 倒角
	Z－91	车削 $\phi52$ 的外圆
	N20 X60	抬刀
G73 粗车循环	G00 X48 Z－53	快速定位循环起点
	G73 U3 W0 R2	G73 粗车循环,循环 2 次
	G73 P30 Q40 U0.2 W0.2F80	循环程序段 30～40
外轮廓	N30 G01 X42	接触工件
	X30 Z－63.392	斜向车削锥面
	Z－71	车削 $\phi30$ 的外圆
	N40 G02 X42 Z－83 R16	车削 $R16$ 的顺时针圆弧
G73 粗车循环	G00 X65	抬刀
	Z－91	快速定位循环起点
	G73 U5 W0 R3	G73 粗车循环,循环 3 次
	G73 P50 Q60 U0.2 W0.2F80	循环程序段 50～60
外轮廓	N50 G01 X52	接触工件
	G02 X52.646 Z－130.662 R35	车削 $R35$ 的顺时针圆弧
	G03 X56 Z－138 R10	车削 $R10$ 的逆时针圆弧
	G01 Z－150	车削 $\phi56$ 的外圆
	N60 X60	抬刀
精车	M03 S1200	提高主轴转速,1200r/min
	G00 Z2	定位精车起点
	X16	垂直移动到最低处,不能有 Z 值
	G01 Z0 F40	接触工件
	X20 Z－2	车削 $C2$ 倒角
	Z－33	车削 $\phi20$ 的外圆
	X30	车削 $\phi30$ 的外圆右端面
	Z－43	车削 $\phi30$ 的外圆
	G03 X42 Z－49 R6	车削 $R6$ 圆角
	G01 Z－53	车削 $\phi42$ 的外圆
	X30 Z－63.392	斜向车削锥面
	Z－71	车削 $\phi30$ 的外圆
	G02 X42 Z－83 R16	车削 $R16$ 的顺时针圆弧
	G01X48	车削 $\phi52$ 的外圆右端面

	X52 Z-85	车削 C2 倒角
精车	Z-91	车削 φ52 的外圆
	G02 X52.646 Z-130.662 R35	车削 R35 的顺时针圆弧
	G03 X56 Z-138 R10	车削 R10 的逆时针圆弧
	G01 Z-150	车削 φ56 的外圆
	X65	抬刀
	G00 X200 Z200	快速退刀
外螺纹	T0303	换 03 号螺纹刀
	G00X26 Z3	定位到螺纹循环起点
	G76 P010260 Q100R0.1	G76 螺纹循环固定格式
	G76 X17.835 Z-26 P1083 Q600R0F2	G76 螺纹循环固定格式
	G00 X200 Z200	快速退刀
切断	T0202	换切断刀,即切槽刀
	G00 X65 Z-153	快速定位至切断处
	G01 X0 F20	切断
结束	G00 X200 Z200	快速退刀
	M05	主轴停
	M30	程序结束

5. 刀具路径及切削验证（见图 1.63）

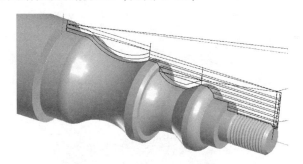

图 1.63　刀具路径及切削验证

二十二、螺纹阶台柔性轴零件

1. 学习目的

① 思考中间两段圆弧如何计算。

② 熟练掌握通过外径粗车循环 G71 和复合轮廓粗车循环 G75 联合编程的方法。

③ 掌握实现尾部外圆加工的编程方法。

视频演示

④ 掌握螺纹的编程方法。

⑤ 能迅速构建编程所使用的模型。

2. 加工图纸及要求

数控车削加工如图 1.64 所示的零件，编制其加工的数控程序。

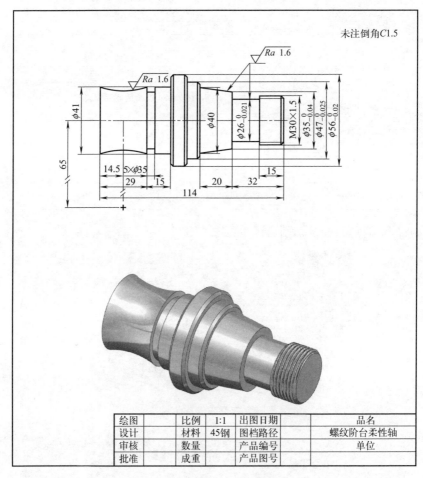

图 1.64 螺纹阶台柔性轴零件

3. 工艺分析和模型

(1) 工艺分析

该零件表面由外圆柱面、顺圆弧、斜锥面、多组槽、螺纹等表面组成，零件图尺寸标注完整，符合数控加工尺寸标注要求；轮廓描述清楚完整；零件材料为 45 钢，切削加工性能较好，无热处理和硬度要求。

（2）毛坯选择

零件材料为 45 钢，φ58mm 棒料。

（3）刀具选择（见表 1.22）

表 1.22　刀具选择

刀具号	刀具规格名称	加工内容	刀具特征	备注
T01	硬质合金 35°外圆车刀	车端面及车轮廓		
T02	切断刀（切槽刀）	切槽和切断	宽 3mm	
T03	螺纹刀	外螺纹	60°牙型角	

（4）几何模型

本例题一次性装夹，轮廓部分采用 G71、G01、G75 的循环联合编程，其加工路径的模型设计见图 1.65。

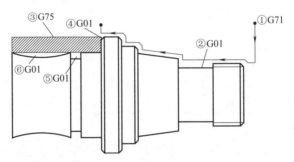

图 1.65　几何模型和编程路径示意图

（5）数学计算

本题需要计算圆弧的半径和坐标值，可采用三角函数、勾股定理等几何知识计算，也可使用计算机制图软件（如 AutoCAD、UG、Mastercam、SolidWorks 等）的标注方法来计算。

4. 数控程序

开始	M03 S800	主轴正转，800r/min
	T0101	换 1 号外圆车刀
	G98	指定走刀按照 mm/min 进给
端面	G00 X62 Z0	快速定位工件端面上方
	G01 X0 F80	车端面，走刀速度 80mm/min

G71 粗车循环	G00 X62 Z3	快速定位循环起点
	G71 U3 R1	X 向每次吃刀量 3,退刀为 1
	G71 P10 Q20 U0.4 W0.1 F100	循环程序段 10～20
外轮廓	N10 G00 X27	垂直移动到最低处,不能有 Z 值
	G01　　Z0	接触工件
	X30 Z−1.5	车削 C1.5 倒角
	Z−32	车削 φ30 的外圆
	X35	车削锥面的右端面
	X40 Z−52	斜向车削锥面
	X44	车削 φ47 的外圆右端面
	X47 Z−53.5	车削 C1.5 倒角
	Z−60	车削 φ47 的外圆
	X53	车削 φ56 的外圆右端面
	X56 Z−61.5	车削 C1.5 倒角
	N20 Z−70	车削 φ56 的外圆
精车循环	M03 S1200	提高主轴转速,1200r/min
	G70 P10 Q20 F40	精车
	G00 X200 Z200	快速退刀
退刀槽	T0202	换切断刀,即切槽刀
	M03 S800	主轴正转,800r/min
	G00 X34 Z−18	定位退刀槽起点
	G01 X26 F20	切削槽
	Z−32 F40	平槽底
	X62	抬刀
尾部	G00 Z−73	定位切槽循环起点
	G75 R1	G75 切槽循环固定格式
	G75 X41 Z−114 P3000 Q2000 R0 F20	G75 切槽循环固定格式
倒角	G00 X62 Z−71.5	移至倒角上方
	G01 X56 F20	接触倒角
	X53 Z−73	切倒角
窄槽	X41 F40	下刀
	Z−83	平宽槽槽底,精修 φ41 的外圆
	X35 F20	切槽,第 1 刀
	X41 F100	抬刀
	Z−85	定位
	X35 F20	切槽,第 2 刀
	X65 F100	抬刀
	G00 X200 Z200	快速退刀

	T0303	换 03 号螺纹刀
外螺纹	G00X33 Z3	定位到螺纹循环起点
	G76 P010060 Q100R0.1	G76 螺纹循环固定格式
	G76 X28.376 Z−18 P812 Q400R0F2.5	G76 螺纹循环固定格式
	G00 X200 Z200	快速退刀
尾部圆弧	T0101	换 1 号外圆车刀
	M03 S1200	主轴正转 1200r/min
	G00 X62 Z−85	快速定位尾部圆弧上方
	G01 X41 F40	接触工件
	G02 X41 Z−114 R46.803	车削 $R46.803$ 的顺时针圆弧
	G01 X62	抬刀
	G00 X200 Z200	快速退刀
切断	T0202	换切断刀,即切槽刀
	M03 S800	主轴正转 800r/min
	G00 X62 Z−117	快速定位至切断处
	G01 X0 F20	切断
结束	G00 X200 Z200	快速退刀
	M05	主轴停
	M30	程序结束

5. 刀具路径及切削验证（见图 1.66）

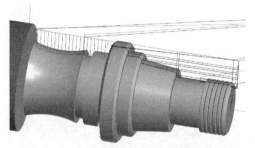

图 1.66　刀具路径及切削验证

二十三、多阶梯圆弧支承轴零件

1. 学习目的

① 思考中间两段圆弧如何计算。

② 熟练掌握通过外径粗车循环 G71 和复合轮廓粗车循环 G73 联合编程的方法。

视频演示

③ 学会使用反偏刀。

④ 能迅速构建编程所使用的模型。

2. 加工图纸及要求

数控车削加工如图 1.67 所示的零件，编制其加工的数控程序。

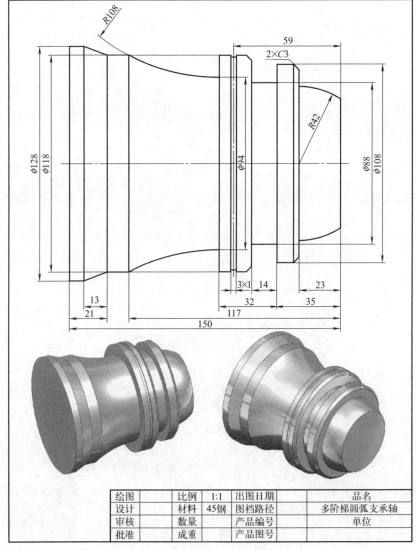

绘图		比例	1:1	出图日期		品名	
设计		材料	45钢	图档路径		多阶梯圆弧支承轴	
审核		数量		产品编号		单位	
批准		成重		产品图号			

图 1.67 多阶梯圆弧支承轴零件

3. 工艺分析和模型

(1) 工艺分析

该零件由外圆柱面、顺圆弧、逆圆弧、斜锥面、槽等表面组成，零件图尺寸标注完整，符合数控加工尺寸标注要求；轮廓描述清楚完整；零件材料为 45 钢，切削加工性能较好，无热处理和硬度要求。

(2) 毛坯选择

零件材料为 45 钢，ϕ130mm 棒料。

(3) 刀具选择 （见表 1.23）

表 1.23　刀具选择

刀具号	刀具规格名称	加工内容	刀具特征	备注
T01	硬质合金 45°外圆车刀	车端面及车轮廓		
T02	切断刀(切槽刀)	切槽和切断	宽 3mm	
T04	反偏外圆车刀	车轮廓		

(4) 几何模型

本例题一次性装夹，轮廓部分采用 G71 和 G73 的循环联合编程，其加工路径的模型设计见图 1.68。

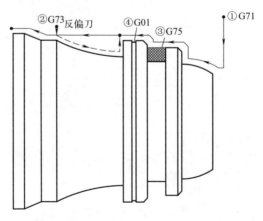

图 1.68　几何模型和编程路径示意图

(5) 数学计算

本题需要计算圆弧的坐标值，可采用三角函数、勾股定理等几何知识计算，也可使用计算机制图软件（如 AutoCAD、UG、Mastercam、SolidWorks 等）的标注方法来计算。

4. 数控程序

开始	M03 S800	主轴正转,800r/min
	T0101	换 1 号外圆车刀
	G98	指定走刀按照 mm/min 进给
端面	G00 X135Z0	快速定位工件端面上方
	G01 X0 F80	车端面,走刀速度 80mm/min
G71 粗车循环	G00 X135 Z3	快速定位循环起点
	G71 U3 R1	X 向每次吃刀量 3,退刀为 1
	G71 P10 Q20 U0.4 W0.1 F100	循环程序段 10～20
外轮廓	N10 G00 X70.285	垂直移动到最低处,不能有 Z 值
	G01　　Z0	接触工件
	G03 X84 Z－23 R42	车削 $R42$ 的逆时针圆弧
	G01 X102	车削 $\phi108$ 的外圆右端面
	X108 Z－26	车削 $C3$ 倒角
	Z－49	车削 $\phi108$ 的外圆
	X112	车削 $\phi118$ 的外圆右端面
	X118 Z－52	车削 $C3$ 倒角
	Z－129	车削 $\phi118$ 的外圆
	X128 Z－142	斜向车削锥面
	N20 Z－153	车削 $\phi128$ 的外圆
精车循环	M03 S1200	提高主轴转速,1200r/min
	G70 P10 Q20 F40	精车
G73 粗车循环	M03S800	主轴正转,800r/min
	G00 X200 Z200	快速退刀
	T0404	换反偏外圆车刀
	G00 X120 Z－117	快速定位循环起点
	G73 U8 W0 R4	G73 粗车循环,循环 4 次
	G73 P30 Q40 U0.2 W0F80	循环程序段 30～40
外轮廓	N30 G01 X118	接触工件
	G03 X94 Z－67 R108	车削 $R108$ 的逆时针圆弧
	N40 G01 X118	车削 $\phi118$ 的外圆左端面
精车循环	M03 S1200	提高主轴转速,1200r/min
	G70 P30 Q40 F40	精车
宽槽	G00 X200 Z200	快速退刀
	T0202	换切断刀,即切槽刀
	M03S800	主轴正转,800r/min
	G00 X115 Z－38	定位切槽循环起点
	G75 R1	G75 切槽循环固定格式
	G75 X88 Z－49 P3000 Q2000 R0 F20	G75 切槽循环固定格式
	G00 X122	抬刀

	Z—60.5	定位在单个槽的上方
单个槽	G01 X116 F20	切槽
	X135 F100	抬刀
	G00 Z—153	快速定位在切断处
切断	G01 X0 F20	切断
	G00 X200 Z200	快速退刀
结束	M05	主轴停
	M30	程序结束

5. 刀具路径及切削验证（见图 1.69）

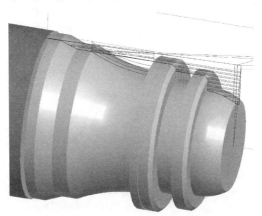

图 1.69　刀具路径及切削验证

二十四、宽腰圆弧配合直线轴零件

1. 学习目的

① 思考中间两段圆弧如何计算。

② 熟练掌握通过三角函数计算角度的方法。

③ 熟练掌握通过外径粗车循环 G71 和复合轮廓粗车循环 G73 联合编程的方法。

④ 学会使用反偏刀。

⑤ 能迅速构建编程所使用的模型。

视频演示

2. 加工图纸及要求

数控车削加工如图 1.70 所示的零件，编制其加工的数控程序。

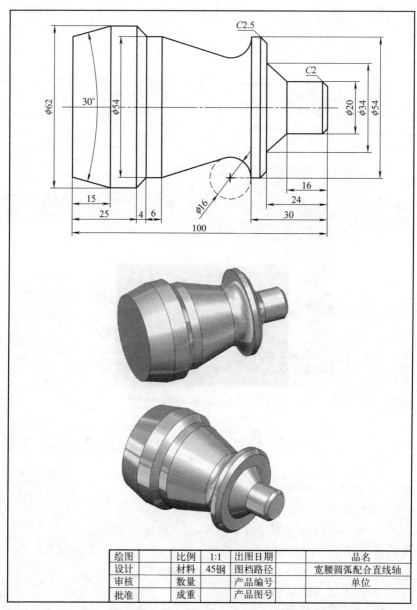

绘图		比例	1:1	出图日期		品名	
设计		材料	45钢	图档路径		宽腰圆弧配合直线轴	
审核		数量		产品编号		单位	
批准		成重		产品图号			

图 1.70　宽腰圆弧配合直线轴零件

3. 工艺分析和模型

（1）工艺分析

该零件由外圆柱面、顺圆弧（或逆圆弧）、斜锥面等表面组成，零件图尺寸标注完整，符合数控加工尺寸标注要求；轮廓描述清楚完整；零件材料为 45 钢，切削加工性能较好，无热处理和硬度要求。

（2）毛坯选择

零件材料为 45 钢，ϕ65mm 棒料。

（3）刀具选择（见表 1.24）

表 1.24　刀具选择

刀具号	刀具规格名称	加工内容	刀具特征	备注
T01	硬质合金 45°外圆车刀	车端面及车轮廓		
T02	切断刀（切槽刀）	切断	宽 3mm	
T04	反偏外圆车刀	车轮廓		

（4）几何模型

本例题一次性装夹，轮廓部分采用 G71、G73、G01 的循环联合编程，其加工路径的模型设计见图 1.71。

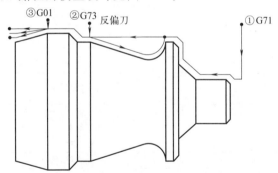

图 1.71　几何模型和编程路径示意图

（5）数学计算

本题需要计算圆弧的坐标值，可采用三角函数、勾股定理等几何知识计算，也可使用计算机制图软件（如 AutoCAD、UG、Mastercam、SolidWorks 等）的标注方法来计算。

4. 数控程序

	M03 S800	主轴正转，800r/min
开始	T0101	换 1 号外圆车刀
	G98	指定走刀按照 mm/min 进给

端面	G00 X70 Z0		快速定位工件端面上方
	G01 X0 F80		车端面,走刀速度 80mm/min
G71 粗车循环	G00 X70 Z3		快速定位循环起点
	G71 U3 R1		X 向每次吃刀量 3,退刀为 1
	G71 P10 Q20 U0.4 W0.1 F100		循环程序段 10~20
外轮廓	N10 G00 X16		垂直移动到最低处,不能有 Z 值
	G01 Z0		接触工件
	X20 Z−2		车削 C2 倒角
	Z−16		车削 φ20 的外圆
	X34 Z−24		斜向车削锥面
	X49		车削 φ54 的外圆右端面
	X54 Z−26.5		车削 C2.5 倒角
	Z−71		车削 φ54 的外圆
	X62 Z−75		斜向车削锥面
	N20 Z−103		车削 φ62 的外圆
尾部锥面	G00 X70 Z−85		定位至尾部上方
	G01 X62 F100		接触工件
	X58 Z−100		斜向车削第 1 层锥面
	Z−103		车削让出切断的位置
	X70		抬刀
	G00Z−85		定位至尾部上方
	G01 X62 F100		接触工件
	X[53.962+0.2] Z−100		斜向车削第 2 层锥面,留 X 向余量
	Z−103		车削让出切断的位置
	X70		抬刀
精车	M03 S1200		提高主轴转速,1200r/min
	G00 Z2		定位精车起点
	N10 G00 X16		垂直移动到最低处
	G01 Z0 F40		接触工件
	X20 Z−2		车削 C2 倒角
	Z−16		车削 φ20 的外圆
	X34 Z−24		斜向车削锥面
	X49		车削 φ54 的外圆右端面
	X54 Z−26.5		车削 C2.5 倒角
	Z−32		车削 φ54 的外圆
	Z−63 F180		提高速度走刀
	Z−71 F40		车削 φ54 的外圆
	X62 Z−85		斜向车削锥面

	Z−85	车削 φ62 的外圆
精车	X53.962 Z−100	斜向车削锥面
	Z−103	车削让出切断的位置
	X70	怕刀
G73 粗车循环	M03S800	主轴正转,800r/min
	G00 X200 Z200	快速退刀
	T0404	换反偏外圆车刀
	G00 X60 Z−65	快速定位循环起点
	G73 U5 W0 R4	G73 粗车循环,循环 4 次
	G73 P30 Q40 U0.2 W0F80	循环程序段 30~40
外轮廓	N30 G01 X54	接触工件
	X38.718 Z−40.370	斜向车削锥面
	N40 G03 X54 Z−30 R8	车削 R48 的逆时针圆弧
精车	M03 S1200	提高主轴转速,1200r/min
	G70 P30 Q40 F40	精车
切断	G00 X200 Z200	快速退刀
	T0202	换切断刀,即切槽刀
	G00 X70 Z−103	快速定位至切断处
	G01 X0 F20	切断
结束	G00 X200 Z200	快速退刀
	M05	主轴停
	M30	程序结束

5. 刀具路径及切削验证（见图 1.72）

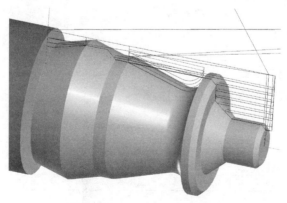

图 1.72　刀具路径及切削验证

第二章
复合轴类零件

一、锥面多槽标准轴零件

1. 学习目的

① 思考中间两段圆弧如何计算。

② 熟练掌握通过三角函数计算角度的方法。

③ 熟练掌握通过外径粗车循环 G71 和复合轮廓粗车循环 G73 联合编程的方法。

视频演示

④ 掌握实现等距槽的编程方法。

⑤ 能迅速构建编程所使用的模型。

2. 加工图纸及要求

数控车削加工如图 2.1 所示的零件，编制其加工的数控程序。

3. 工艺分析和模型

(1) 工艺分析

该零件由外圆柱面、顺圆弧、斜锥面、多组槽等表面组成，零件图尺寸标注完整，符合数控加工尺寸标注要求；轮廓描述清楚完整；零件材料为 45 钢，切削加工性能较好，无热处理和硬度要求。

(2) 毛坯选择

零件材料为 45 钢，ϕ100mm 棒料。

(3) 刀具选择（见表 2.1）

表 2.1　刀具选择

刀具号	刀具规格名称	加工内容	刀具特征	备注
T01	硬质合金 35°外圆车刀	车端面及车轮廓		
T02	切断刀（切槽刀）	切断	宽 4mm	

(4) 几何模型

本例题一次性装夹，轮廓部分采用 G71 和 G73 的循环联合编程，

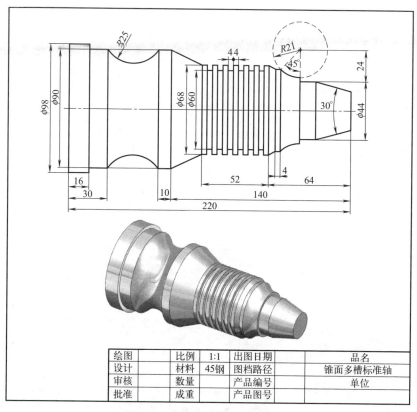

绘图		比例	1:1	出图日期		品名
设计		材料	45钢	图档路径		锥面多槽标准轴
审核		数量		产品编号		单位
批准		成重		产品图号		

图 2.1 锥面多槽标准轴零件

其加工路径的模型设计见图 2.2。

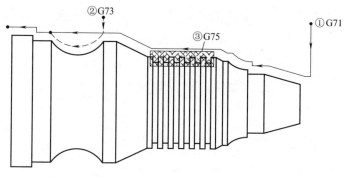

图 2.2 几何模型和编程路径示意图

(5) 数学计算

本题需要计算圆弧的坐标值和锥面关键点的坐标值,可采用三角函数、勾股定理等几何知识计算,也可使用计算机制图软件(如 AutoCAD、UG、Mastercam、SolidWorks 等)的标注方法来计算。

4. 数控程序

开始	M03 S800	主轴正转,800r/min
	T0101	换 1 号外圆车刀
	G98	指定走刀按照 mm/min 进给
端面	G00 X102 Z0	快速定位工件端面上方
	G01 X0 F80	车端面,走刀速度 80mm/min
G71 粗车循环	G00 X102 Z3	快速定位循环起点
	G71U3R1	X 向每次吃刀量 3,退刀为 1
	G71P10Q20U0.4 W0.1F100	循环程序段 10~20
外轮廓	N10 G00 X29.34	垂直移动到最低处,不能有 Z 值
	G01 Z0	接触工件
	X44 Z−27.356	斜向车削锥面
	Z−40	车削 $\phi44$ 的外圆
	X50	车削 R21 圆弧的右端面
	G02 X62.383 Z−54.89 R21	车削 R21 的顺时针圆弧
	G01Z−58.89	车削 $\phi62.383$ 的外圆
	X68 Z−64	斜向车削锥面
	Z−116	车削 $\phi68$ 的外圆
	X90 Z−140	斜向车削锥面
	Z−204	车削 $\phi90$ 的外圆
	X98	车削 $\phi98$ 的外圆右端面
	N20 Z−224	车削 $\phi98$ 的外圆
精车	M03 S1200	提高主轴转速,1200r/min
	G70 P10 Q20 F40	精车
G73 粗车循环	G00 X96 Z−150	快速定位循环起点
	G73 U6 W0 R3	G73 粗车循环,循环 3 次
	G73 P30 Q40 U0.2 W0.2F80	循环程序段 30~40
外轮廓	N30 G01 X90	接触工件
	N40 G02 X90 Z−190 R25	车削 R25 的顺时针圆弧
精车	M03 S1200	提高主轴转速,1200r/min
	G70 P30 Q40 F40	精车
	G00 X200 Z200	快速退刀,准备换刀
等距槽	M03 S800	主轴正转,800r/min
	T0202	换 02 号切槽刀
	G00 X70 Z−72	定位切槽循环起点

G75 切等距槽	G75 R1	G75 切槽循环固定格式
	G75 X60 Z－112 P3000 Q8000 R0 F20	G75 切槽循环固定格式
切断	G00 X104	抬刀
	Z－224	快速定位至切断处
	G01 X0 F20	切断
结束	G00 X200 Z200	快速退刀
	M05	主轴停
	M30	程序结束

5. 刀具路径及切削验证（见图 2.3）

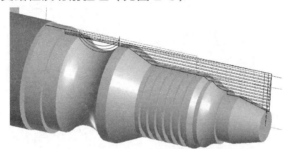

图 2.3　刀具路径及切削验证

二、多槽螺纹复合轴零件

1. 学习目的

① 思考中间两段圆弧如何计算。

② 熟练掌握通过外径粗车循环 G71 和复合轮廓粗车循环 G73 联合编程的方法。

③ 掌握实现等距槽的编程方法。

④ 能迅速构建编程所使用的模型。

视频演示

2. 加工图纸及要求

数控车削加工如图 2.4 所示的零件，编制其加工的数控程序。

3. 工艺分析和模型

（1）工艺分析

该零件由外圆柱面、顺圆弧、逆圆弧、斜锥面、多组槽、螺纹等表面组成，零件图尺寸标注完整，符合数控加工尺寸标注要求；轮廓

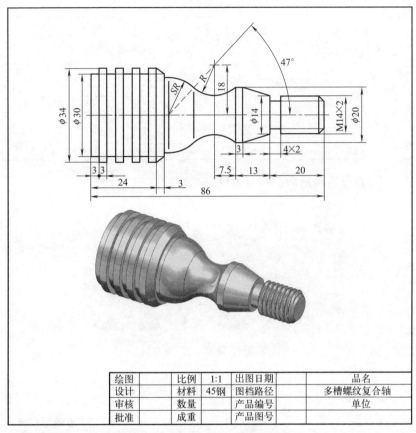

图 2.4　多槽螺纹复合轴零件

描述清楚完整；零件材料为 45 钢，切削加工性能较好，无热处理和硬度要求。

（2）毛坯选择

零件材料为 45 钢，ϕ35mm 棒料

（3）刀具选择（见表 2.2）

表 2.2　刀具选择

刀具号	刀具规格名称	加工内容	刀具特征	备注
T01	硬质合金 35°外圆车刀	车端面及车轮廓		
T02	切断刀（切槽刀）	切槽和切断	宽 3mm	
T03	螺纹刀	外螺纹	60°牙型角	

（4）几何模型

本例题一次性装夹，轮廓部分采用 G71 和 G73 的循环联合编程，其加工路径的模型设计见图 2.5。

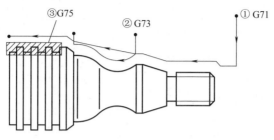

③ G75　　②G73　　①G71

图 2.5　几何模型和编程路径示意图

（5）数学计算

本题需要计算圆弧的坐标值，可采用三角函数、勾股定理等几何知识计算，也可使用计算机制图软件（如 AutoCAD、UG、Mastercam、SolidWorks 等）的标注方法来计算。

4. 数控程序

	M03 S800	主轴正转，800r/min
开始	T0101	换 1 号外圆车刀
	G98	指定走刀按照 mm/min 进给
端面	G00 X50 Z0	快速定位工件端面上方
	G01 X0　F80	车端面，走刀速度 80mm/min
G71 粗车循环	G00 X40 Z3	快速定位循环起点
	G71U3R1	X 向每次吃刀量 3，退刀为 1
	G71P10Q20U0.4 W0.1F100	循环程序段 10～20
外轮廓	N10G00 X10	垂直移动到最低处，不能有 Z 值
	G01 Z0	接触工件
	X14 Z−2	车削 C2 倒角
	Z−20	车削 $\phi30$ 的外圆
	X20 Z−30	斜向车削锥面
	Z−33	车削 $\phi20$ 的外圆
	X20 Z−48	斜向车削至 SR 的右侧起点
	G03 X27.415 Z−57.375 R13.707	车削 $R13.707$ 的逆时针圆弧
	G01 Z−59	车削 $\phi27.415$ 的外圆
	X30	车削 $\phi34$ 的外圆右端面
	X34 Z−62	斜向车削锥面
	N20 Z−89	车削 $\phi34$ 的外圆

G73 粗车循环	G00X28Z－33	快速定位循环起点
	G73U1.5 W0R2	G73 粗车循环,循环 2 次
	G73P30Q40U0 W0.2F80	循环程序段 30~40
外轮廓	N30G01 X20 Z－33	接触工件
	N40G02 X20 Z－48 R10.966	车削 R10.966 的顺时针圆弧
精车	G00 X22 Z3	定位精车起点
	M03 S1200	提高主轴转速,1200r/min
	G00 X10	垂直移动到最低处
	G01 Z0 F40	接触工件
	X14 Z－2	车削 C2 倒角
	Z－20	车削 ϕ30 的外圆
	X20 Z－30	斜向车削锥面
	Z－33	车削 ϕ20 的外圆
	G02 X20 Z－48 R10.966	车削 R10.966 的顺时针圆弧
	G03 X27.415 Z－57.375 R13.707	车削 R13.707 的逆时针圆弧
	G01 Z－59	车削 ϕ27.415 的外圆
	X30	车削 ϕ34 的外圆右端面
	X34 Z－62	斜向车削锥面
	Z－89	车削 ϕ34 的外圆
螺纹退刀槽	M03S800	降低主轴转速,800r/min
	G00X100Z100	快速退刀,准备换刀
	T0202	换 02 号切槽刀
	G00 X16Z－19	定位退刀槽第 1 刀起点
	G01X10F20	切槽第 1 刀
	X16F100	抬刀
	Z－20	定位退刀槽第 2 刀起点
	X10 F20	切槽第 2 刀
	X40 F300	抬刀
等距槽	G00 Z－68	定位切槽循环起点
	G75 R1	G75 切槽循环固定格式
	G75 X30 Z－86 P3000 Q6000 R0 F20	G75 切槽循环固定格式
	G00X100Z100	快速退刀准备换刀
外螺纹	T0303	换 03 号螺纹刀
	G00X16 Z3	定位到螺纹循环起点
	G76 P010060 Q100R0.1	G76 螺纹循环固定格式
	G76 X11.835 Z－18 P1083Q500 R0F2	G76 螺纹循环固定格式
	G00 X200 Z200	快速退刀

	T0202	换切断刀,即切槽刀
切断	M03S800	主轴正转 800r/min
	G00 X30 Z-89	快速定位至切断处
	G01 X0 F20	切断
结束	G00 X200 Z200	快速退刀
	M05	主轴停
	M30	程序结束

5. 刀具路径及切削验证（见图 2.6）

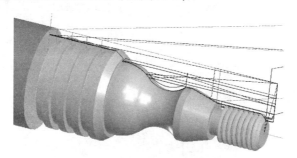

图 2.6　刀具路径及切削验证

三、球头配作复合轴零件

1. 学习目的

① 思考球头部分和中间圆弧如何计算。

② 熟练掌握通过三角函数计算角度的方法。

③ 熟练掌握通过外径粗车循环 G71 编程的方法。

④ 掌握实现等距槽的编程方法。

⑤ 能迅速构建编程所使用的模型。

视频演示

2. 加工图纸及要求

数控车削加工如图 2.7 所示的零件，编制其加工的数控程序。

3. 工艺分析和模型

（1）工艺分析

该零件由外圆柱面、逆圆弧、斜锥面、多组槽、螺纹等表面组成，零件图尺寸标注完整，符合数控加工尺寸标注要求；轮廓描述清楚完整；零件材料为 45 钢，切削加工性能较好，无热处理和硬度

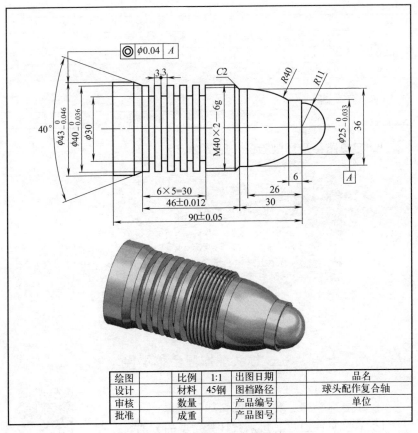

图 2.7　球头配作复合轴零件

要求。

（2）毛坯选择

零件材料为 45 钢，$\phi 45mm$ 棒料。

（3）刀具选择（见表 2.3）

表 2.3　刀具选择

刀具号	刀具规格名称	加工内容	刀具特征	备注
T01	硬质合金 35°外圆车刀	车轮廓		
T02	切断刀（切槽刀）	切槽和切断	宽 3mm	
T03	螺纹刀	外螺纹	60°牙型角	

（4）几何模型

本例题一次性装夹，轮廓部分采用 G71 的循环编程，其加工路径的模型设计见图 2.8。

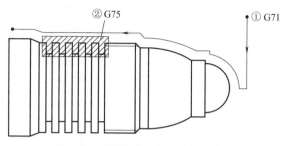

图 2.8　几何模型和编程路径示意图

（5）数学计算

本题工件尺寸和坐标值明确，可直接进行编程。

4. 数控程序

开始	M03 S800	主轴正转，800r/min
	T0101	换 1 号外圆车刀
	G98	指定走刀按照 mm/min 进给
G71 粗车循环	G00 X50 Z3	快速定位循环起点
	G71U3R1	X 向每次吃刀量 3，退刀为 1
	G71P10Q20U0.4 W0.1F100	循环程序段 10～20
外轮廓	N10G00 X0	垂直移动到最低处，不能有 Z 值
	G01 Z0	接触工件
	G03 X22 Z−11 R11	车削 R11 的逆时针圆弧
	G01 X25	车削 φ25 的外圆右端面
	Z−17	车削 φ25 的外圆
	G03 X36 Z−37 R40	车削 R11 的逆时针圆弧
	G01 Z−41	车削 φ36 的外圆
	X40 Z−43	车削 C2 倒角
	Z−87	车削 φ40 的外圆
	X43 Z−91.121	斜向车削锥面
	N20Z−104	车削 φ43 的外圆
精车	M03 S1200	提高主轴转速，1200r/min
	G70 P10 Q20 F40	精车
等距槽	M03S800	降低主轴转速，800r/min
	G00X100Z100	快速退刀，准备换刀
	T0202	换 02 号切槽刀

	G00 X42 Z−60	定位切槽循环起点
等距槽	G75 R1	G75 切槽循环固定格式
	G75 X30 Z−84 P3000 Q6000 R0 F20	G75 切槽循环固定格式
	G00X100Z100	快速退刀准备换刀
螺纹	T0303	换 03 号螺纹刀
	G00X44 Z−40	定位到螺纹循环起点
	G76 P010060 Q100R0.1	G76 螺纹循环固定格式
	G76 X37.835 Z−58.5 P1083 Q500R0F2	G76 螺纹循环固定格式
	G00 X200 Z200	快速退刀
切断	T0202	换切断刀,即切槽刀
	M03S800	主轴正转,800r/min
	G00 X48 Z−104	快速定位至切断处
	G01 X0 F20	切断
	G00 X200 Z200	快速退刀
结束	M05	主轴停
	M30	程序结束

5. 刀具路径及切削验证（见图2.9）

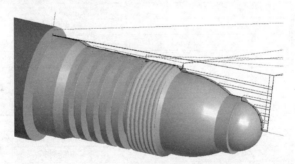

图 2.9　刀具路径及切削验证

四、锥体多槽轴零件

1. 学习目的

① 思考中间两段圆弧如何计算。

② 熟练掌握通过三角函数计算角度的方法。

③ 熟练掌握通过外径粗车循环 G71 和复合轮廓粗

视频演示

车循环 G73 联合编程的方法。

④ 掌握实现等距槽的编程方法。

⑤ 学习如何对工件尾部倒角进行编程。

⑥ 能迅速构建编程所使用的模型。

2. 加工图纸及要求

数控车削加工如图 2.10 所示的零件，编制其加工的数控程序。

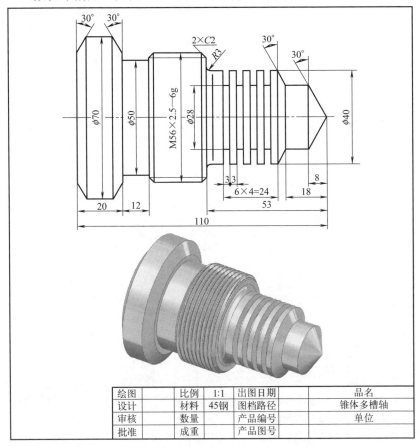

绘图		比例	1:1	出图日期		品名	
设计		材料	45钢	图档路径		锥体多槽轴	
审核		数量		产品编号		单位	
批准		成重		产品图号			

图 2.10　锥体多槽轴零件

3. 工艺分析和模型

(1) 工艺分析

该零件由外圆柱面、斜锥面、多组槽、螺纹等表面组成，零件图尺寸标注完整，符合数控加工尺寸标注要求；轮廓描述清楚完整；零件材料为 45 钢，切削加工性能较好，无热处理和硬度要求。

（2）**毛坯选择**

零件材料为 45 钢，$\phi 20\text{mm}$ 棒料。

（3）**刀具选择**（见表 2.4）

表 2.4　刀具选择

刀具号	刀具规格名称	加工内容	刀具特征	备注
T01	硬质合金 35°外圆车刀	车轮廓		
T02	切断刀（切槽刀）	切槽、尾部倒角和切断	宽 3mm	
T03	螺纹刀	外螺纹	60°牙型角	

（4）**几何模型**

本例题一次性装夹，轮廓部分采用 G71 的循环编程，其加工路径的模型设计见图 2.11。

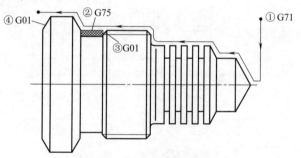

图 2.11　几何模型和编程路径示意图

（5）**数学计算**

本题需要计算锥面关键点的坐标值，可采用三角函数、勾股定理等几何知识计算，也可使用计算机制图软件（如 AutoCAD、UG、Mastercam、SolidWorks 等）的标注方法来计算。

4. 数控程序的编制

	M03 S800	主轴正转，800r/min
开始	T0101	换 1 号外圆车刀
	G98	指定走刀按照 mm/min 进给
G71 粗车循环	G00 X75 Z3	快速定位循环起点
	G71U3R1	X 向每次吃刀量 3，退刀为 1
	G71P10Q20U0.4 W0.1F100	循环程序段 10～20

续表

	N10G00 X0	垂直移动到最低处,不能有 Z 值
	G01 Z0	接触工件
	X27.713 Z−8	斜向车削锥面
	Z−18	车削 φ27.713 的外圆
	X40 Z−21.547	斜向车削锥面
外轮廓	Z−50	车削 φ40 的外圆
	G02 X46 Z−53 R3	车削 R3 圆角
	G01 X52	车削 φ56 的外圆右端面
	X56 Z−55	车削 C2 倒角
	Z−90	车削 φ56 的外圆
	X70 Z−94.041	斜向车削锥面
	N20 Z−113	车削 φ70 的外圆
精车	M03 S1200	提高主轴转速,1200r/min
	G70 P10 Q20 F40	精车
	M03S800	降低主轴转速,800r/min
	G00X100Z100	快速退刀,准备换刀
	T0202	换 02 号切槽刀
等距槽	G00 X44 Z−27.547	定位切槽循环起点
	G75 R1	G75 切槽循环固定格式
	G75 X28 Z−45.547 P3000 Q6000 R0 F20	G75 切槽循环固定格式
	G00 X60	抬刀
	Z−81	定位切槽循环起点
宽槽	G75 R1	G75 切槽循环固定格式
	G75 X50 Z−90 P3000 Q2000 R0 F20	G75 切槽循环固定格式
	G00 X60 Z−79	移至倒角上方
螺纹尾	G01 X56 F20	接触工件
部倒角	X52 Z−81	车削 C2 倒角
	G00X60	抬刀
	G00X100Z100	快速退刀准备换刀
	T0303	换 03 号螺纹刀
	G00X60 Z−52	定位到螺纹循环起点
外螺纹	G76 P010060 Q100R0.1	G76 螺纹循环固定格式
	G76 X53.835 Z−82 P1083 Q500R0F2	G76 螺纹循环固定格式
	G00 X200 Z200	快速退刀
尾部倒角	T0202	换切断刀,即切槽刀
和切断	M03S800	主轴正转,800r/min

第二章 复合轴类零件 103

	G00 X74 Z−113	定位切槽位置
	G01 X56 F20	切槽底第 1 刀
	X74 F100	抬刀
	Z−111.959	定位切槽位置
尾部倒角	X62 F20	切槽底第 2 刀
和切断	X74 F100	抬刀
	Z−108.958	定位切倒角位置
	X70F20	接触工件
	X58 Z−113	切 30°倒角
	X0	切断
	G00 X200 Z200	快速退刀
结束	M05	主轴停
	M30	程序结束

5. 刀具路径及切削验证（见图 2.12）

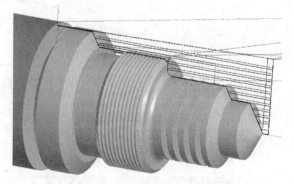

图 2.12　刀具路径及切削验证

五、圆弧机械多槽轴零件

1. 学习目的

①思考球头部分和中间两段圆弧如何计算。

②熟练掌握通过外径粗车循环 G71 和复合轮廓粗车循环 G73 联合编程的方法。

③掌握实现等距槽的编程方法。

④学习如何对工件尾部倒角进行编程。

⑤能迅速构建编程所使用的模型。

视频演示

2. 加工图纸及要求

数控车削加工如图 2.13 所示的零件，编制其加工的数控程序。

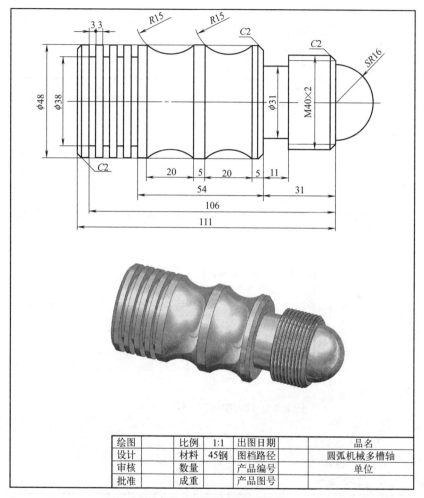

绘图		比例	1:1	出图日期		品名
设计		材料	45钢	图档路径		圆弧机械多槽轴
审核		数量		产品编号		单位
批准		成重		产品图号		

图 2.13　圆弧机械多槽轴零件

3. 工艺分析和模型

(1) 工艺分析

该零件由外圆柱面、顺圆弧、逆圆弧、多组槽、螺纹等表面组成，零件图尺寸标注完整，符合数控加工尺寸标注要求；轮廓描述清楚完整；零件材料为 45 钢，切削加工性能较好，无热处理和硬度要求。

（2）毛坯选择

零件材料为 45 钢，ϕ50mm 棒料。

（3）刀具选择（见表 2.5）

表 2.5　刀具选择

刀具号	刀具规格名称	加工内容	刀具特征	备注
T01	硬质合金 35°外圆车刀	车端面及车轮廓		
T02	切断刀（切槽刀）	切槽、尾部倒角和切断	宽 3mm	
T03	螺纹刀	外螺纹	60°牙型角	

（4）几何模型

本例题一次性装夹，轮廓部分采用 G71 和 G73 的循环联合编程，其加工路径的模型设计见图 2.14。

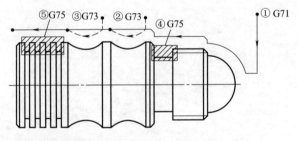

图 2.14　几何模型和编程路径示意图

（5）数学计算

本题工件尺寸和坐标值明确，可直接进行编程。

4. 数控程序

	M03 S800	主轴正转，800r/min
开始	T0101	换 1 号外圆车刀
	G98	指定走刀按照 mm/min 进给
G71 粗车循环	G00 X50 Z3	快速定位循环起点，以常数值指定
	G71 U3 R1	X 向每次吃刀量为 3，退刀量为 1
	G71 P10 Q20 U0.2 W0.2 F100	循环程序段 10～20

外轮廓	N10 G00 X0	垂直移动到最低处,不能有 Z 值
	G01 Z0	接触工件
	G03 X32 Z−16 R16	车削 R16 的逆时针圆弧
	G01 X36	车削 φ40 的外圆右端面
	X40 Z−18	车削 C2 倒角
	Z−47	车削 φ40 的外圆
	X44	车削 φ48 的外圆右端面
	X48 Z−49	车削 C2 倒角
	N20 Z−130	车削 φ48 的外圆
G73 粗车循环	G00X50 Z−52	快速定位循环起点
	G73U1.5 W0R2	G73 粗车循环,循环 2 次
	G73P30Q40U0.4 W0 F80	循环程序段 30～40
外轮廓	N30G01 X48	接触工件
	N40G02 X48 Z−72 R15	车削 R15 的顺时针圆弧
G73 粗车循环	G00X50 Z−77	快速定位循环起点
	G73U1.5 W0R2	G73 粗车循环,循环 2 次
	G73P50Q60U0.4 W0 F80	循环程序段 50～60
外轮廓	N50G01 X48	接触工件
	N60G02 X48 Z−97 R15	车削 R15 的顺时针圆弧
精车	G00 Z3	定位精车起点
	M03 S1200	提高主轴转速,1200r/min
	G00 X−4	快速定位到相切圆弧起点
	G02 X0 Z0 R2 F40	R2 的过渡顺时针圆弧
	G03 X32 Z−16 R16	车削 R16 的逆时针圆弧
	G01 X36	车削 φ40 的外圆右端面
	X40 Z−18	车削 C2 倒角
	Z−47	车削 φ40 的外圆
	X44	车削 φ48 的外圆右端面
	X48 Z−49	车削 C2 倒角
	Z−52	车削 φ48 的外圆
	G02 X48 Z−72 R15	车削 R15 的顺时针圆弧
	G01 Z−77	车削 φ48 的外圆
	G02 X48 Z−97 R15	车削 R15 的顺时针圆弧
	G01 Z−130	车削 φ48 的外圆
	G00 X200 Z200	快速退刀,准备换刀
宽槽	T0202	换 02 号切槽刀
	M03 S800	降低主轴转速,800r/min
	G00 X46 Z−39	定位切槽循环起点
	G75 R1	G75 切槽循环固定格式

宽槽	G75 X31 Z−47 P3000 Q2000 R0 F20	G75 切槽循环固定格式
等距槽	G00 X52	抬刀
	Z−104	定位切槽循环起点
	G75 R1	G75 切槽循环固定格式
	G75 X38 Z−122 P3000 Q6000 R0 F20	G75 切槽循环固定格式
	G00X200Z200	快速退刀准备换刀
外螺纹	T0303	换 03 号螺纹刀
	G00X43 Z−12	定位到螺纹循环起点
	G76 P010060 Q100R0.1	G76 螺纹循环固定格式
	G76 X37.835 Z−40 P1083 Q500R0F2	G76 螺纹循环固定格式
	G00 X200 Z200	快速退刀,准备换刀
尾部倒角和切断	T0202	换 02 号切槽刀
	M03 S800	降低主轴转速,800r/min
	G00 X52 Z−130	定位切槽位置
	G01 X44 F20	切出槽的位置
	X52 F100	抬刀
	G00 Z−128	定位到倒角上方
	G01 X48 F100	接触倒角
	X44 Z−130 F20	切倒角
	G01 X0	切断
	G00 X200 Z200	快速退刀
结束	M05	主轴停
	M30	程序结束

5. 刀具路径及切削验证（见图 2.15）

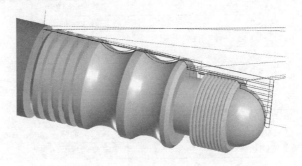

图 2.15　刀具路径及切削验证

六、双锥连接复合轴零件

1. 学习目的

视频演示

① 思考中间两段圆弧如何计算。

② 熟练掌握通过三角函数计算角度的方法。

③ 熟练掌握通过外径粗车循环 G71、复合轮廓粗车循环 G73 和 G01 联合编程的方法。

④ 掌握实现等距槽的编程方法。

⑤ 学习如何对工件尾部锥面进行编程。

⑥ 能迅速构建编程所使用的模型。

2. 加工图纸及要求

数控车削加工如图 2.16 所示的零件，编制其加工的数控程序。

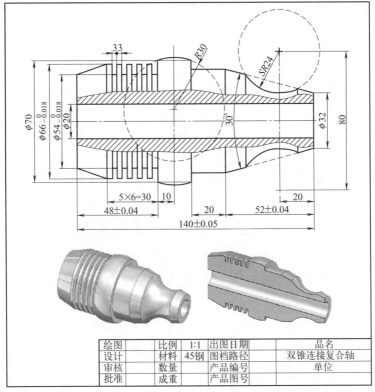

图 2.16 双锥连接复合轴零件

3. 工艺分析和模型

(1) 工艺分析

该零件表面由内外圆柱面、顺圆弧、逆圆弧、斜锥面、多组槽、螺纹等表面组成，零件图尺寸标注完整，符合数控加工尺寸标注要求；轮廓描述清楚完整；零件材料为 45 钢，切削加工性能较好，无热处理和硬度要求。

(2) 毛坯选择

零件材料为 45 钢，ϕ80mm 棒料。

(3) 刀具选择（见表 2.6）

表 2.6　刀具选择

刀具号	刀具规格名称	加工内容	刀具特征	备注
T01	硬质合金 45°外圆车刀	车端面及车轮廓		
T02	切断刀（切槽刀）	切槽和切断	宽 3mm	
T03	—			
T04	钻头	钻孔	ϕ10mm	
T05	内圆车刀	车内孔		刀刃与 X 轴平行

(4) 几何模型

本例题一次性装夹，轮廓部分采用 G71、G73、G01 的循环联合编程，其加工路径的模型设计见图 2.17。

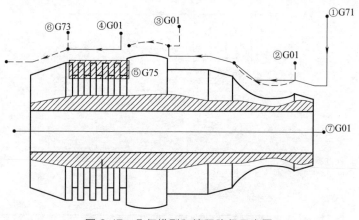

图 2.17　几何模型和编程路径示意图

(5) 数学计算

本题需要计算圆弧的坐标值和锥面关键点的坐标值，可采用三角函数、勾股定理等几何知识计算，也可使用计算机制图软件（如 Au-toCAD、UG、Mastercam、SolidWorks 等）的标注方法来计算。

4. 数控程序

开始	M03 S800	主轴正转，800r/min
	T0101	换 1 号外圆车刀
	G98	指定走刀按照 mm/min 进给
端面	G00 X80 Z0	快速定位工件端面上方
	G01 X0 F80	车端面，走刀速度 80mm/min
G71 粗车循环	G00 X80 Z3	快速定位循环起点
	G71U3R1	X 向每次吃刀量 3，退刀为 1
	G71P10Q20U0.4 W0.1F100	循环程序段 10～20
外轮廓	N10 G00 X32	垂直移动到最低处，不能有 Z 值
	G01 Z0	接触工件
	X37.02 Z−9.333	斜向车削锥面
	Z−29.333	直线粗车削 $R24$ 圆弧区域
	X53.429 Z−39.987	直线粗车削 $R24$ 圆弧区域
	X59.867 Z−52	斜向车削锥面
	Z−72	车削 $\phi59.867$ 的外圆
	N20 X74	车削中间圆弧的右端面
凹圆弧	G00 X40 Z−9.333	定位到 $R24$ 的圆弧上方
	G01 X[37.02+0.4] F100	接触工件，留精加工余量 0.4
	G02 X[53.429＋0.4] Z−39.987 R24	车削 $R24$ 的顺时针圆弧，留精加工余量 0.4
	G00 X78	抬刀
凸圆弧	Z−72	定位到 $R0$ 的圆弧上方
	G01 X[70+0.4] F100	接触工件
	G03 X[70+0.4] Z−92 R30	车削 $R24$ 的顺时针圆弧
	G01 X78	抬刀
精车	G00 Z3	定位精车起点
	M03 S1200	提高主轴转速，1200r/min
	G00 X32	垂直移动到最低处
	G01 Z0	接触工件
	X37.02 Z−9.333	斜向车削锥面
	G02 X53.429 Z−39.987 R24	车削 $R24$ 的顺时针圆弧
	G01X59.867 Z−52	斜向车削锥面
	Z−72	车削 $\phi59.867$ 的外圆
	X70	车削中间圆弧的右端面
	G03 X70 Z−92 R30	车削 $R24$ 的顺时针圆弧
	G01 X78	抬刀
	G00 X200 Z200	快速退刀

槽顶外圆	T0202	换切断刀,即切槽刀
	M03S800	主轴正转,800r/min
	G00 X78 Z−95	快速定位至槽顶
	G01 X66 F20	接触工件
	Z−123 F40	平切,切出槽顶外圆
等距槽	X78 F100	抬刀
	G00 X74 Z−95	定位切槽循环起点
	G75 R1	G75 切槽循环固定格式
	G75 X54 Z−119 P3000 Q6000 R0 F20	G75 切槽循环固定格式
	G00 X200 Z200	快速退刀
G73 粗车循环	T0101	换 01 号螺纹刀
	G00X78 Z−122	快速定位循环起点
	G73U6 W0R3	G73 粗车循环,循环 3 次
	G73P30Q40U0.4 W0F80	循环程序段 30~40
外轮廓	N30 G01X66	接触工件
	X54 Z−140	斜向车削锥面
	Z−143	车削切断位置
	N40 X78	抬刀
精车	M03 S1200	提高主轴转速,1200r/min
	G70 P30 Q40 F40	精车
	G00 X200 Z200	快速退刀
钻孔	T0404	换钻头
	M03S800	主轴正转,800r/min
	G00 X0 Z2	快速定位至钻孔中心外部
	G01 Z−150 F15	钻孔
	Z2 F600	退刀
	G00 X200 Z200	快速退刀
车内孔	T0505	换内孔车刀
	M03S800	主轴正转,800r/min
	G00 X14 Z2	定位至第 1 刀位置
	G01 Z−141 F20	车内孔第 1 刀
	X10	降刀
	Z2 F600	退出孔
	X20	定位至第 2 刀位置
	M03 S1200	提高主轴转速,1200r/min
	Z−141 F15	车内孔第 2 刀
	X10	降刀
	Z2 F600	退出孔
	G00 X200 Z200	快速退刀

切断	T0202	换切断刀,即切槽刀
	M03 S800	主轴正转,800r/min
	G00 X80 Z−143	快速定位至切断处
	G01 X19 F20	切断
结束	G00 X200 Z200	快速退刀
	M05	主轴停
	M30	程序结束

5. 刀具路径及切削验证（见图2.18）

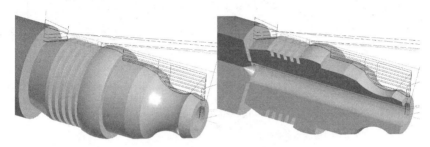

图2.18　刀具路径及切削验证

七、多槽配合标准复合轴零件

1. 学习目的

① 思考球头部分的数值如何计算。

② 熟练掌握通过外径粗车循环 G71 和 G01 联合编程的方法。

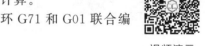

视频演示

③ 掌握实现较宽等距槽的编程方法。

④ 能迅速构建编程所使用的模型。

2. 加工图纸及要求

数控车削加工如图2.19所示的零件，编制其加工的数控程序。

3. 工艺分析和模型

（1）工艺分析

该零件由外圆柱面、顺圆弧、逆圆弧、斜锥面、多组槽等表面组成，零件图尺寸标注完整，符合数控加工尺寸标注要求；轮廓描述清楚完整；零件材料为45钢，切削加工性能较好，无热处理和硬度要求。

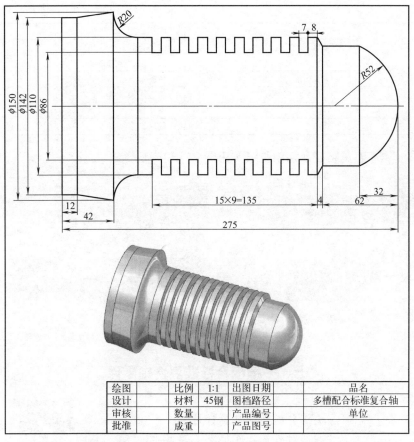

图 2.19　多槽配合标准复合轴零件

（2）毛坯选择

零件材料为 45 钢，$\phi155$mm 棒料。

（3）刀具选择（见表 2.7）

表 2.7　刀具选择

刀具号	刀具规格名称	加工内容	刀具特征	备注
T01	硬质合金 35°外圆车刀	车端面及车轮廓		
T02	切断刀（切槽刀）	切槽和切断	宽 4mm	

（4）几何模型

本例题一次性装夹，轮廓部分采用 G71、G73 的循环联合编程，其加工路径的模型设计见图 2.20。

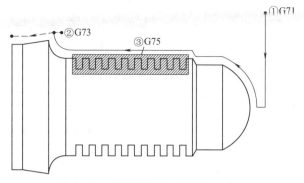

图 2.20　几何模型和编程路径示意图

(5) 数学计算

本题需要计算圆弧的坐标值,可采用三角函数、勾股定理等几何知识计算,也可使用计算机制图软件(如 AutoCAD、UG、Mastercam、SolidWorks 等)的标注方法来计算。

4. 数控程序

	M03 S800	主轴正转,800r/min
开始	T0101	换 1 号外圆车刀
	G98	指定走刀按照 mm/min 进给
G71 粗车循环	G00 X160 Z3	快速定位循环起点
	G71U3R1	X 向每次吃刀量 3,退刀为 1
	G71P10Q20U0.4 W0.1F100	循环程序段 10～20
外轮廓	N10 G00 X0	垂直移动到最低处,不能有 Z 值
	G01 Z0	接触工件
	G03 X96 Z−32 R52	车削 $R52$ 的逆时针圆弧
	G01 Z−62	车削 $\phi96$ 的外圆
	X110 Z−66	斜向车削锥面
	Z−213	车削 $\phi110$ 的外圆
	N20 G02 X150 Z−233 R20	车削 $R20$ 的顺时针圆弧
精车	M03 S1200	提高主轴转速,1200r/min
	G70 P10 Q20 F40	精车
G73 循环	G00 X155 Z−230	快速定位循环起点
	G73 U4 W0R2	G73 粗车循环,循环 2 次
	G73P30Q40U0.4 W0 F80	循环程序段 30～40
外轮廓	N30G01 X150 Z−233	接触工件
	X142 Z−263	斜向车削锥面

外轮廓	Z−279	车削切断位置
	N40 X150	抬刀
精车	M03 S1200	提高主轴转速,1200r/min
	G70 P30 Q40 F40	精车
等距槽	M03S800	降低主轴转速,800r/min
	G00X200Z200	快速退刀,准备换刀
	T0202	换 02 号切槽刀
	G00 X114 Z−78	快速定位至槽上方,切削第 1 刀槽
	G75 R1	G75 切槽循环固定格式
	G75 X86 Z−198 P3000 Q15000 R0 F20	G75 切槽循环固定格式
	G00 X114 Z−81	快速定位至槽上方,切削第 2 刀槽
	G75 R1	G75 切槽循环固定格式
	G75 X86 Z−201 P3000 Q15000 R0 F20	G75 切槽循环固定格式
切断	G00 X160	抬刀
	Z−279	快速定位至切断处
	G01 X0 F20	切断
结束	G00 X200 Z200	快速退刀
	M05	主轴停
	M30	程序结束

5. 刀具路径及切削验证（见图 2.21）

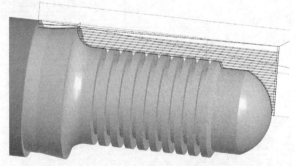

图 2.21　刀具路径及切削验证

八、多形状直线复合轴零件

1. 学习目的

① 熟练掌握通过三角函数计算角度的方法。

② 熟练掌握通过外径粗车循环 G71 编程的方法。

③ 如何实现多头螺纹的编程。

视频演示

④ 掌握实现 4 个阶梯槽和 4 个单边圆角槽的编程方法。

⑤ 能迅速构建编程所使用的模型。

2. 加工图纸及要求

数控车削加工如图 2.22 所示的零件，编制其加工的数控程序。

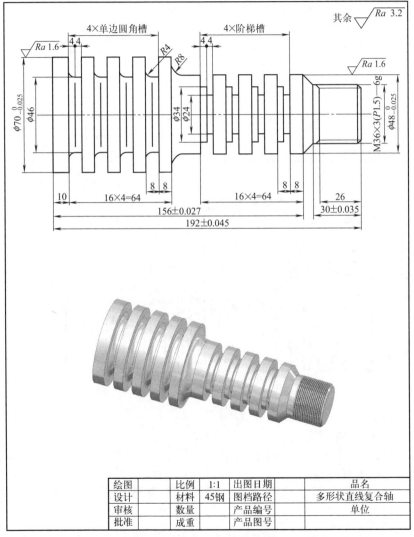

图 2.22　多形状直线复合轴零件

3. 工艺分析和模型

(1) 工艺分析

该零件由外圆柱面、多组槽等表面组成，零件图尺寸标注完整，符合数控加工尺寸标注要求；轮廓描述清楚完整；零件材料为45钢，切削加工性能较好，无热处理和硬度要求。

(2) 毛坯选择

零件材料为45钢，ϕ45mm棒料。

(3) 刀具选择（见表2.8）

表2.8　刀具选择

刀具号	刀具规格名称	加工内容	刀具特征	备注
T01	硬质合金35°外圆车刀	车端面及车轮廓		
T02	切断刀（切槽刀）	切槽和切断	宽4mm	
T03	螺纹刀	外螺纹	60°牙型角	

(4) 几何模型

本例题一次性装夹，轮廓部分采用G71的循环编程，其加工路径的模型设计见图2.23。

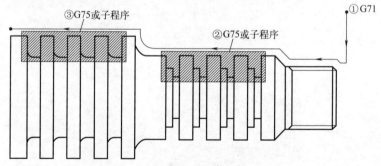

图2.23　几何模型和编程路径示意图

(5) 数学计算

本题工件尺寸和坐标值明确，可直接进行编程。

4. 数控程序

开始	M03 S800	主轴正转，800r/min
	T0101	换1号外圆车刀
	G98	指定走刀按照 mm/min 进给
端面	G00 X80 Z0	快速定位工件端面上方
	G01 X0　F80	车端面，走刀速度 80mm/min

G71 粗车循环	G00 X75 Z3	快速定位循环起点
	G71U3R1	X 向每次吃刀量 3,退刀为 1
	G71P10Q20U0.4 W0.1F100	循环程序段 10～20
外轮廓	N10 G00 X32	垂直移动到最低处,不能有 Z 值
	G01 Z0	接触工件
	X36 Z－2	车削 C2 倒角
	Z－30	车削 φ36 的外圆
	X48 Z－36	斜向车削锥面
	Z－110	车削 φ48 的外圆
	G02 X64 Z－118 R8	车削 R8 的顺时针圆弧
	G01 X70	车削 φ70 的外圆右端面
	N20 Z－196	车削 φ70 的外圆
精车	M03 S1200	提高主轴转速,1200r/min
	G70 P10 Q20 F40	精车
	G00X100Z100	快速退刀准备换刀
多头螺纹	T0303	换 03 号螺纹刀
	G00X38 Z3	定位到螺纹循环起点
	G92X35.2Z－26 F3 L1	G92 螺纹循环,多头螺纹第 1 头,第 1 层
	X34.5	第 2 层
	X34.376	第 3 层
	G92 X35.2Z－26 F3 L2	G92 螺纹循环,多头螺纹第 2 头,第 1 层
	X34.5	第 2 层
	X34.376	第 3 层
	G00 X200 Z200	快速退刀
阶梯槽	M03S800	降低主轴转速,800r/min
	T0202	换 02 号切槽刀
	G00 X52 Z－48	快速定位至槽上方,切削第 1 刀槽
	G75 R1	G75 切槽循环固定格式
	G75 X24 Z－96 P3000 Q16000 R0 F20	G75 切槽循环固定格式
	G00 X52 Z－52	快速定位至槽上方,切削第 2 刀槽
	G75 R1	G75 切槽循环固定格式
	G75 X34 Z－100 P3000 Q15000 R0 F20	G75 切槽循环固定格式
等距槽	G00 X74	抬刀
	Z－130	快速定位至槽上方,准备半边 U 槽右侧

等距槽 （U 槽右侧）	G75 R1	G75 切槽循环固定格式
	G75 X46 Z−178 P3000 Q16000 R0 F20	G75 切槽循环固定格式
切槽和 圆角 1	G00 X74 Z−134	定位第 1 个半边 U 槽左侧
	G01 U−20	切槽
	G03 U−8 W4 R4	切圆角
	G01 U28	抬刀
切槽和 圆角 2	W−20	定位第 2 个半边 U 槽左侧
	G01 U−20	切槽
	G03 U−8 W4 R4	切圆角
	G01 U28	抬刀
切槽和 圆角 3	W−20	定位第 3 个半边 U 槽左侧
	G01 U−20	切槽
	G03 U−8 W4 R4	切圆角
	G01 U28	抬刀
切槽和 圆角 4	W−20	定位第 4 个半边 U 槽左侧
	G01 U−20	切槽
	G03 U−8 W4 R4	切圆角
	G01 U28	抬刀
切断	G00 Z−196	快速定位至切断处
	G01 X0 F20	切断
结束	G00 X200 Z200	快速退刀
	M05	主轴停
	M30	程序结束

5. 刀具路径及切削验证（见图 2.24）

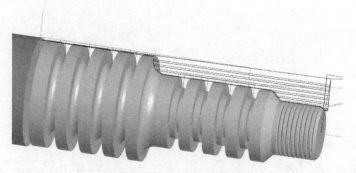

图 2.24　刀具路径及切削验证

九、圆弧宽槽装配轴零件

1. 学习目的

① 思考中间两段圆弧如何计算。

② 熟练掌握通过三角函数计算角度的方法。

③ 熟练掌握通过外径粗车循环 G71 和复合轮廓粗车循环 G73 联合编程的方法。

视频演示

④ 掌握实现宽槽的编程方法。

⑤ 如何对工件尾部锥面进行编程。

⑥ 能迅速构建编程所使用的模型。

2. 加工图纸及要求

数控车削加工如图 2.25 所示的零件,编制其加工的数控程序。

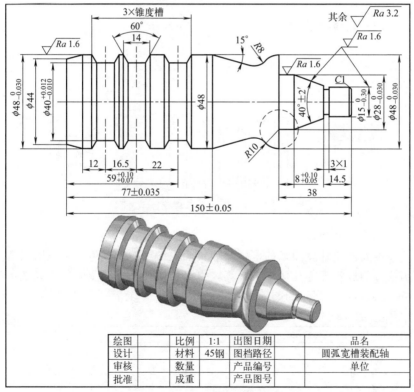

图 2.25　圆弧宽槽装配轴零件

3. 工艺分析和模型

(1) 工艺分析

该零件由外圆柱面、顺圆弧、逆圆弧、斜锥面、多组槽、螺纹等表面组成，零件图尺寸标注完整，符合数控加工尺寸标注要求；轮廓描述清楚完整；零件材料为 45 钢，切削加工性能较好，无热处理和硬度要求。

(2) 毛坯选择

零件材料为 45 钢，ϕ50mm 棒料。

(3) 刀具选择（见表 2.9）

表 2.9　刀具选择

刀具号	刀具规格名称	加工内容	刀具特征	备注
T01	硬质合金 35°外圆车刀	车端面及车轮廓		
T02	切断刀（切槽刀）	切槽和切断	宽 3mm	

(4) 几何模型

本例题一次性装夹，轮廓部分采用 G71、G73、G01 的循环联合编程，其加工路径的模型设计见图 2.26。

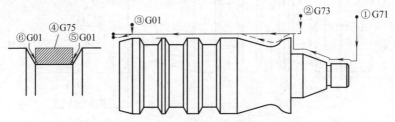

图 2.26　几何模型和编程路径示意图

(5) 数学计算

本题需要计算圆弧的坐标值和锥面关键点的坐标值，可采用三角函数、勾股定理等几何知识计算，也可使用计算机制图软件（如 AutoCAD、UG、Mastercam、SolidWorks 等）的标注方法来计算。

4. 数控程序

	M03 S800	主轴正转，800r/min
开始	T0101	换 1 号外圆车刀
	G98	指定走刀按照 mm/min 进给
端面	G00 X55 Z0	快速定位工件端面上方
	G01 X0 F80	车端面，走刀速度 80mm/min

G71 粗车循环	G00 X55 Z3	快速定位循环起点
	G71U3R1	X 向每次吃刀量 3,退刀为 1
	G71P10Q20U0.4 W0.1F100	循环程序段 10~20
外轮廓	N10 G00 X13	垂直移动到最低处,不能有 Z 值
	G01 Z0	接触工件
	X15 Z−1	车削 C1 倒角
	Z−14.5	车削 φ15 的外圆
	X16.717	车削到锥面的右端
	X28 Z−30	斜向车削锥面
	Z−38	车削 φ28 的外圆
	X48	车削 φ48 的外圆右端面
	N20 Z−153	车削 φ48 的外圆
G73 粗车循环	G00X55 Z−35	快速定位循环起点
	G73U4 W0R3	G73 粗车循环,循环 3 次
	G73P30Q40U0W0F80	循环程序段 30~40
外轮廓	N30 G01X48 Z−38	接触工件
	G03 X41.778 Z−45.249 R10	车削 R10 的逆时针圆弧
	G02 X37.345 Z−53.118 R8	车削 R8 的顺时针圆弧
	N40 G01 X48 Z−73	斜向车削锥面
尾部锥面	G00X55 Z−141.5	定位至尾部锥面起点上方
	G01 [X48+0.2] F80	接触工件,X 向留精车余量
	X[44+0.2] Z−150	斜向车削锥面 X 向留精车余量
	Z−153	车削出切断位置
	X55	抬刀
精车	M03 S1200	提高主轴转速,1200r/min
	G00 Z3	定位精车起点
	G01 X13 F40	垂直移动到最低处
	Z0	接触工件
	X15 Z−1 F40	车削 C1 倒角
	Z−14.5	车削 φ15 的外圆
	X16.717	车削到锥面的右端
	X28 Z−30	斜向车削锥面
	Z−38	车削 φ28 的外圆
	X48	车削 φ48 的外圆右端面
	G03 X41.778 Z−45.249 R10	车削 R10 的逆时针圆弧
	G02 X37.345 Z−53.118 R8	车削 R8 的顺时针圆弧
	G01 X48 Z−73	斜向车削锥面
	Z−141.5	车削 φ48 的外圆

精车	X44 Z－150	斜向车削锥面
	Z－153	车削出切断位置
	X55	抬刀
	G00 X200 Z200	快速退刀
切槽	T0202	换切断刀,即切槽刀
	M03S800	主轴正转,800r/min
	G00 X18 Z－14.5	快速定位至退刀槽处
	G01 X13 F20	切槽
	X18	退出槽
	G00 X51	抬刀
切锥度槽1中间	G00 X51 Z－89.309	快速定位至槽上方,切第1个V形槽中间
	G75 R1	G75切槽循环固定格式
	G75 X40 Z－95.691 P3000 Q2000 R0 F20	G75切槽循环固定格式
切锥度槽2中间	G00 X51 Z－111.309	快速定位至槽上方,切第2个V形槽中间
	G75 R1	G75切槽循环固定格式
	G75 X40 Z－117.691 P3000 Q2000 R0 F20	G75切槽循环固定格式
切锥度槽3中间	G00 X51 Z－127.809	快速定位至槽上方,切第3个V形槽中间
	G75 R1	G75切槽循环固定格式
	G75 X40 Z－134.191 P3000 Q2000 R0 F20	G75切槽循环固定格式
切锥度槽1斜面	G00 X51 Z－87	定位第1个V形槽右侧
	G01 U－3 F40	接触工件
	U－8 W－2.309 F20	切斜角
	U11	抬刀
	W－8.691	定位第1个V形槽左侧
	U－3	接触工件
	U－8 W2.309	切斜角
	U11	抬刀
切锥度槽2斜面	G00 X51 Z－109	定位第2个V形槽右侧
	G01 U－3 F40	接触工件
	U－8 W－2.309 F20	切斜角
	U11	抬刀
	W－8.691	定位第2个V形槽左侧
	U－3	接触工件
	U－8 W2.309	切斜角
	U11	抬刀

	G00 X51 Z−135.6	定位第 3 个 V 形槽右侧
切锥度槽 3 斜面	G01 U−3 F40	接触工件
	U−8 W−2.309 F20	切斜角
	U11	抬刀
	W−8.691	定位第 3 个 V 形槽左侧
	U−3	接触工件
	U−8 W2.309	切斜角
	U11	抬刀
切断	G00 X51 Z−153	快速定位至切断处
	G01 X0 F20	切断
	G00 X200 Z200	快速退刀
结束	M05	主轴停
	M30	程序结束

5. 刀具路径及切削验证（见图 2.27）

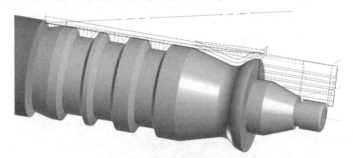

图 2.27 刀具路径及切削验证

十、球头锥体配作复合轴零件

1. 学习目的

① 思考球头部分、切线位置和中间圆弧如何计算。

② 熟练掌握通过三角函数计算角度的方法。

③ 熟练掌握通过外径粗车循环 G71 和复合轮廓粗车循环 G73 联合编程的方法。

视频演示

④ 掌握实现 2 组等距槽的编程方法。

⑤ 学习如何对工件尾部锥面进行编程。

⑥ 能迅速构建编程所使用的模型。

2. 加工图纸及要求

数控车削加工如图 2.28 所示的零件，编制其加工的数控程序。

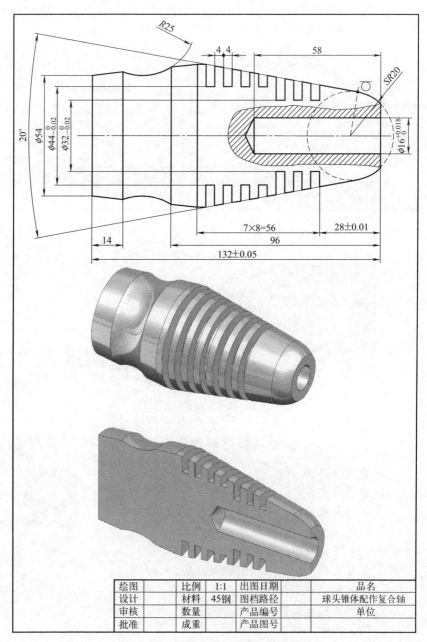

绘图		比例	1:1	出图日期		品名	
设计		材料	45钢	图档路径		球头锥体配作复合轴	
审核		数量		产品编号		单位	
批准		成重		产品图号			

图 2.28 球头锥体配作复合轴零件

3. 工艺分析和模型

(1) 工艺分析

该零件由内外圆柱面、顺圆弧、逆圆弧、斜锥面、多组槽等表面组成，零件图尺寸标注完整，符合数控加工尺寸标注要求；轮廓描述清楚完整；零件材料为 45 钢，切削加工性能较好，无热处理和硬度要求。

(2) 毛坯选择

零件材料为 45 钢，$\phi 45\text{mm}$ 棒料。

(3) 刀具选择（见表 2.10）

表 2.10　刀具选择

刀具号	刀具规格名称	加工内容	刀具特征	备注
T01	硬质合金 45°外圆车刀	车端面及车轮廓		
T02	切断刀（切槽刀）	切槽和切断	宽 4mm	
T03	—			
T04	钻头	钻孔	$\phi 16\text{mm}$	

(4) 几何模型

本例题一次性装夹，轮廓部分采用 G71 和 G73 的循环联合编程，其加工路径的模型设计见图 2.29。

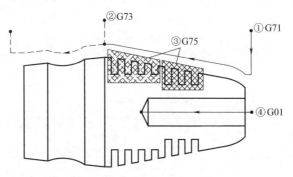

图 2.29　几何模型和编程路径示意图

(5) 数学计算

本题需要计算圆弧的坐标值和锥面关键点的坐标值，可采用三角函数、勾股定理等几何知识计算，也可使用计算机制图软件（如 AutoCAD、UG、Mastercam、SolidWorks 等）的标注方法来计算。

4. 数控程序

开始	M03 S800	主轴正转,800r/min
	T0101	换 1 号外圆车刀
	G98	指定走刀按照 mm/min 进给
端面	G00 X70 Z0	快速定位工件端面上方
	G01 X0 F80	车端面,走刀速度 80mm/min
G71 粗车循环	G00 X70 Z3	快速定位循环起点
	G71U3R1	X 向每次吃刀量 3,退刀为 1
	G71P10Q20U0.4 W0F100	循环程序段 10～20
外轮廓	N10 G00 X28.566	垂直移动到最低处,不能有 Z 值
	G01 Z0	接触工件
	G03 X39.392 Z−10.527 R20	车削 R20 的逆时针圆弧
	G01 X63.892 Z−80	斜向车削锥面
	N20 Z−84	车削 φ63.892 的外圆
精车	M03 S1200	提高主轴转速,1200r/min
	G70 P10 Q20 F40	精车
G73 粗车循环	G00X70 Z−84	快速定位循环起点
	G73 U3 W0 R3	G73 粗车循环,循环 3 次
	G73 P30 Q40 U0 W0 F80	循环程序段 30～40
外轮廓	N30 G01 X63.982	接触工件
	X61.419 Z−96	斜向车削锥面
	G02 X56.885 Z−118 R25	车削 R25 的顺时针圆弧
	G01 X54 Z−132	斜向车削锥面
	Z−136	车削切断位置
	N40 X60	抬刀
精车	M03 S1200	提高主轴转速,1200r/min
	G70 P30 Q40 F40	精车
第 1 组等距槽	G00 X200 Z200	快速退刀
	T0202	换断刀,即切槽刀
	M03S800	主轴正转,800r/min
	G00 X56 Z−32	快速定位至槽上方,切削第 1 组等距槽
	G75 R1	G75 切槽循环固定格式
	G75 X32 Z−48 P3000 Q8000 R0 F20	G75 切槽循环固定格式
第 2 组等距槽	G00 X68	抬刀
	Z−56	快速定位至槽上方,切削第 2 组等距槽
	G75 R1	G75 切槽循环固定格式
	G75 X44 Z−80 P3000 Q8000 R0 F20	G75 切槽循环固定格式

	G00 X200 Z200	快速退刀
钻孔	T0404	换钻头
	M03S800	主轴正转,800r/min
	G00 X0Z2	快速定位至钻孔处
	G01 Z−62.81 F15	钻孔
	Z2 F600	退出孔
	G00 X200 Z200	快速退刀
切断	T0202	换切断刀,即切槽刀
	M03 S800	主轴正转,800r/min
	G00 X70 Z−136	快速定位至切断处
	G01 X0 F20	切断
	G00 X200 Z200	快速退刀
结束	M05	主轴停
	M30	程序结束

5. 刀具路径及切削验证（见图2.30）

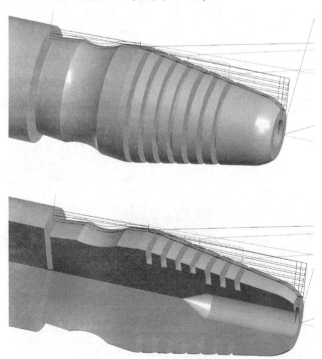

图 2.30　刀具路径及切削验证

十一、复合阶台多槽配合轴零件

1. 学习目的

① 思考中间两段圆弧如何计算。

② 熟练掌握通过外径粗车循环 G71 和复合轮廓粗车循环 G73 联合编程的方法。

③ 掌握实现等距槽的编程方法。

④ 学会如何使用反偏刀进行编程。

⑤ 能迅速构建编程所使用的模型。

2. 加工图纸及要求

数控车削加工如图 2.31 所示的零件，编制其加工的数控程序。

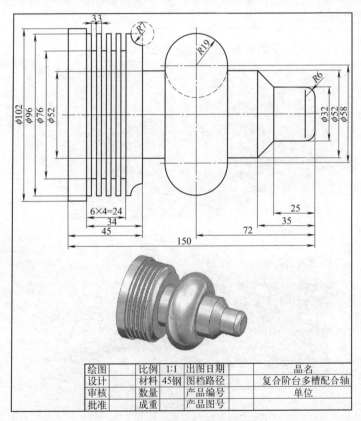

绘图		比例	1:1	出图日期		品名	
设计		材料	45钢	图档路径		复合阶台多槽配合轴	
审核		数量		产品编号		单位	
批准		成重		产品图号			

图 2.31 复合阶台多槽配合轴零件

3. 工艺分析和模型

(1) 工艺分析

该零件由外圆柱面、顺圆弧、逆圆弧、斜锥面、多组槽等表面组成，零件图尺寸标注完整，符合数控加工尺寸标注要求；轮廓描述清楚完整；零件材料为 45 钢，切削加工性能较好，无热处理和硬度要求。

(2) 毛坯选择

零件材料为 45 钢，ϕ45mm 棒料。

(3) 刀具选择（见表 2.11）

表 2.11　刀具选择

刀具号	刀具规格名称	加工内容	刀具特征	备注
T01	硬质合金 45°外圆车刀	车端面及车轮廓		
T02	切断刀（切槽刀）	切断	宽 3mm	
T04	反偏外圆车刀	车轮廓		

(4) 几何模型

本例题一次性装夹，轮廓部分采用 G71 和 G73 的循环联合编程，其加工路径的模型设计见图 2.32。

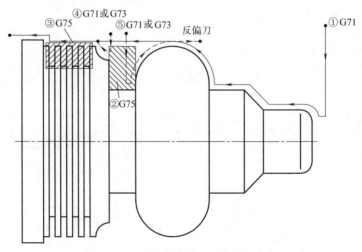

图 2.32　几何模型和编程路径示意图

(5) 数学计算

本题工件尺寸和坐标值明确，可直接进行编程。

4. 数控程序

开始	M03 S800	主轴正转,800r/min
	T0101	换 1 号外圆车刀
	G98	指定走刀按照 mm/min 进给
端面	G00 X110 Z0	快速定位工件端面上方
	G01 X0 F80	车端面,走刀速度 80mm/min
G71 粗车循环	G00 X110 Z3	快速定位循环起点
	G71 U3 R1	X 向每次吃刀量 3,退刀为 1
	G71 P10 Q20 U0.4 W0.1 F100	循环程序段 10～20
外轮廓	N10 G00 X20	垂直移动到最低处,不能有 Z 值
	G01 Z0	接触工件
	G03 X32 Z−6 R6	车削 R6 圆角
	G01 Z−25	车削 φ32 的外圆
	X52 Z−35	斜向车削锥面
	Z−53	车削 φ52 的外圆
	X58	车削圆弧的右端面
	G03 X96 Z−72 R19	车削 R19 的逆时针圆弧
	G01 Z−139	车削 φ96 的外圆
	X102	车削 φ102 的外圆右端面
	N20 Z−153	车削 φ102 的外圆
精车	M03 S1200	提高主轴转速,1200r/min
	G70 P10 Q20 F40	精车
	G00 X200 Z200	快速退刀
宽槽	T0202	换切断刀,即切槽刀
	M03S800	主轴正转,800r/min
	G00 X100 Z−94	定位切槽循环起点
	G75 R1	G75 切槽循环固定格式
	G75 X52 Z−105 P3000 Q2000 R0 F20	G75 切槽循环固定格式
	M03 S1200	提高主轴转速,1200r/min
	G01 X52 F100	移至槽底
	Z−105 F40	精修槽底
	X100 F300	抬刀
等距槽	M03 S800	主轴正转,800r/min
	G00 X100 Z−118	定位切槽循环起点
	G75 R1	G75 切槽循环固定格式
	G75 X76 Z−136 P3000 Q6000 R0 F20	G75 切槽循环固定格式
G73 粗车循环	G00 X200 Z200	快速退刀
	T0101	换 1 号外圆车刀

G73 粗车循环	G00 X100 Z－102	快速定位循环起点
	G73 U4 W0 R3	G73 粗车循环,循环 3 次
	G73 P30 Q40 U0 W0 F80	循环程序段 30～40
	N30 G01 X82	移至圆弧右侧
	Z－105	接触工件
	N40G02 X96 Z－112 R7	车削 R7 的顺时针圆弧
精车	M03 S1200	提高主轴转速,1200r/min
	G70 P30 Q40 F40	精车
	G00 X200 Z200	退刀
G73 粗车循环	T0404	换反偏外圆车刀
	G00 X100 Z－93	快速定位循环起点
	G73 U10 W0 R4	G73 粗车循环,循环 4 次
	G73 P50 Q60 U0. 4 W0 F80	循环程序段 50～60
外轮廓	N50 G00 X58	移至圆弧左侧
	G01 Z－91	接触工件
	G02 X96 Z－72 R19	车削 R19 的顺时针圆弧
	N60 G01Z－65	顶部平一刀,避免接刀痕
精车	M03 S1200	提高主轴转速,1200r/min
	G70 P50 Q60 F40	精车
	G00 X200 Z200	快速退刀
切断	T0202	换切断刀,即切槽刀
	M03S800	主轴正转,800r/min
	G00 X110 Z－153	快速定位至切断处
	G01 X0 F20	切断
结束	G00 X200 Z200	快速退刀
	M05	主轴停
	M30	程序结束

5. 刀具路径及切削验证（见图 2.33）

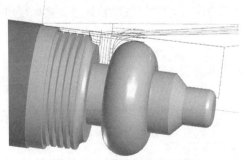

图 2.33 刀具路径及切削验证

第三章
多次装夹轴类零件

一、多槽螺纹特型轴零件

1. 学习目的

① 思考和熟练掌握每一次装夹的位置和加工范围，设计最合理的加工工艺。

② 思考中间圆弧坐标如何计算。

③ 熟练掌握通过三角函数计算角度的方法。

④ 熟练掌握通过内外径粗车循环 G71 编程的方法。

⑤ 掌握实现等距槽的编程方法。

⑥ 学习如何对螺纹进行编程。

⑦ 能迅速构建编程所使用的模型。

视频演示-1　视频演示-2

2. 加工图纸及要求

数控车削加工如图 3.1 所示的零件，编制其加工的数控程序。

3. 工艺分析和模型

(1) 工艺分析

该零件由外圆柱面、圆弧、斜锥面、多组槽、螺纹等表面组成，零件图尺寸标注完整，符合数控加工尺寸标注要求；轮廓描述清楚完整；零件材料为 45 钢，切削加工性能较好，无热处理和硬度要求。

(2) 毛坯选择

零件材料为 45 钢，$\phi40$mm 棒料。

(3) 刀具选择（见表 3.1）

表 3.1　刀具选择

刀具号	刀具规格名称	加工内容	刀具特征	备注
T01	硬质合金 45°外圆车刀	车端面及车轮廓		
T02	切断刀（切槽刀）	切槽	宽 4mm	
T03	螺纹刀	外螺纹	60°牙型角	

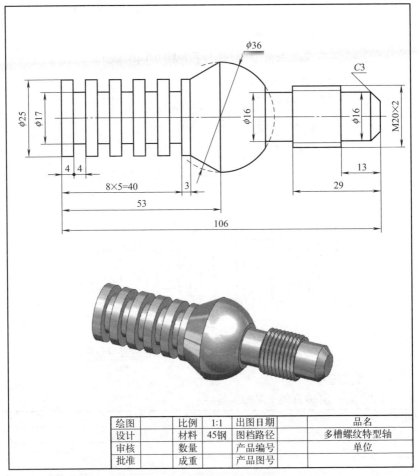

绘图		比例	1:1	出图日期		品名	
设计		材料	45钢	图档路径		多槽螺纹特型轴	
审核		数量		产品编号		单位	
批准		成重		产品图号			

图 3.1 多槽螺纹特型轴零件

(4) 几何模型

本例题需要两次装夹，轮廓部分采用 G71 的循环编程，其两次装夹的加工路径的模型设计见图 3.2、图 3.3。

(5) 数学计算

本题需要计算圆弧的坐标值，可采用三角函数、勾股定理等几何知识计算，也可使用计算机制图软件（如 AutoCAD、UG、Mastercam、SolidWorks 等）的标注方法来计算。

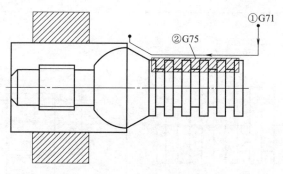

图 3.2 第一次装夹的几何模型和编程路径示意图

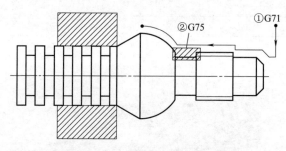

图 3.3 第二次掉头装夹的几何模型和编程路径示意图

4. 数控程序
(1) 第一次装夹的 FANUC 程序

开始	M03 S800	主轴正转,800r/min
	T0101	换 1 号外圆车刀
	G98	指定走刀按照 mm/min 进给
端面	G00 X45 Z0	快速定位工件端面上方
	G01 X0 F80	车端面,走刀速度 80mm/min
G71 粗车循环	G00 X45 Z3	快速定位循环起点
	G71U3R1	X 向每次吃刀量 3,退刀为 1
	G71P10Q20U0.4 W0.1F100	循环程序段 10~20
外轮廓	N10 G00 X25	垂直移动到最低处,不能有 Z 值
	G01 Z−43	车削 $\phi25$ 的外圆
	N20 X36 Z−53	斜向车削锥面
精车	M03 S1200	提高主轴转速,1200r/min
	G70 P10 Q20 F40	精车
	G00 X200 Z200	快速退刀

	T0202	换切断刀,即切槽刀
等距槽	M03 S000	主轴正转,800r/min
	G00 X28 Z-8	定位切槽循环点
	G75 R1	G75 切槽循环固定格式
	G75 X17 Z-40 P3000 Q8000 R0 F20	G75 切槽循环固定格式
	G00 X200 Z200	快速退刀
结束	M05	主轴停
	M30	程序结束

(2) 第二次掉头装夹的 FANUC 程序

	M03 S800	主轴正转,800r/min
开始	T0101	换 1 号外圆车刀
	G98	指定走刀按照 mm/min 进给
端面	G00 X45 Z0	快速定位工件端面上方
	G01 X0 F80	车端面,走刀速度 80mm/min
G71 粗车循环	G00 X45 Z3	快速定位循环起点
	G71U3R1	X 向每次吃刀量 3,退刀为 1
	G71P10Q20U0.4 W0.1F100	循环程序段 10~20
外轮廓	N10 G00 X10	垂直移动到最低处,不能有 Z 值
	G01 Z0	接触工件
	X15 Z-3	车削倒角
	Z-13	车削 $\phi16$ 的外圆
	X20	车削 $\phi20$ 的外圆右端面
	G01 Z-38.033	车削 $\phi20$ 的外圆
	G03 X36 Z-53 R18	车削 R18 的逆时针圆弧
	N20 G01 Z-55	多走一段,避免毛刺
精车	M03 S1200	提高主轴转速,1200r/min
	G70 P10 Q20 F40	精车
	G00 X200 Z200	快速退刀
退刀槽	T0202	换切断刀,即切槽刀
	M03 S800	主轴正转,800r/min
	G00 X24 Z-33	定位切槽循环起点
	G75 R1	G75 切槽循环固定格式
	G75 X16 Z-38.033 P3000 Q2000 R0 F20	G75 切槽循环固定格式
	G00 X200 Z200	快速退刀
外螺纹	T0303	换 03 号螺纹刀
	G00X23 Z-10	定位到螺纹循环起点

外螺纹	G76 P010060 Q100R0.1	G76 螺纹循环固定格式
	G76 X17.835 Z－32 P1083 Q500 R0F2	G76 螺纹循环固定格式
	G00 X200 Z200	快速退刀
结束	M05	主轴停
	M30	程序结束

5. 刀具路径及切削验证（见图 3.4）

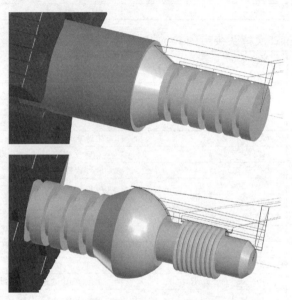

图 3.4　刀具路径及切削验证

二、球柄特型轴零件

1. 学习目的

① 思考和熟练掌握每一次装夹的位置和加工范围，设计最合理的加工工艺。

② 思考球头部分如何计算。

③ 熟练掌握计算圆弧交点位置的方法。

④ 熟练掌握通过内外径粗车循环 G71 编程的方法。

⑤ 掌握实现球体光滑的编程方法。

视频演示-1　视频演示-2

⑥ 学习如何对嵌入式螺纹进行编程。

⑦ 能迅速构建编程所使用的模型。

2. 加工图纸及要求

数控车削加工如图 3.5 所示的零件，编制其加工的数控程序。

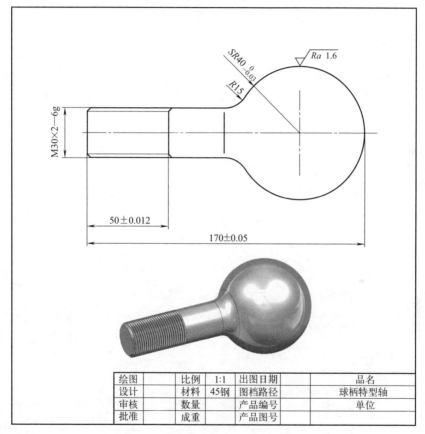

图 3.5 球柄特型轴零件

3. 工艺分析和模型

(1) 工艺分析

该零件由内外圆柱面、顺圆弧、逆圆弧、螺纹等表面组成，零件图尺寸标注完整，符合数控加工尺寸标注要求；轮廓描述清楚完整；零件材料为 45 钢，切削加工性能较好，无热处理和硬度要求。

（2）**毛坯选择**

零件材料为 45 钢，ϕ82mm 棒料。

（3）**刀具选择**（见表 3.2）

表 3.2　刀具选择

刀具号	刀具规格名称	加工内容	刀具特征	备注
T01	硬质合金 45°外圆车刀	车端面及车轮廓		
T02	—			
T03	螺纹刀	外螺纹	60°牙型角	

（4）**几何模型**

本例题需要两次装夹，轮廓部分采用 G71 的循环编程，其两次装夹的加工路径的模型设计见图 3.6、图 3.7。

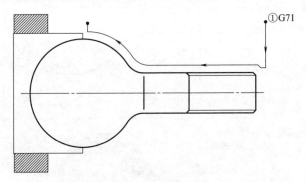

图 3.6　第一次装夹的几何模型和编程路径示意图

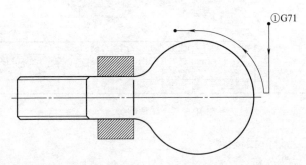

图 3.7　第二次掉头装夹的几何模型和编程路径示意图

（5）**数学计算**

本题需要计算圆弧的坐标值，可采用三角函数、勾股定理等几何知识计算，也可使用计算机制图软件（如 AutoCAD、UG、Master-cam、SolidWorks 等）的标注方法来计算。

4. 数控程序

（1）第一次装夹的 FANUC 程序

开始	M03 S800	主轴正转,800r/min
	T0101	换 1 号外圆车刀
	G98	指定走刀按照 mm/min 进给
端面	G00 X85 Z0	快速定位工件端面上方
	G01 X0 F80	车端面,走刀速度 80mm/min
G71 粗车循环	G00 X85 Z3	快速定位循环起点
	G71U3R1	X 向每次吃刀量 3,退刀为 1
	G71P10Q20U0.4 W0.1F100	循环程序段 10～20
外轮廓	N10 G00 X26	垂直移动到最低处,不能有 Z 值
	G01 Z0	接触工件
	X30 Z−2	车削倒角
	Z−83.902	车削 $\phi30$ 的外圆
	G02 X43.636 Z−96.474 R15	车削 R15 的顺时针圆弧
	G03 X80 Z−130 R40	车削 R40 的逆时针圆弧
	N20 G01 X83	抬刀
精车	M03 S1200	提高主轴转速,1200r/min
	G70 P10 Q20 F40	精车
	G00 X200 Z200	快速退刀
外螺纹	T0303	换 03 号螺纹刀
	G00X33 Z3	定位到螺纹循环起点
	G76 P010260 Q100R0.1	G76 螺纹循环固定格式
	G76 X27.835 Z−50 P1083 Q500 R0F2	G76 螺纹循环固定格式
	G00 X200 Z200	快速退刀
结束	M05	主轴停
	M30	程序结束

（2）第二次掉头装夹的 FANUC 程序

开始	M03 S800	主轴正转,800r/min
	T0101	换 1 号外圆车刀
	G98	指定走刀按照 mm/min 进给
G71 粗车循环	G00 X85 Z3	快速定位循环起点
	G71U3R1	X 向每次吃刀量 3,退刀为 1
	G71P10Q20U0.4 W0.1F100	循环程序段 10～20

外轮廓	N10 G00 X0	垂直移动到最低处
	G01 Z0	接触工件
	G03 X80 Z−40 R40	车削 R40 的逆时针圆弧
	N20 G01 Z−45	Z 向走刀,避免接刀痕
精车	M03 S1200	提高主轴转速,1200r/min
	G70 P10 Q20 F40	精车
	G00 X200 Z200	快速退刀
结束	M05	主轴停
	M30	程序结束

5. 刀具路径及切削验证（见图 3.8）

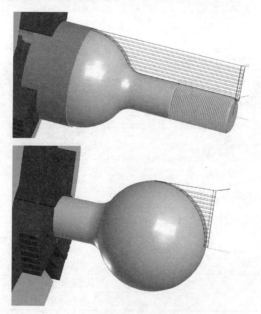

图 3.8　刀具路径及切削验证

<h2 style="text-align:center">三、V 形槽螺纹配合轴零件</h2>

1. 学习目的

① 思考和熟练掌握每一次装夹的位置和加工范围，设计最合理的加工工艺。

② 思考 V 形槽如何计算。

视频演示-1　视频演示-2

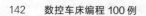

③ 熟练掌握圆弧的计算方法。

④ 熟练掌握通过内外径粗车循环 G71 编程的方法。

⑤ 掌握实现 V 形槽的编程方法。

⑥ 学习如何对螺纹进行编程

⑦ 能迅速构建编程所使用的模型。

2. 加工图纸及要求

数控车削加工如图 3.9 所示的零件，编制其加工的数控程序。

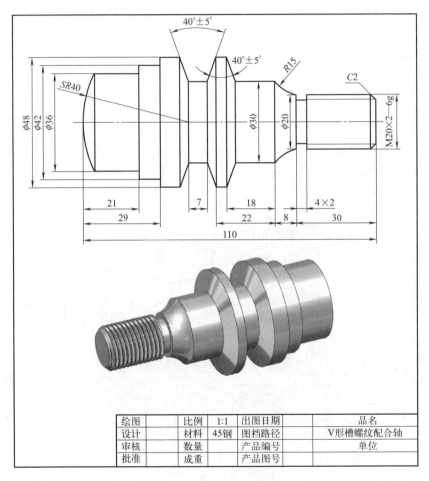

绘图		比例	1:1	出图日期		品名
设计		材料	45钢	图档路径		V形槽螺纹配合轴
审核		数量		产品编号		单位
批准		成重		产品图号		

图 3.9　V 形槽螺纹配合轴零件

3. 工艺分析和模型

(1) 工艺分析

该零件由外圆柱面、顺圆弧、斜锥面、退刀槽、V形槽、螺纹等表面组成，零件图尺寸标注完整，符合数控加工尺寸标注要求；轮廓描述清楚完整；零件材料为 45 钢，切削加工性能较好，无热处理和硬度要求。

(2) 毛坯选择

零件材料为 45 钢，ϕ50mm 棒料。

(3) 刀具选择（见表 3.3）

表 3.3　刀具选择

刀具号	刀具规格名称	加工内容	刀具特征	备注
T01	硬质合金 45°外圆车刀	车端面及车轮廓		
T02	切断刀（切槽刀）	切槽	宽 4mm	
T03	螺纹刀	外螺纹	60°牙型角	

(4) 几何模型

本例题需要两次装夹，轮廓部分采用 G71 的循环编程，其两次装夹的加工路径的模型设计见图 3.10、图 3.11。

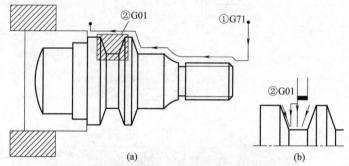

图 3.10　第一次装夹的几何模型和编程路径示意图

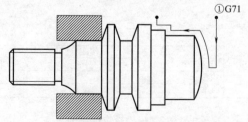

图 3.11　第二次掉头装夹的几何模型和编程路径示意图

（5）数学计算

本题需要计算圆弧的坐标值和锥面关键点的坐标值，可采用三角函数、勾股定理等几何知识计算，也可使用计算机制图软件（如 AutoCAD、UG、Mastercam、SolidWorks 等）的标注方法来计算。

4. 数控程序

（1）第一次装夹的 FANUC 程序

开始	M03 S800	主轴正转,800r/min
	T0101	换 1 号外圆车刀
	G98	指定走刀按照 mm/min 进给
端面	G00 X55 Z0	快速定位工件端面上方
	G01 X0 F80	车端面,走刀速度 80mm/min
G71 粗车循环	G00 X55 Z3	快速定位循环起点
	G71U3R1	X 向每次吃刀量 3,退刀为 1
	G71P10Q20U0.4 W0.1F100	循环程序段 10～20
外轮廓	N10 G00 X16	垂直移动到最低处,不能有 Z 值
	G01 Z0	接触工件
	X20 Z−2	车削倒角
	Z−30	车削 $\phi 20$ 的外圆
	G02 X30 Z−38 R15	车削 $R15$ 的顺时针圆弧
	G01 Z−52.724	车削 $\phi 20$ 的外圆
	X48 Z−56	斜向车削锥面
	Z−81	车削 $\phi 48$ 的外圆
	N20 X50	抬刀
精车	M03 S1200	提高主轴转速,1200r/min
	G70 P10 Q20 F40	精车
	G00 X200 Z200	快速退刀
退刀槽	T0202	换切断刀,即切槽刀
	M03 S800	主轴正转,800r/min
	G00 X23 Z−30	定位退刀槽
	G01 X16 F20	切槽
	X50 F100	抬刀
V 形槽	G00 Z−67.276	定位 V 形槽中间右侧
	G01 X30 F20	切槽
	X50 F100	抬刀
	Z−70.276	定位 V 形槽中间左侧
	X30 F20	切槽
	X50 F100	抬刀
	Z−73.511	定位 V 形槽左侧上方
	X48	接触工件

V 形槽	X30 Z－70.276 F20	斜向切槽
	X50 F100	抬刀
	Z－64	定位 V 形槽右侧上方
	X48	接触工件
	X30 Z－67.276	斜向切槽
	X50 F100	抬刀
	G00 X200 Z200	快速退刀
外螺纹	T0303	换 03 号螺纹刀
	G00X23 Z3	定位到螺纹循环起点
	G76 P010060 Q100 R0.1	G76 螺纹循环固定格式
	G76 X17.835 Z－28 P1083 Q500 R0F2	G76 螺纹循环固定格式
	G00 X200 Z200	快速退刀
结束	M05	主轴停
	M30	程序结束

（2）第二次掉头装夹的 FANUC 程序

开始	M03 S800	主轴正转,800r/min
	T0101	换 1 号外圆车刀
	G98	指定走刀按照 mm/min 进给
G71 粗车循环	G00 X55 Z3	快速定位循环起点
	G71U3R1	X 向每次吃刀量 3,退刀为 1
	G71P10Q20U0.4 W0.1F100	循环程序段 10～20
轮廓	N10 G00 X0	垂直移动到最低处
	G01 Z0	接触工件
	G03 X36 Z－4.279 R40	车削 R40 的逆时针圆弧
	G01 Z－21	车削 φ36 的外圆
	X42	车削 φ20 的外圆右端面
	Z－29	车削 φ42 的外圆
	N20 X52	车削 φ8 的外圆右端面,并且抬刀
精车	M03 S1200	提高主轴转速,1200r/min
	G70 P10 Q20 F40	精车
	G00 X200 Z200	快速退刀
结束	M05	主轴停
	M30	程序结束

5. 刀具路径及切削验证（见图 3.12）

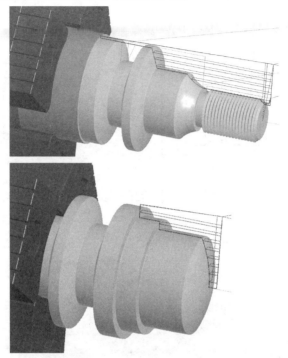

图 3.12　刀具路径及切削验证

四、圆弧螺纹复合轴零件

1. 学习目的

① 思考和熟练掌握每一次装夹的位置和加工范围，设计最合理的加工工艺。

② 思考中间三段圆弧如何计算。

③ 熟练掌握通过内外径粗车循环 G71 编程的方法。

④ 掌握实现退刀槽的编程方法。

⑤ 学习如何对螺纹进行编程。

⑥ 能迅速构建编程所使用的模型。

2. 加工图纸及要求

数控车削加工如图 3.13 所示的零件，编制其加工的数控程序。

视频演示-1　视频演示-2

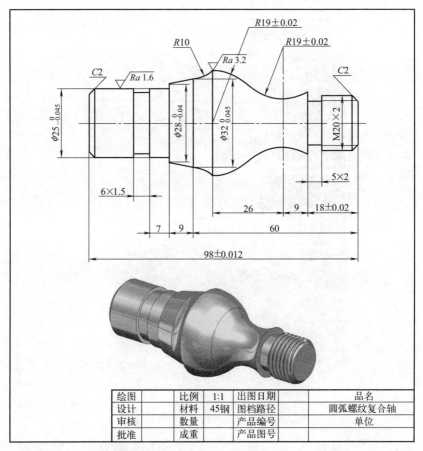

图 3.13 圆弧螺纹复合轴零件

3. 工艺分析和模型

(1) 工艺分析

该零件由外圆柱面、顺圆弧、逆圆弧、斜锥面、多组槽、螺纹等表面组成，零件图尺寸标注完整，符合数控加工尺寸标注要求；轮廓描述清楚完整；零件材料为 45 钢，切削加工性能较好，无热处理和硬度要求。

(2) 毛坯选择

零件材料为 45 钢，ϕ40mm 棒料。

(3) **刀具选择**（见表 3.4）

表 3.4 刀具选择

刀具号	刀具规格名称	加工内容	刀具特征	备注
T01	硬质合金 45°外圆车刀	车端面及车轮廓		
T02	切断刀（切槽刀）	切槽	宽 3mm	
T03	螺纹刀	外螺纹	60°牙型角	

(4) **几何模型**

本例题需要两次装夹，轮廓部分采用 G71 和 G73 的循环联合编程，其两次装夹的加工路径的模型设计见图 3.14、图 3.15。

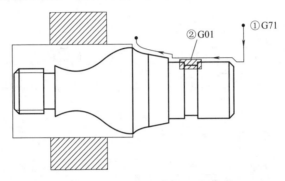

图 3.14 第一次装夹的几何模型和编程路径示意图

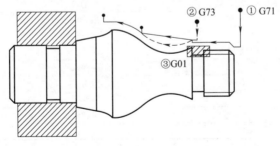

图 3.15 第二次掉头装夹的几何模型和编程路径示意图

(5) **数学计算**

本题需要计算圆弧的坐标值，可采用三角函数、勾股定理等几何知识计算，也可使用计算机制图软件（如 AutoCAD、UG、Mastercam、SolidWorks 等）的标注方法来计算。

4. 数控程序

(1) 第一次装夹的 FANUC 程序

开始	M03 S800	主轴正转,800r/min
	T0101	换 1 号外圆车刀
	G98	指定走刀按照 mm/min 进给
端面	G00 X45 Z0	快速定位工件端面上方
	G01 X0 F80	车端面,走刀速度 80mm/min
G71 粗车循环	G00 X45 Z3	快速定位循环起点
	G71U3R1	X 向每次吃刀量 3,退刀为 1
	G71P10Q20U0.4 W0.1F100	循环程序段 10~20
外轮廓	N10 G00 X21	垂直移动到最低处,不能有 Z 值
	G01 Z0	接触工件
	X25 Z−2	车削倒角
	Z−29	车削 $\phi 25$ 的外圆
	X28	车削锥面的右端面
	X32 Z−38	斜向车削锥面
	G02 X38 Z−45 R10	车削 $R10$ 的顺时针圆弧
	N20 G01 X42	抬刀
精车	M03 S1200	提高主轴转速,1200r/min
	G70 P10 Q20 F40	精车
	G00 X200 Z200	快速退刀
切槽	T0202	换切断刀,即切槽刀
	M03 S800	主轴正转,800r/min
	G00 X27 Z−19	定位槽第 1 刀位置
	G01 X22 F20	切槽
	X27 F100	抬刀
	G00 Z−22	定位槽第 2 刀位置
	G01 X22 F20	切槽
	Z−19	平槽底
	X27 F100	抬刀
	G00 X200 Z200	快速退刀
结束	M05	主轴停
	M30	程序结束

(2) 第二次掉头装夹的 FANUC 程序

开始	M03 S800	主轴正转,800r/min
	T0101	换 1 号外圆车刀
	G98	指定走刀按照 mm/min 进给
端面	G00 X45 Z0	快速定位工件端面上方
	G01 X0 F80	车端面,走刀速度 80mm/min

G71 粗车循环	G00 X45 Z3	快速定位循环起点
	G71U3R1	X 向每次吃刀量 3,退刀为 1
	G71P10Q20U0.4 W0.1F100	循环程序段 10~20
外轮廓	N10 G00 X16	垂直移动到最低处,不能有 Z 值
	G01 Z0	接触工件
	X20 Z−2	车削倒角
	Z−18	车削 ϕ20 的外圆
	X21.959	车削圆弧的右端面
	X27.713 Z−40	斜向车削圆弧顶部斜面
	G03 X38 Z−53 R19	车削 R19 的逆时针圆弧
	N20 G01 Z−58	多走一段距离,清理毛刺
G73 粗车循环	G00 X28 Z−18	快速定位循环起点
	G73 U3 W0 R3	G73 粗车循环,循环 3 次
	G73 P30 Q40 U0.2 W0.2F80	循环程序段 30~40
外轮廓	N30 G01 X21.959	接触工件
	G02 X27.713 Z−40 R19	车削 R19 的顺时针圆弧
	N40 G01 X30	抬刀
精车	M03 S1200	提高主轴转速,1200r/min
	G00 Z2	定位精车起点
	G01 X16	垂直移动到最低处,不能有 Z 值
	Z0	接触工件
	X20 Z−2	车削倒角
	Z−18	车削 ϕ20 的外圆
	X21.959	车削圆弧的右端面
	G02 X27.713 Z−40 R19	车削 R19 的顺时针圆弧
	G03 X38 Z−53 R19	车削 R19 的逆时针圆弧
	G01 Z−58	多走一段距离,清理毛刺
	G00 X200 Z200	快速退刀
退刀槽	T0202	换切断刀,即切槽刀
	M03 S800	主轴正转,800r/min
	G00 X24 Z−16	定位槽第 1 刀位置
	G01 X16 F20	切槽
	X24 F100	抬刀
	G00 Z−18	定位槽第 2 刀位置
	G01 X16 F20	切槽
	X24 F100	抬刀
	G00 X200 Z200	快速退刀
外螺纹	T0303	换 03 号螺纹刀
	G00X23 Z3	定位到螺纹循环起点

	G76 P010060 Q100 R0.1	G76 螺纹循环固定格式
外螺纹	G76 X17.835 Z－15 P1083 Q500 R0F2	G76 螺纹循环固定格式
	G00 X200 Z200	快速退刀
结束	M05	主轴停
	M30	程序结束

5. 刀具路径及切削验证（见图 3.16）

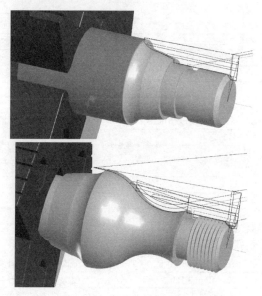

图 3.16 刀具路径及切削验证

五、双螺纹球头复合轴零件

1. 学习目的

① 思考和熟练掌握每一次装夹的位置和加工范围，设计最合理的加工工艺。

② 思考中间球头和等距槽顶端圆弧如何计算。

视频演示-1　视频演示-2

③ 熟练掌握通过内外径粗车循环 G71 和复合轮廓粗车循环 G73 联合编程的方法。

④ 掌握实现宽槽的编程方法。

⑤ 学习如何对两段螺纹进行编程。

⑥ 能迅速构建编程所使用的模型。

2. 加工图纸及要求

数控车削加工如图 3.17 所示的零件，编制其加工的数控程序。

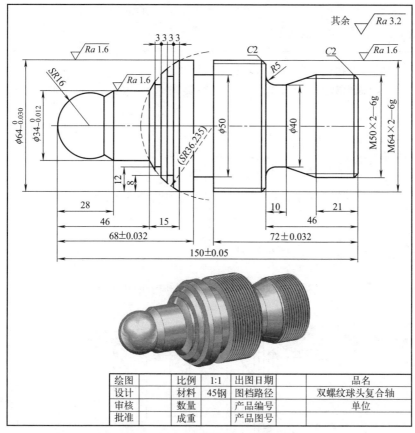

图 3.17 双螺纹球头复合轴零件

3. 工艺分析和模型

(1) 工艺分析

该零件由外圆柱面、圆弧、斜锥面、多组槽、螺纹等表面组成，零件图尺寸标注完整，符合数控加工尺寸标注要求；轮廓描述清楚完整；零件材料为 45 钢，切削加工性能较好，无热处理和硬度要求。

（2）**毛坯选择**

零件材料为 45 钢，ϕ68mm 棒料。

（3）**刀具选择**（见表 3.5）

表 3.5　刀具选择

刀具号	刀具规格名称	加工内容	刀具特征	备注
T01	硬质合金 45°外圆车刀	车端面及车轮廓		
T02	切断刀（切槽刀）	切槽	宽 3mm	
T03	螺纹刀	外螺纹	60°牙型角	

（4）**几何模型**

本例题需要两次装夹，轮廓部分采用 G71 和 G73 的循环联合编程，其两次装夹的加工路径的模型设计见图 3.18、图 3.19。

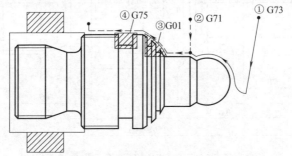

图 3.18　第一次装夹的几何模型和编程路径示意图

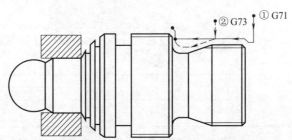

图 3.19　第二次掉头装夹的几何模型和编程路径示意图

（5）**数学计算**

本题需要计算圆弧的坐标值，可采用三角函数、勾股定理等几何知识计算，也可使用计算机制图软件（如 AutoCAD、UG、Master-cam、SolidWorks 等）的标注方法来计算。

4. 数控程序

(1) 第一次装夹的 FANUC 程序

开始	M03 S800	主轴正转,800r/min
	T0101	换 1 号外圆车刀
	G98	指定走刀按照 mm/min 进给
G73 粗车循环	G00 X70 Z3	快速定位循环起点
	G73 U24 W1 R6	G73 粗车循环,循环 6 次
	G73 P10 Q20 U0.2 W0.2 F80	循环程序段 10~20
外轮廓	N10 G00 X-4	快速定位到相切圆弧起点
	G02 X0 Z0 R2	$R2$ 的顺时针过渡圆弧
	G03 X28.521 Z-23.255 R16	车削 $SR16$ 球头的逆时针圆弧
	N20 G01 X34 Z-28	斜向车削锥面
G71 粗车循环	G00 X70 Z-28	快速定位循环起点
	G71 U3 R1	X 向每次吃刀量 3,退刀为 1
	G71 P30 Q40 U0.4 W0.1 F100	循环程序段 30~40
外轮廓	N30 G01 X34	接触工件
	Z-46	车削 $\phi34$ 的外圆
	G03 X64 Z-61 R36.235	车削 $R36.235$ 的逆时针圆弧
	G01 Z-102	车削 $\phi64$ 的外圆
	N40 X72	抬刀
精车	M03 S1200	提高主轴转速,1200r/min
	G00 Z2	定位精车起点
	G01 X16	垂直移动到最低处
	G00 X-4	快速定位到相切圆弧起点
	G02 X0 Z0 R2	$R2$ 的顺时针过渡圆弧
	G03 X28.521 Z-23.255 R16	车削 $SR16$ 球头的逆时针圆弧
	G01 X34 Z-28	斜向车削锥面
	Z-46	车削 $\phi20.785$ 的部分
	G03 X64 Z-61 R36.235	斜向车削锥面
	G01 Z-70	车削 $\phi64$ 的部分,宽槽和螺纹部分无需精车
	G00 X200 Z200	快速退刀
单个槽	T0202	换切断刀,即切槽刀
	M03 S800	主轴正转,800r/min
	G00 X56 Z-52	定位第 1 个槽位置
	G01 X40 F20	切槽
	X65 F100	抬刀
	G00 Z-58	定位第 1 个槽位置
	G01 X48 F20	切槽
	X68 F100	抬刀

退刀槽	G00 Z−71	定位切槽循环起点
	G75 R1	G75 切槽循环固定格式
	G75 X50 Z−78 P3000 Q2000 R0 F20	G75 切槽循环固定格式
	G00 X200 Z200	快速退刀
结束	M05	主轴停
	M30	程序结束

（2）第二次掉头装夹的 FANUC 程序

开始	M03 S800	主轴正转,800r/min
	T0101	换 1 号外圆车刀
	G98	指定走刀按照 mm/min 进给
端面	G00 X70 Z0	快速定位工件端面上方
	G01 X0 F80	车端面,走刀速度 80mm/min
G71 粗车循环	G00 X70 Z3	快速定位循环起点
	G71U3R1	X 向每次吃刀量 3,退刀为 1
	G71P10Q20U0.4 W0.1F100	循环程序段 10～20
外轮廓	N10 G00 X46	垂直移动到最低处,不能有 Z 值
	G01 Z0	接触工件
	X50 Z−2	车削倒角
	Z−46	车削 φ25 的外圆
	X60	车削 φ64 的外圆右端面
	X64 Z−48	车削倒角
	N20 Z−50	多车一刀,避免飞边
G73 粗车循环	G00 X55 Z−21	快速定位循环起点
	G73 U3 W0 R3	G73 粗车循环,循环 3 次
	G73 P30 Q40 U0.2 W0.2F80	循环程序段 30～40
外轮廓	N30 G01 X50	定位到轮廓右端
	X40 Z−36	斜向车削锥面
	Z−41	车削 φ40 的外圆
	N40 G02 X50 Z−46 R5	车削 R5 圆角
精车	M03 S1200	提高主轴转速,1200r/min
	G00 X55 Z2	定位精车起点
	G00 X46	垂直移动到最低处
	G01 Z0	接触工件
	X50 Z−2	车削倒角
	Z−21	车削 φ25 的外圆
	X40 Z−36	斜向车削锥面
	Z−41	车削 φ40 的外圆

精车	G02 X50 Z-46 R5	车削圆角
	G01 X60	车削φ64的外圆右端面
	X64 Z-48	车削倒角
	Z-50	多车一刀,避免飞边
	G00 X200 Z200	快速退刀
外螺纹	T0303	换03号螺纹刀
	G00X53 Z3	定位到第1个螺纹循环起点
	G76 P010060 Q100 R0.1	G76螺纹循环固定格式
	G76 X47.835 Z-28 P1083 Q500 R0F2	G76螺纹循环固定格式
	G00 X66	抬刀
	G00 Z-43	定位到第2个螺纹循环起点
	G76 P010060 Q100 R0.1	G76螺纹循环固定格式
	G76 X61.835 Z-76 P1083 Q500 R0F2	G76螺纹循环固定格式
	G00 X200 Z200	快速退刀
结束	M05	主轴停
	M30	程序结束

5. 刀具路径及切削过程（见图 3.20）

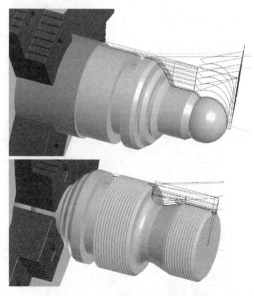

图 3.20　刀具路径及切削验证

六、螺纹阶台复合轴零件

1. 学习目的

① 思考和熟练掌握每一次装夹的位置和加工范围，设计最合理的加工工艺。

② 思考端部圆弧如何计算。

③ 熟练掌握通过三角函数计算角度的方法。

④ 熟练掌握通过内外径粗车循环 G71 和复合轮廓粗车循环 G73 联合编程的方法。

⑤ 掌握实现宽槽的编程方法。

⑥ 学习如何对螺纹进行编程。

⑦ 能迅速构建编程所使用的模型。

2. 加工图纸及要求

数控车削加工如图 3.21 所示的零件，编制其加工的数控程序。

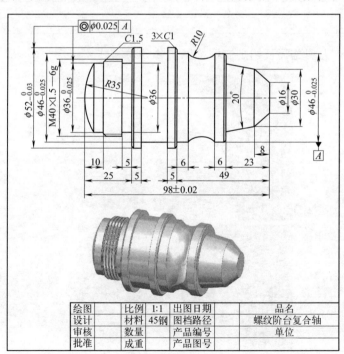

图 3.21 螺纹阶台复合轴零件

158 数控车床编程 100 例

3. 工艺分析和模型

(1) 工艺分析

该零件由外圆柱面、逆圆弧、斜锥面、多组槽、螺纹等表面组成，零件图尺寸标注完整，符合数控加工尺寸标注要求；轮廓描述清楚完整；零件材料为 45 钢，切削加工性能较好，无热处理和硬度要求。

(2) 毛坯选择

零件材料为 45 钢，φ45mm 棒料。

(3) 刀具选择（见表 3.6）

表 3.6　刀具选择

刀具号	刀具规格名称	加工内容	刀具特征	备注
T01	硬质合金 45°外圆车刀	车端面及车轮廓		
T02	切断刀（切槽刀）	切槽	宽 3mm	
T03	螺纹刀	外螺纹	60°牙型角	

(4) 几何模型

本例题需要两次装夹，轮廓部分采用 G71 和 G73 的循环联合编程，其两次装夹的加工路径的模型设计见图 3.22、图 3.23。

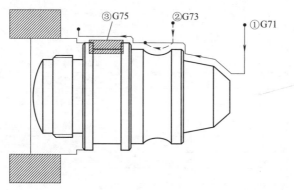

图 3.22　第一次装夹的几何模型和编程路径示意图

(5) 数学计算

本题需要计算圆弧的坐标值和锥面关键点的坐标值，可采用三角函数、勾股定理等几何知识计算，也可使用计算机制图软件（如 AutoCAD、UG、Mastercam、SolidWorks 等）的标注方法来计算。

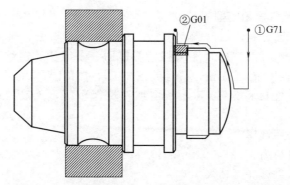

图 3.23 第二次掉头装夹的几何模型和编程路径示意图

4. 数控程序

(1) 第一次装夹的 FANUC 程序

开始	M03 S800	主轴正转,800r/min
	T0101	换 1 号外圆车刀
	G98	指定走刀按照 mm/min 进给
端面	G00 X58 Z0	快速定位工件端面上方
	G01 X0 F80	车端面,走刀速度 80mm/min
G71 粗车循环	G00 X58 Z3	快速定位循环起点
	G71U3R1	X 向每次吃刀量 3,退刀为 1
	G71P10Q20U0.4 W0.1F100	循环程序段 10~20
外轮廓	N10 G00 X16	垂直移动到最低处,不能有 Z 值
	G01 Z0	接触工件
	X30 Z−8	斜向车削锥面
	X35.29 Z−23	斜向车削锥面
	X44	车削 $\phi46$ 的外圆右端面
	X46 Z−24	车削倒角
	Z−49	车削 $\phi46$ 的外圆
	X50	车削 $\phi52$ 的外圆右端面
	X52 Z−50	车削倒角
	Z−75	车削 $\phi56$ 的外圆
	N20 X58	抬刀
精车	M03 S1200	提高主轴转速,1200r/min
	G70 P10 Q20 F40	精车
G73 粗车循环	M03 S800	主轴正转,800r/min
	G00 X55 Z−29	快速定位循环起点
	G73 U2 W0 R2	G73 粗车循环,循环 2 次
	G73 P30 Q40 U0.2 W0.2F80	循环程序段 30~40

外轮廓	N30 G01 X46	定位到轮廓右端
	N40 G02 X46 Z－43 R10	车削 $R10$ 的顺时针圆弧
精车	M03 S1200	提高主轴转速,1200r/min
	G70 P30 Q40 F40	精车
	G00 X200 Z200	快速退刀
切槽	M03 S800	主轴正转,800r/min
	T0202	换切断刀,即切槽刀
	G00 X56 Z－57	定位切槽循环起点
	G75 R1	G75 切槽循环固定格式
	G75 X46 Z－68 P3000 Q2000 R0 F20	G75 切槽循环固定格式
	G00 X200 Z200	快速退刀
结束	M05	主轴停
	M30	程序结束

（2）第二次掉头装夹的 FANUC 程序

开始	M03 S800	主轴正转,800r/min
	T0101	换1号外圆车刀
	G98	指定走刀按照 mm/min 进给
G71 粗车循环	G00 X58 Z3	快速定位循环起点
	G71U3R1	X 向每次吃刀量3,退刀为1
	G71P10Q20U0.4 W0.1F100	循环程序段 10～20
外轮廓	N10 G00 X0	垂直移动到最低处,不能有 Z 值
	G01 Z0	接触工件
	G03 X36 Z－4.983 R35	车削 $R35$ 的逆时针圆弧
	G01 Z－10	车削 $\phi10$ 的外圆
	X37	车削 $\phi40$ 的外圆右端面
	X40 Z－11.5	车削倒角
	Z－25	车削 $\phi40$ 的外圆
	X50	车削 $\phi52$ 的外圆右端面
	N20 X52 Z－26	车削倒角
精车	M03 S1200	提高主轴转速,1200r/min
	G70 P10 Q20 F40	精车
切槽	T0202	换切断刀,即切槽刀
	G00 X44 Z－23	定位槽第1刀位置
	G01 X36 F20	切槽
	X44 F100	抬刀
	G00 Z－25 F80	定位槽第2刀位置
	G01 X36 F20	切槽

	X44 F100	抬刀
切槽	G00 X200 Z200	快速退刀
	T0303	换 03 号螺纹刀
	G00X43 Z−7	定位到第 1 个螺纹循环起点
外螺纹	G76 P010060 Q100 R0.1	G76 螺纹循环固定格式
	G76 X38.376 Z−22.5 P812 Q400 R0F1.5	G76 螺纹循环固定格式
	G00 X200 Z200	快速退刀
结束	M05	主轴停
	M30	程序结束

5. 刀具路径及切削验证（见图 3.24）

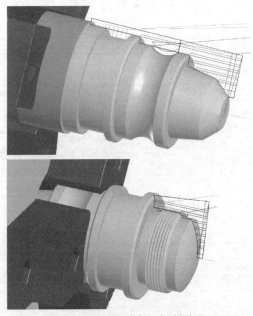

图 3.24　刀具路径及切削验证

七、锥度螺纹定位配合轴零件

1. 学习目的

① 思考和熟练掌握每一次装夹的位置和加工范围，设计最合理的加工工艺。

② 思考球头部分圆弧如何计算。

视频演示-1　视频演示-2

③ 熟练掌握通过内外径粗车循环 G71 编程的方法。

④ 掌握实现等距宽槽的编程方法。

⑤ 学习如何对锥度螺纹进行编程。

⑥ 完成端面槽的程序编制。

⑦ 能迅速构建编程所使用的模型。

2. 加工图纸及要求

数控车削加工如图 3.25 所示的零件，编制其加工的数控程序。

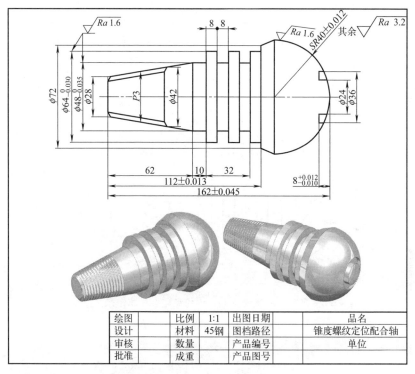

图 3.25　锥度螺纹定位配合轴零件

3. 工艺分析和模型

(1) 工艺分析

该零件由外圆柱面、圆弧、斜锥面、多组槽、螺纹等表面组成，零件图尺寸标注完整，符合数控加工尺寸标注要求；轮廓描述清楚完整；零件材料为 45 钢，切削加工性能较好，无热处理和硬度要求。

(2) 毛坯选择

零件材料为 45 钢，φ82mm 棒料。

(3) 刀具选择（见表 3.7）

表 3.7　刀具选择

刀具号	刀具规格名称	加工内容	刀具特征	备注
T01	硬质合金 45°外圆车刀	车端面及车轮廓		
T02	切断刀（切槽刀）	切槽	宽 3mm	
T03	螺纹刀	外螺纹	60°牙型角	
T08	端面槽刀	切端面槽	宽 4mm	

(4) 几何模型

本例题需要两次装夹，轮廓部分采用 G71 的循环编程，其两次装夹的加工路径的模型设计如图 3.26、图 3.27 所示。

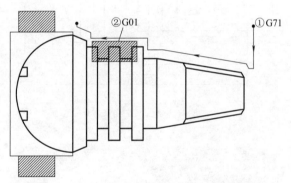

图 3.26　第一次装夹的几何模型和编程路径示意图

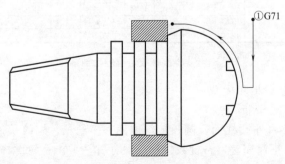

图 3.27　第二次掉头装夹的几何模型和编程路径示意图

(5) 数学计算

本题需要计算圆弧的坐标值和锥面关键点的坐标值，可采用三角函数、勾股定理等几何知识计算，也可使用计算机制图软件（如 AutoCAD、UG、Mastercam、SolidWorks 等）的标注方法来计算。

4. 数控程序

(1) 第一次装夹的 FANUC 程序

开始	M03 S800	主轴正转,800r/min
	T0101	换 1 号外圆车刀
	G98	指定走刀按照 mm/min 进给
端面	G00 X85 Z0	快速定位工件端面上方
	G01 X0 F80	车端面,走刀速度 80mm/min
G71 粗车循环	G00 X85 Z3	快速定位循环起点
	G71U3R1	X 向每次吃刀量 3,退刀为 1
	G71P10Q20U0.4 W0.1F100	循环程序段 10～20
外轮廓	N10 G00 X21.922	垂直移动到最低处,不能有 Z 值
	G01 Z0	接触工件
	X28.624 Z－2	车削倒角,方便螺纹旋入,不做精确要求
	X48 Z－62	斜向车削锥面
	Z－72	车削 ϕ48 的外圆
	X64	车削 ϕ64 的外圆右端面
	Z－112	车削 ϕ64 的外圆
	X72	车削锥面的右端面
	X80 Z－122	斜向车削锥面
	N20 X82	抬刀
精车	M03 S1200	提高主轴转速,1200r/min
	G70 P10 Q20 F40	精车
	G00 X200 Z200	快速退刀
外螺纹	T0303	换 03 号螺纹刀
	G00X45 Z3	定位螺纹循环起点
	G76 P010260 Q100 R0.1	G76 螺纹循环固定格式
	G76 X38.752 Z－43 P1624 Q800 R－7.727 F3	G76 螺纹循环固定格式,锥度为 R－7.727
	G00 X200 Z200	快速退刀
切槽	T0202	换切断刀,即切槽刀
	M03S800	主轴正转,800r/min
	G00 X68 Z－83	定位第 1 个槽循环起点
	G75 R1	G75 切槽循环固定格式
	G75 X48 Z－88 P3000 Q2000 R0 F20	G75 切槽循环固定格式

	G00 X68 Z－99	定位第2个槽循环起点
切槽	G75 R1	G75切槽循环固定格式
	G75 X48 Z－104 P3000 Q2000 R0 F20	G75切槽循环固定格式
	G00 X200 Z200	快速退刀
	M05	主轴停
	M30	程序结束

（2）第二次掉头装夹的 FANUC 程序

开始	M03 S800	主轴正转,800r/min
	T0101	换1号外圆车刀
	G98	指定走刀按照 mm/min 进给
G71粗车循环	G00 X85 Z3	快速定位循环起点
	G71U3R1	X 向每次吃刀量3,退刀为1
	G71P10Q20U0.4 W0.1F100	循环程序段10～20
外轮廓	N10 G00 X0	垂直移动到最低处,不能有 Z 值
	G01 Z0	接触工件
	G03 X80 Z－40 R40	车削 R40 的逆时针圆弧
	N20 G01 Z－42	多走一道,清除毛刺
精车	M03 S1200	提高主轴转速,1200r/min
	G70 P10 Q20 F40	精车
	G00 X200 Z200	快速退刀
端面槽	T0808	端面槽刀
	G00 X32 Z0	定位端面槽第1个起点
	G01 Z－8 F15	车端面槽
	Z2 F100	退出槽
	G00 X36	定位端面槽第2个起点
	G01 Z－8 F15	车端面槽
	Z2 F100	退出槽
	G00 X200 Z200	快速退刀
切断	M05	主轴停
	M30	程序结束

5. 刀具路径及切削验证（见图 3.28）

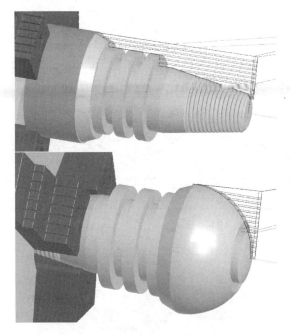

图 3.28　刀具路径及切削验证

八、机械特型配合轴零件

1. 学习目的

①思考和熟练掌握每一次装夹的位置和加工范围，设计最合理的加工工艺。

②思考中间球体以及两侧圆角编程方法。

③熟练掌握通过内外径粗车循环 G71 和复合轮廓粗车循环 G73 联合编程的方法。

④掌握实现等距槽的编程方法。

⑤学习如何对螺纹进行编程。

⑥能迅速构建编程所使用的模型。

视频演示-1　视频演示-2

2. 加工图纸及要求

数控车削加工如图 3.29 所示的零件，编制其加工的数控程序。

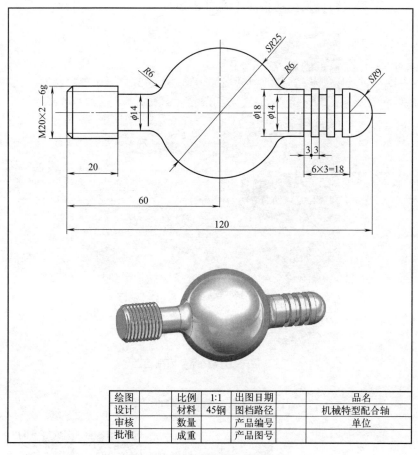

绘图		比例	1:1	出图日期		品名	
设计		材料	45钢	图档路径		机械特型配合轴	
审核		数量		产品编号		单位	
批准		成重		产品图号			

图 3.29　机械特型配合轴零件

3. 工艺分析和模型

(1) 工艺分析

该零件由外圆柱面、顺圆弧、逆圆弧、多组槽、螺纹等表面组成，零件图尺寸标注完整，符合数控加工尺寸标注要求；轮廓描述清楚完整；零件材料为 45 钢，切削加工性能较好，无热处理和硬度要求。

(2) 毛坯选择

零件材料为 45 钢，$\phi52mm$ 棒料。

(3) 刀具选择（见表 3.8）

表 3.8　刀具选择

刀具号	刀具规格名称	加工内容	刀具特征	备注
T01	硬质合金 45°外圆车刀	车端面及车轮廓		
T02	切断刀（切槽刀）	切槽	宽 3mm	
T03	螺纹刀	外螺纹	60°牙型角	

(4) 几何模型

本例题需要两次装夹，轮廓部分采用 G71、G73、G75 的循环联合编程，其两次装夹的加工路径的模型设计见图 3.30、图 3.31。

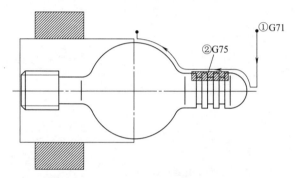

图 3.30　第一次装夹的几何模型和编程路径示意图

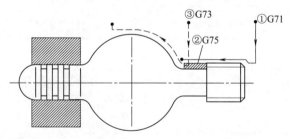

图 3.31　第二次掉头装夹的几何模型和编程路径示意图

(5) 数学计算

本题需要计算圆弧的坐标值，可采用三角函数、勾股定理等几何知识计算，也可使用计算机制图软件（如 AutoCAD、UG、Mastercam、SolidWorks 等）的标注方法来计算。

4. 数控程序

(1) 第一次装夹的 FANUC 程序

开始	M03 S800	主轴正转,800r/min
	T0101	换 1 号外圆车刀
	G98	指定走刀按照 mm/min 进给
G71 粗车循环	G00 X55 Z3	快速定位循环起点
	G71U3R1	X 向每次吃刀量 3,退刀为 1
	G71P10Q20U0.4 W0.1F100	循环程序段 10~20
外轮廓	N10 G00 X0	垂直移动到最低处,不能有 Z 值
	G01 Z0	接触工件
	G03 X18 Z−9 R9	车削 R9 的逆时针圆弧
	G01 Z−32.871	车削 φ18 的外圆
	G02 X24.194 Z−38.122 R6	车削 R6 的顺时针圆弧
	G03 X50 Z−60 R25	车削 R25 的逆时针圆弧
	N20 G01 X52	抬刀
精车	M03 S1200	提高主轴转速,1200r/min
	G70 P10 Q20 F40	精车
	G00 X200 Z200	快速退刀
等距槽	T0202	换切断刀,即切槽刀
	M03S800	主轴正转,800r/min
	G00 X22 Z−15	定位切槽循环起点
	G75 R1	G75 切槽循环固定格式
	G75 X14 Z−27 P3000 Q6000 R0 F20	G75 切槽循环固定格式
	G00 X200 Z200	快速退刀
结束	M05	主轴停
	M30	程序结束

(2) 第二次掉头装夹的 FANUC 程序

开始	M03 S800	主轴正转,800r/min
	T0101	换 1 号外圆车刀
	G98	指定走刀按照 mm/min 进给
端面	G00 X55Z0	快速定位工件端面上方
	G01 X0 F80	车端面,走刀速度 80mm/min
G71 粗车循环	G00 X55 Z3	快速定位循环起点
	G71U3R1	X 向每次吃刀量 3,退刀为 1
	G71P10Q20U0.4 W0.1F100	循环程序段 10~20
外轮廓	N10 G00 X16	垂直移动到最低处,不能有 Z 值
	G01 Z0	接触工件
	X20 Z−2	车削倒角

外轮廓	Z—34	车削 ϕ20 的外圆
	N20 X52	抬刀
切槽	M03 S800	主轴正转,800r/min
	T0202	换切断刀,即切槽刀
	G00 X24 Z—23	定位切槽循环起点
	G75 R1	G75 切槽循环固定格式
	G75 X14 Z—31 P3000 Q2000 R0 F20	G75 切槽循环固定格式,此处终点可以不精确,到位即可
	M03 S1200	提高主轴转速,1200r/min
	G01 X14 F40	接触工件
	Z—31	平槽底
	X24 F100	抬刀
	G00 X200 Z200	快速退刀
G73 粗车循环	M03 S800	主轴正转,800r/min
	T0101	换 1 号外圆车刀
	G00 X55 Z—30	快速定位循环起点
	G73 U12 W0 R4	G73 粗车循环,循环 4 次
	G73 P30 Q40 U0.2 W0.2F80	循环程序段 30~40
外轮廓	N30 G01 X14	定位到轮廓右端
	Z—31.858	车削 ϕ14 的外圆
	G02 X21.710 Z—37.304 R6	车削 R10 的顺时针圆弧
	G03 X50 Z—60 R25	车削 R25 的逆时针圆弧
	G01 Z—65	多走一刀,避免接刀痕
	N40 X52	抬刀
精车	M03 S1200	提高主轴转速,1200r/min
	G00 Z2	退刀
	X16	定位精车起点
	G01 Z0	接触工件
	X20 Z—2	车削倒角
	Z—20	车削 ϕ20 的外圆
	G01 X14　Z—30	车削到槽体,与切槽循环终点要求有交集
	Z—31.858	车削 ϕ14 的外圆
	G02 X21.710 Z—37.304 R6	车削 R10 的顺时针圆弧
	G03 X50 Z—60 R25	车削 R25 的逆时针圆弧
	G01 Z—65	多走一刀,避免接刀痕
	X75	抬刀
	G00 X200 Z200	快速退刀

外螺纹	T0303	换 03 号螺纹刀
	G00X23 Z3	定位到第 1 个螺纹循环起点
	G76 P010060 Q100 R0.1	G76 螺纹循环固定格式
	G76 X17.835 Z−23 P1083 Q500 R0 F2	G76 螺纹循环固定格式
	G00 X200 Z200	快速退刀
结束	M05	主轴停
	M30	程序结束

5. 刀具路径及切削验证（见图 3.32）

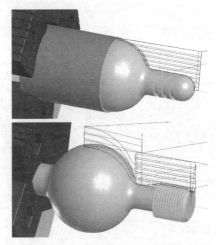

图 3.32　刀具路径及切削验证

九、复合外圆支承轴零件

1. 学习目的

① 思考和熟练掌握每一次装夹的位置和加工范围，设计最合理的加工工艺。

② 思考中间圆弧如何计算。

③ 熟练掌握通过三角函数计算角度的方法。

④ 熟练掌握通过内外径粗车循环 G71 编程的方法。

⑤ 掌握实现等距槽的编程方法。

视频演示-1　视频演示-2

⑥ 完成端面槽的程序编制。

⑦ 用端面粗车循环 G72 完成端面形状的加工。

⑧ 能迅速构建编程所使用的模型。

2. 加工图纸及要求

数控车削加工如图 3.33 所示的零件，编制其加工的数控程序。

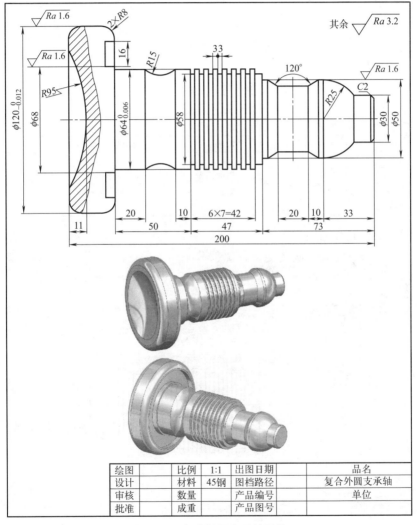

绘图		比例	1:1	出图日期		品名	
设计		材料	45钢	图档路径		复合外圆支承轴	
审核		数量		产品编号		单位	
批准		成重		产品图号			

图 3.33 复合外圆支承轴零件

3. 工艺分析和模型

(1) 工艺分析

该零件由外圆柱面、顺圆弧、逆圆弧、斜锥面、多组槽、螺纹等表面组成，零件图尺寸标注完整，符合数控加工尺寸标注要求；轮廓描述清楚完整；零件材料为45钢，切削加工性能较好，无热处理和硬度要求。

(2) 毛坯选择

零件材料为45钢，ϕ122mm棒料。

(3) 刀具选择 （见表3.9）

表3.9　刀具选择

刀具号	刀具规格名称	加工内容	刀具特征	备注
T01	硬质合金45°外圆车刀	车端面及车轮廓		
T02	切断刀（切槽刀）	切槽	宽3mm	
T03	—			
T04	端面槽刀	切端面槽	宽4mm	
T05	钻头	钻孔	118°麻花钻	
T06	内圆车刀	车内圆轮廓	水平安装	刀刃与Z轴平行

(4) 几何模型

本例题需要两次装夹，轮廓部分采用G71和G73的循环联合编程，其两次装夹的加工路径的模型设计见图3.34、图3.35。

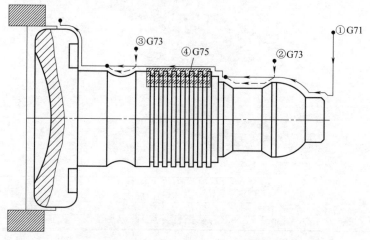

图3.34　第一次装夹的几何模型和编程路径示意图

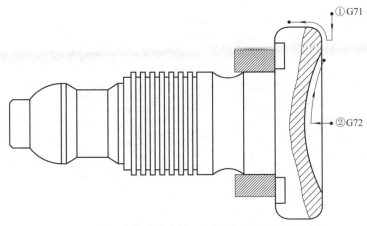

图 3.35　第二次掉头装夹的几何模型和编程路径示意图

(5) 数学计算

本题需要计算圆弧的坐标值,可采用三角函数、勾股定理等几何知识计算,也可使用计算机制图软件(如 AutoCAD、UG、Mastercam、SolidWorks 等)的标注方法来计算。

4. 数控程序

(1) 第一次装夹的 FANUC 程序

	M03 S800	主轴正转,800r/min
开始	T0101	换 1 号外圆车刀
	G98	指定走刀按照 mm/min 进给
端面	G00 X125 Z0	快速定位工件端面上方
	G01 X0 F80	车端面,走刀速度 80mm/min
G71 粗车循环	G00 X125 Z3	快速定位循环起点
	G71 U3 R1	X 向每次吃刀量 3,退刀为 1
	G71 P10 Q20 U0.4 W0.1 F100	循环程序段 10~20
外轮廓	N10 G00 X26	垂直移动到最低处,不能有 Z 值
	G01 Z0	接触工件
	X30 Z−2	车削倒角
	Z−13	车削 ϕ30 的外圆
	G03 X50 Z−33 R25	车削 R25 的逆时针圆弧
	G01 Z−73	车削 ϕ50 的外圆
	X58	车削 ϕ58 的外圆右端面
	Z−78	车削 ϕ58 的外圆
	X64	车削 ϕ64 的外圆右端面
	Z−170	车削 ϕ64 的外圆

	X104	车削 $\phi120$ 的外圆右端面
外轮廓	G03 X120 Z−178 R8	车削 $R8$ 的逆时针圆弧
	G01 Z−183	车削 $\phi120$ 的外圆
	N20 X122	抬刀
精车	M03 S1200	提高主轴转速,1200r/min
	G70 P10 Q20 F40	精车
G73 粗车循环	M03 S800	主轴正转,800r/min
	G00 X55 Z−36.072	快速定位循环起点
	G73 U3 W0 R3	G73 粗车循环,循环 3 次
	G73 P30 Q40 U0.2 W0.2F80	循环程序段 30~40
外轮廓	N30 G01 X50	接触工件
	X42 Z−43	斜向车削锥面
	Z−63	车削 $\phi42$ 的外圆
	N40 X50 Z−69.928	斜向车削锥面
精车	M03 S1200	提高主轴转速,1200r/min
	G70 P30 Q40 F40	精车
G73 粗车循环	M03 S800	主轴正转,800r/min
	G00 X68	抬刀
	Z−130	快速定位循环起点
	G73 U2 W0 R2	G73 粗车循环,循环 2 次
	G73 P50 Q60 U0.2 W0.2F80	循环程序段 50~60
外轮廓	N50 G01 X64	接触工件
	N60 G02 X64 Z−150 R15	车削 $R15$ 的顺时针圆弧
精车	M03 S1200	提高主轴转速,1200r/min
	G70 P50 Q60 F40	精车
	G00 X200 Z200	快速退刀
等距槽	T0202	换切断刀,即切槽刀
	M03S800	主轴正转,800r/min
	G00 X68 Z−84	定位切槽循环起点
	G75 R1	G75 切槽循环固定格式
	G75 X58 Z−120 P3000 Q6000 R0 F20	G75 切槽循环固定格式
	G00 X200 Z200	快速退刀
端面槽	T0404	端面车刀
	G00 X68 Z−168	定位端面槽循环起点
	G74 R1	G74 镗孔循环固定格式
	G74 X92 Z−176 P3000 Q3000 R0 F20	G74 镗孔循环固定格式
	G00 X200 Z200	快速退刀

结束	M05	主轴停
	M30	程序结束

（2）第二次掉头装夹的 FANUC 程序

开始	M03 S800	主轴正转，800r/min
	T0101	换 1 号外圆车刀
	G98	指定走刀按照 mm/min 进给
端面	G00 X125 Z0	快速定位工件端面上方
	G01 X80 F80	车端面，圆弧部分无需车削
G71 粗车循环	G00 X125 Z3	快速定位循环起点
	G71 U3 R1	X 向每次吃刀量 3，退刀为 1
	G71 P10 Q20 U0.4 W0.1 F100	循环程序段 10～20
外轮廓	N10 G00 X104	垂直移动到最低处，不能有 Z 值
	G01 Z0	接触工件
	G03 X120 Z−8 R8	车削 R8 的逆时针圆弧
	N20　G01 Z−20	车削 $\phi 120$ 的外圆，距离可缩短，保证无接刀痕即可
精车	M03 S1200	提高主轴转速，1200r/min
	G70 P10 Q20 F40	精车
	G00 X200 Z200	快速退刀
钻孔	T0505	换 05 号钻头
	M03 S800	主轴正转，800r/min
	G00 X0 Z2	定位孔
	G01 Z−11 F15	钻孔
	Z2 F100	退出孔
	G00 X200 Z200	快速退刀
G72 粗车循环	T0606	换 06 号内圆车刀
	G00X0Z2	定位循环起点
	G72 W1.5R1	Z 向每次吃刀量 1.5 退刀量 1
	G72 P30 Q40 U−0.1 W0.1 F60	循环程序段 30～40
内轮廓	N30 G01 Z−11	工件最内部
	N40 G02 X88.747 Z0 R95	接触工件
精车	M03 S1200	提高主轴转速，1200r/min
	G70 P30 Q40 F40	精车
	G00 X200 Z200	快速退刀
结束	M05	主轴停
	M30	程序结束

5. 刀具路径及切削验证（见图 3.36）

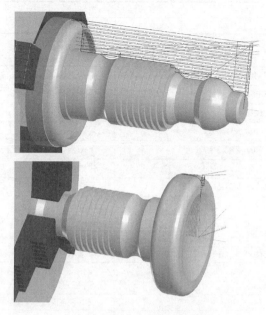

图 3.36　刀具路径及切削验证

十、多槽阶台螺纹定位轴零件

1. 学习目的

① 思考和熟练掌握每一次装夹的位置和加工范围，设计最合理的加工工艺。

② 熟练掌握通过内外径粗车循环 G71 编程的方法。

视频演示-1　视频演示-2

③ 掌握实现等距宽槽的编程方法。

④ 掌握实现退刀槽部分的编程方法。

⑤ 学习如何对螺纹进行编程。

⑥ 掌握钻孔的方法。

⑦ 能迅速构建编程所使用的模型。

2. 加工图纸及要求

数控车削加工如图 3.37 所示的零件，编制其加工的数控程序。

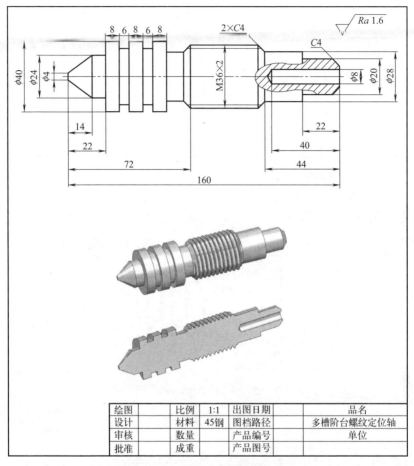

绘图		比例	1:1	出图日期		品名	
设计		材料	45钢	图档路径		多槽阶台螺纹定位轴	
审核		数量		产品编号		单位	
批准		成重		产品图号			

图 3.37　多槽阶台螺纹定位轴零件

3. 工艺分析和模型

(1) 工艺分析

该零件由内外圆柱面、斜锥面、多组槽、螺纹等表面组成，零件图尺寸标注完整，符合数控加工尺寸标注要求；轮廓描述清楚完整；零件材料为 45 钢，切削加工性能较好，无热处理和硬度要求。

(2) 毛坯选择

零件材料为 45 钢，$\phi 42mm$ 棒料。

(3) 刀具选择 （见表 3.10）

表 3.10　刀具选择

刀具号	刀具规格名称	加工内容	刀具特征	备注
T01	硬质合金 45°外圆车刀	车端面及车轮廓		
T02	切断刀（切槽刀）	切槽	宽 4mm	
T03	—			
T04	钻头	钻孔	118°麻花钻	

(4) 几何模型

本例题需要两次装夹，轮廓部分采用 G71 的循环编程，其两次装夹的加工路径的模型设计见图 3.38、图 3.39。

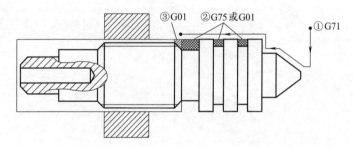

图 3.38　第一次装夹的几何模型和编程路径示意图

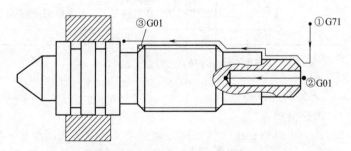

图 3.39　第二次掉头装夹的几何模型和编程路径示意图

(5) 数学计算

本题工件尺寸和坐标值明确，可直接进行编程。

4. 数控程序

(1) 第一次装夹的 FANUO 程序

开始	M03 S800	主轴正转,800r/min
	T0101	换 1 号外圆车刀
	G98	指定走刀按照 mm/min 进给
端面	G00 X45Z0	快速定位工件端面上方
	G01 X0 F80	车端面,走刀速度 80mm/min
G71 粗车循环	G00 X45 Z3	快速定位循环起点
	G71 U3 R1	X 向每次吃刀量 3,退刀为 1
	G71 P10 Q20 U0.4 W0.1 F100	循环程序段 10～20
外轮廓	N10 G00 X4	垂直移动到最低处,不能有 Z 值
	G01 Z0	接触工件
	X24 Z−14	斜向车削锥面
	Z−22	车削 ϕ24 的外圆
	X40	车削 ϕ40 的外圆右端面
	N20 Z−68	车削 ϕ40 的外圆
精车	M03 S1200	提高主轴转速,1200r/min
	G70 P10 Q20 F40	精车
	G00 X200 Z200	快速退刀
3 个槽	T0202	换切断刀,即切槽刀
	M03S800	主轴正转,800r/min
	G00 X44 Z−34	定位第 1 个循环起点
	G75 R1	G75 切槽循环固定格式
	G75 X32 Z−36 P4000 Q3000 R0 F20	G75 切槽循环固定格式
	G00 X44 Z−48	定位第 2 个循环起点
	G75 R1	G75 切槽循环固定格式
	G75 X32 Z−50 P4000 Q3000 R0 F20	G75 切槽循环固定格式
	G00 X44 Z−62	定位第 3 个循环起点
	G75 R1	G75 切槽循环固定格式
	G75 X28 Z−68 P4000 Q3000 R0 F20	G75 切槽循环固定格式
螺纹倒角	G00 X44 Z−72	定位在倒角上方
	G01 X36 F20	接触工件
	X28 Z−68	车削倒角
	X44 F100	抬刀
	G00 X200 Z200	快速退刀
结束	M05	主轴停
	M30	程序结束

(2) 第二次掉头装夹的 FANUC 程序

开始	M03 S800	主轴正转,800r/min
	T0101	换 1 号外圆车刀
	G98	指定走刀按照 mm/min 进给
端面	G00 X45Z0	快速定位工件端面上方
	G01 X0 F80	车端面,走刀速度 80mm/min
G71 粗车循环	G00 X45 Z3	快速定位循环起点
	G71 U3 R1	X 向每次吃刀量 3,退刀为 1
	G71 P10 Q20 U0.4 W0.1 F100	循环程序段 10～20
外轮廓	N10 G00 X12	垂直移动到最低处,不能有 Z 值
	G01 Z0	接触工件
	X20 Z-4	车削倒角
	Z-22	车削 φ20 的外圆
	X28	车削 φ28 的外圆右端面
	Z-44	车削 φ28 的外圆
	X36 Z-48	车削螺纹倒角
	N20 Z-92	车削 φ40 的外圆
精车	M03 S1200	提高主轴转速,1200r/min
	G70 P10 Q20 F40	精车
外螺纹	G00 X200 Z200	快速退刀
	T0303	换 03 号螺纹刀
	G00X40 Z-44	定位到第 1 个螺纹循环起点
	G76 P010060 Q100 R0.1	G76 螺纹循环固定格式
	G76 X33.835 Z-95 P1083 Q500 R0 F2	G76 螺纹循环固定格式
	G00 X200 Z200	快速退刀
钻孔	T0404	换 04 号钻头
	M03 S800	主轴正转,800r/min
	G00 X0 Z2	定位孔
	G01 Z-42.40 F15	钻孔,按照 118° 计算出刀尖位置
	Z2 F100	退出孔
	G00 X200 Z200	快速退刀
结束	M05	主轴停
	M30	程序结束

5. 刀具路径及切削验证（见图 3.40）

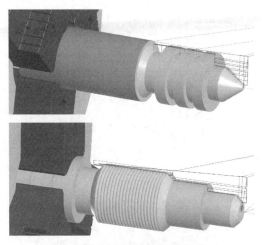

图 3.40　刀具路径及切削验证

十一、双头螺纹圆弧复合轴零件

1. 学习目的

① 思考和熟练掌握每一次装夹的位置和加工范围，设计最合理的加工工艺。

② 思考中间圆弧和锥面如何计算。

③ 熟练掌握通过内外径粗车循环 G71 编程的方法。

④ 掌握工件中多个槽的编程方法。

⑤ 学习如何对两段螺纹进行编程。

⑥ 能迅速构建编程所使用的模型。

视频演示-1　视频演示-2

2. 加工图纸及要求

数控车削加工如图 3.41 所示的零件，编制其加工的数控程序。

3. 工艺分析和模型

(1) 工艺分析

该零件由外圆柱面、圆弧、斜锥面、多组槽、螺纹等表面组成，零件图尺寸标注完整，符合数控加工尺寸标注要求；轮廓描述清楚完整；零件材料为 45 钢，切削加工性能较好，无热处理和硬

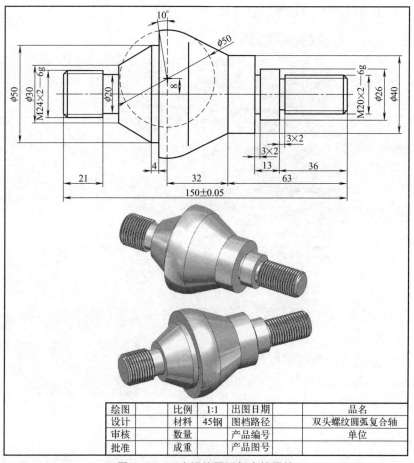

绘图		比例	1:1	出图日期		品名	
设计		材料	45钢	图档路径		双头螺纹圆弧复合轴	
审核		数量		产品编号		单位	
批准		成重		产品图号			

图 3.41　双头螺纹圆弧复合轴零件

度要求。

(2) 毛坯选择

零件材料为 45 钢，ϕ70mm 棒料。

(3) 刀具选择（见表 3.11）

表 3.11　刀具选择

刀具号	刀具规格名称	加工内容	刀具特征	备注
T01	硬质合金 45°外圆车刀	车端面及车轮廓		
T02	切断刀（切槽刀）	切槽	宽 3mm	
T03	螺纹刀	外螺纹	60°牙型角	

（4）几何模型

本例题需要两次装夹，轮廓部分采用 G71 的循环编程，其两次装夹的加工路径的模型设计见图 3.42、图 3.43。

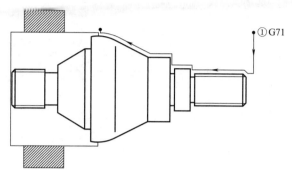

图 3.42　第一次装夹的几何模型和编程路径示意图

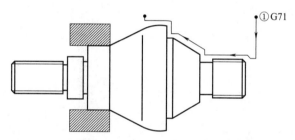

图 3.43　第二次掉头装夹的几何模型和编程路径示意图

（5）数学计算

本题需要计算圆弧的坐标值，可采用三角函数、勾股定理等几何知识计算，也可使用计算机制图软件（如 AutoCAD、UG、Master-cam、SolidWorks 等）的标注方法来计算。

4. 数控程序

（1）第一次装夹的 FANUC 程序

开始	M03 S800	主轴正转，800r/min
	T0101	换 1 号外圆车刀
	G98	指定走刀按照 mm/min 进给
端面	G00 X75Z0	快速定位工件端面上方
	G01 X0 F80	车端面，走刀速度 80mm/min

	G00 X75 Z3	快速定位循环起点
G71 粗车循环	G71 U3 R1	X 向每次吃刀量 3,退刀为 1
	G71 P10 Q20 U0.4 W0.1 F100	循环程序段 10～20
外轮廓	N10 G00 X16	垂直移动到最低处,不能有 Z 值
	G01 Z0	接触工件
	X20 Z−2	车削倒角
	Z−36	车削 $\phi20$ 的外圆
	X26	车削 $\phi26$ 的外圆右端面
	Z−49	车削 $\phi26$ 的外圆
	X40	车削 $\phi40$ 的外圆右端面
	Z−63	车削 $\phi40$ 的外圆
	X60.764 Z−83.862	斜向车削锥面
	G03 X66 Z−95 R25	车削 R25 的逆时针圆弧
	N20 G01 X72	抬刀
精车	M03 S1200	提高主轴转速,1200r/min
	G70 P10 Q20 F40	精车
	G00 X200 Z200	快速退刀
退刀槽	M03 S800	主轴正转,800r/min
	T0202	换切断刀,即切槽刀
	G00 X30 Z−36	定位第 1 个槽位置
	G01 X16 F20	切槽
	X30 F100	抬刀
切槽	Z−49 F50	定位第 2 个槽位置,速度减半
	G01 X20F20	切槽
	X30 F100	抬刀
	G00 X200 Z200	快速退刀
外螺纹	T0303	换 03 号螺纹刀
	G00X23 Z3	定位到螺纹循环起点
	G76 P010060 Q100 R0.1	G76 螺纹循环固定格式
	G76 X17.835 Z−34 P1083 Q500 R0 F2	G76 螺纹循环固定格式
	G00 X200 Z200	快速退刀
结束	M05	主轴停
	M30	程序结束

(2) 第二次掉头装夹的 FANUC 程序

	M03 S800	主轴正转,800r/min
开始	T0101	换 1 号外圆车刀
	G98	指定走刀按照 mm/min 进给

端面	G00 X75 Z0	快速定位工件端面上方
	G01 X0 F80	车端面,走刀速度 80mm/min
G71 粗车循环	G00 X75 Z3	快速定位循环起点
	G71 U3 R1	X 向每次吃刀量 3,退刀为 1
	G71 P10 Q20 U0.4 W0.1 F100	循环程序段 10~20
外轮廓	N10 G00 X20	垂直移动到最低处,不能有 Z 值
	G01 Z0	接触工件
	X24 Z−2	车削倒角
	Z−29	车削 $\phi24$ 的外圆
	X30	车削锥面的右端面
	X50 Z−47	斜向车削锥面
	Z−51	车削 $\phi50$ 的外圆
	X65.240	车削圆弧的右端面
	G03 X66 Z−55 R25	车削 $R25$ 的逆时针圆弧
	N20 G01 Z−58	多车一刀避免接刀痕
精车	M03 S1200	提高主轴转速,1200r/min
	G70 P10 Q20 F40	精车
	G00 X200 Z200	快速退刀
退刀槽	M03 S800	主轴正转,800r/min
	T0202	换切断刀,即切槽刀
	G00 X32 Z−24	定位第 2 个循环起点
	G75 R1	G75 切槽循环固定格式
	G75 X20 Z−29P3000 Q2000 R0 F20	G75 切槽循环固定格式
	G00 X200 Z200	快速退刀
外螺纹	T0303	换 03 号螺纹刀
	G00X23 Z3	定位到螺纹循环起点
	G76 P010060 Q100 R0.1	G76 螺纹循环固定格式
	G76 X21.835 Z−24 P1083 Q500 R0 F2	G76 螺纹循环固定格式
	G00 X200 Z200	快速退刀
结束	M05	主轴停
	M30	程序结束

5. 刀具路径及切削验证（见图 3.44）

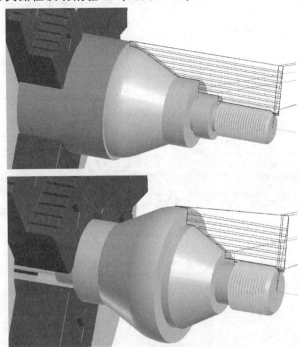

图 3.44　刀具路径及切削验证

十二、鼓形等距槽复合轴零件

1. 学习目的

① 思考和熟练掌握每一次装夹的位置和加工范围，设计最合理的加工工艺。

视频演示-1　视频演示-2　视频演示-3

② 思考鼓形部分圆弧如何计算。

③ 熟练掌握通过内外径粗车循环 G71、G90 或 G01 编程的方法。

④ 掌握实现等距槽的编程方法。

⑤ 学习如何用镗孔循环 G74 加工进行编程。

⑥ 能迅速构建编程所使用的模型。

2. 加工图纸及要求

数控车削加工如图 3.45 所示的零件，编制其加工的数控程序。

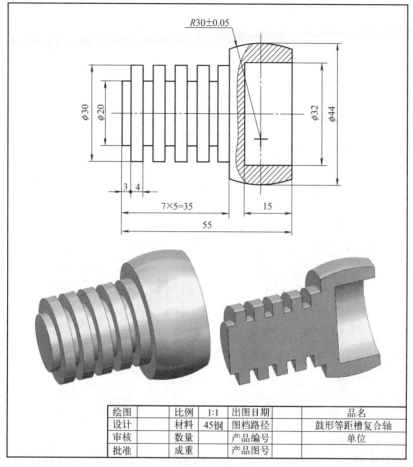

绘图		比例	1:1	出图日期		品名	
设计		材料	45钢	图档路径		鼓形等距槽复合轴	
审核		数量		产品编号		单位	
批准		成重		产品图号			

图 3.45　鼓形等距槽复合轴零件

3. 工艺分析和模型

(1) 工艺分析

该零件由内外圆柱面、逆圆弧、多组槽等表面组成，零件图尺寸标注完整，符合数控加工尺寸标注要求；轮廓描述清楚完整；零件材料为 45 钢，切削加工性能较好，无热处理和硬度要求。

(2) 毛坯选择

零件材料为 45 钢，ϕ47mm 棒料。

(3) 刀具选择（见表 3.12）

表 3.12　刀具选择

刀具号	刀具规格名称	加工内容	刀具特征	备注
T01	硬质合金 35°外圆车刀	车端面及车轮廓		
T02	切断刀（切槽刀）	切槽	宽 3mm	
T03	—			
T04	钻头	钻孔	118°麻花钻	
T05	内圆车刀或端面车刀	车内圆轮廓		

(4) 几何模型

本例题需要两次装夹，轮廓部分采用 G71（G90）、G01 的循环联合编程，其两次装夹的加工路径的模型设计如下。本例题采用 G71 循环编程，其模型见图 3.46、图 3.47。

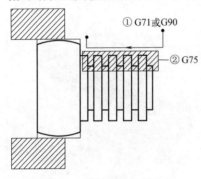

图 3.46　第一次装夹的几何
模型和编程路径示意图

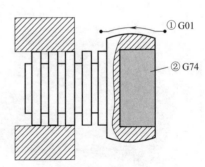

图 3.47　第二次掉头装夹的几何
模型和编程路径示意图

(5) 数学计算

本题需要计算圆弧的坐标值，可采用三角函数、勾股定理等几何知识计算，也可使用计算机制图软件（如 AutoCAD、UG、Mastercam、SolidWorks 等）的标注方法来计算。

4. 数控程序

(1) 第一次装夹的 FANUC 程序

开始	M03 S800	主轴正转,800r/min
	T0101	换 1 号外圆车刀
	G98	指定走刀按照 mm/min 进给
端面	G00 X50Z0	快速定位工件端面上方
	G01 X0 F80	车端面,走刀速度 80mm/min

G71 粗车循环	G00 X50 Z3	快速定位循环起点
	G71 U3 R1	Y 向每次吃刃量 0，退刀为 1
	G71 P10 Q20 U0.4 W0.1 F100	循环程序段 10～20
外轮廓	N10 G00 X30	垂直移动到最低处，不能有 Z 值
	G01 Z−35	车削 φ30 的外圆
	N20 X45	抬刀
精车	M03 S1200	提高主轴转速，1200r/min
	G70 P10 Q20 F40	精车
	G00 X200 Z200	快速退刀
等距槽	M03 S800	主轴正转，800r/min
	T0202	换切断刀，即切槽刀
	G00 X32 Z−3	定位第 2 个循环起点
	G75 R1	G75 切槽循环固定格式
	G75 X20 Z−31 P3000 Q7000 R0 F20	G75 切槽循环固定格式
	G00 X200 Z200	快速退刀
结束	M05	主轴停
	M30	程序结束

（2）第二次掉头装夹的 FANUC 程序

开始	M03 S1200	主轴正转，800r/min
	T0101	换 1 号外圆车刀
	G98	指定走刀按照 mm/min 进给
端面	G00 X50Z0	快速定位工件端面上方
	G01 X0 F80	车端面，走刀速度 80mm/min
外轮廓	G00 X40.569 Z3	快速定位起点
	G01 Z0 F40	接触工件
	G03 X40.569 Z−20 R30	车削 R30 的逆时针圆弧
	G01 Z−23	多车一刀，消除毛刺
	G00 X200 Z200	快速退刀
钻孔	T0404	换 04 号钻头
	G00 X0 Z2	定位孔
	G01 Z−15 F15	钻孔
	Z2 F100	退出孔
	G00 X200 Z200	快速退刀
内轮廓	T0505	端面车刀
	G00 X8 Z2	定位端面槽循环起点
	G74 R1	G74 镗孔循环固定格式
	G74 X32 Z−15 P4000 Q3000 R0 F20	G74 镗孔循环固定格式
	G00 X200 Z200	快速退刀

结束	M05	主轴停
	M30	程序结束

5. 刀具路径及切削验证（见图3.48）

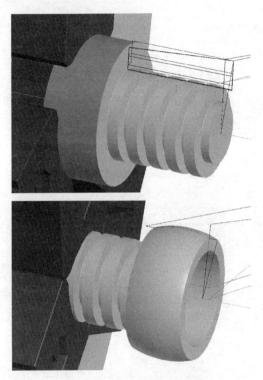

图 3.48　刀具路径及切削验证

十三、球头螺纹定位孔轴零件

1. 学习目的

① 思考和熟练掌握每一次装夹的位置和加工范围，设计最合理的加工工艺。

② 思考球头部分以及连续圆弧如何计算。

视频演示-1　视频演示-2　视频演示-3

③ 熟练掌握通过三角函数计算角度的方法。

④ 熟练掌握通讨内外径粗车循环 G71 和复合轮廓粗车循环 G73 联合编程的方法。

⑤ 掌握实现等距槽的编程方法。

⑥ 学习如何对螺纹进行编程。

⑦ 能迅速构建编程所使用的模型。

2. 加工图纸及要求

数控车削加工如图 3.49 所示的零件，编制其加工的数控程序。

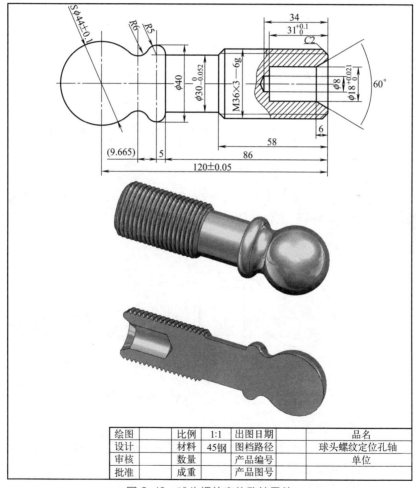

绘图		比例	1:1	出图日期		品名	
设计		材料	45钢	图档路径		球头螺纹定位孔轴	
审核		数量		产品编号		单位	
批准		成重		产品图号			

图 3.49　球头螺纹定位孔轴零件

3. 工艺分析和模型

（1）工艺分析

该零件由内外圆柱面、顺圆弧、逆圆弧、多组槽、螺纹等表面组成，零件图尺寸标注完整，符合数控加工尺寸标注要求；轮廓描述清楚完整；零件材料为 45 钢，切削加工性能较好，无热处理和硬度要求。

（2）毛坯选择

零件材料为 45 钢，ϕ46mm 棒料。

（3）刀具选择（见表 3.13）

表 3.13　刀具选择

刀具号	刀具规格名称	加工内容	刀具特征	备注
T01	硬质合金 45°外圆车刀	车端面及车轮廓		
T02	—			
T03	螺纹刀	外螺纹	60°牙型角	
T04	钻头	钻孔	118°麻花钻	
T05	内圆车刀或端面车刀	车内圆轮廓	水平安装	

（4）几何模型

本例题需要两次装夹，轮廓部分采用 G71 和 G73 的循环联合编程，其两次装夹的加工路径的模型设计见图 3.50、图 3.51。

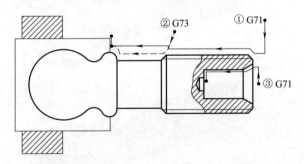

图 3.50　第一次装夹的几何模型和编程路径示意图

（5）数学计算

本题需要计算圆弧的坐标值，可采用三角函数、勾股定理等几何知识计算，也可使用计算机制图软件（如 AutoCAD、UG、Mastercam、SolidWorks 等）的标注方法来计算。

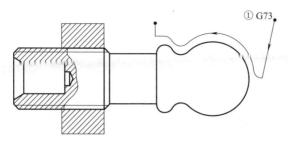

图 3.51 第二次掉头装夹的几何模型和编程路径示意图

4. 数控程序

（1）第一次装夹的 FANUC 程序

开始	M03 S800	主轴正转,800r/min
	T0101	换 1 号外圆车刀
	G98	指定走刀按照 mm/min 进给
端面	G00 X50 Z0	快速定位工件端面上方
	G01 X0 F80	车端面,走刀速度 80mm/min
G71 粗车循环	G00 X50 Z3	快速定位循环起点
	G71 U3 R1	X 向每次吃刀量 3,退刀为 1
	G71 P10 Q20 U0.4 W0.1 F100	循环程序段 10～20
外轮廓	N10 G00 X30	垂直移动到最低处,不能有 Z 值
	G01 Z0	接触工件
	X36 Z−2	车削倒角
	N15 Z−55	车削 ϕ36 的外圆
	X40	车削 ϕ40 的外圆右端面
	Z−91	车削 ϕ40 的外圆
	N20 X44	抬刀
精车	M03 S1200	提高主轴转速,1200r/min
	G70 P10 Q15F40	精车
	M03 S800	主轴正转,800r/min
	G00 X200 Z200	快速退刀
G73 粗车循环	G00 X40 Z−55	快速定位循环起点
	G73 U3 W1 R2	G73 粗车循环,循环 2 次
	G73 P30 Q40 U0.2 W0.2F80	循环程序段 30～40
外轮廓	N30 G01 X36	接触工件
	X30 Z−58	车削倒角
	Z−86	车削 ϕ30 的外圆
	N40 G03 X40 Z−91 R5	车削 R5 的逆时针圆弧

续表

精车	M03 S1200	提高主轴转速,1200r/min
	G70 P30 Q40F40	精车
	G00 X200 Z200	快速退刀
外螺纹	T0303	换 03 号螺纹刀
	G00X40 Z3	定位到第 1 个螺纹循环起点
	G76 P010060 Q100 R0.1	G76 螺纹循环固定格式
	G76 X32.752 Z−62 P1624 Q800 R0 F32	G76 螺纹循环固定格式
	G00 X200 Z200	快速退刀
钻孔	T0404	换 04 号钻头
	M03 S800	主轴正转,800r/min
	G00 X0 Z2	定位孔
	G01 Z−36.4 F15	钻孔,根据钻头 118°计算位置
	Z2 F100	退出孔
	G00 X200 Z200	快速退刀
G71 粗车循环	T0505	换 5 号内圆车刀
	G00 X6 Z3	快速定位循环起点
	G71 U3 R1	X 向每次吃刀量 3,退刀为 1
	G71 P50 Q60 U−0.4 W0.1 F80	循环程序段 50~60
内轮廓	N50 G00 X24.928	垂直移动到最低处,不能有 Z 值
	G01 Z0	接触工件
	X18 Z−6	车削倒角
	Z−31	车削 $\phi36$ 的内圆
	N60 X8	降刀
精车	M03 S1200	提高主轴转速,1200r/min
	G70 P50 Q60 F30	精车
	G00 X200 Z200	快速退刀
结束	M05	主轴停
	M30	程序结束

(2) 第二次掉头装夹的 FANUC 程序

开始	M03 S800	主轴正转,800r/min
	T0101	换 1 号外圆车刀
	G98	指定走刀按照 mm/min 进给
G73 粗车循环	G00 X50 Z3	快速定位循环起点
	G73 U10 W1 R4	G73 粗车循环,循环 4 次
	G73 P10 Q20 U0.2 W0.2F80	循环程序段 10~20
外轮廓	N10 G00 X−4	快速定位到相切圆弧起点
	G02 X0 Z0 R2	R2 的过渡顺时针圆弧

	G03 X31.825 Z-37.192 R22	车削 Sϕ44 球头的逆时针圆弧
外轮廓	G02 X34.775 Z-46.607 R6	车削 R6 的顺时针圆弧
	G03 X40 Z-51 R5	车削 R5 球头的逆时针圆弧
	N20 G01 Z-55	多车一刀,避免接刀痕
精车	M03 S1200	提高主轴转速,1200r/min
	G70 P10 Q20F40	精车
	G00 X200 Z200	快速退刀
结束	M05	主轴停
	M30	程序结束

5. 刀具路径及切削验证（见图 3.52）

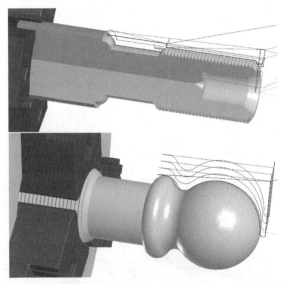

图 3.52　刀具路径及切削验证

十四、锥体螺纹标准轴零件

1. 学习目的

① 思考和熟练掌握每一次装夹的位置和加工范围,设计最合理的加工工艺。

② 熟练掌握计算锥度外圆面

视频演示-1　视频演示-2　视频演示-3

的方法。

③ 熟练掌握通过内外径粗车循环 G71 和 G01 编程的方法。

④ 掌握实现钻孔和内圆的编程方法。

⑤ 学习如何对螺纹进行编程。

⑥ 能迅速构建编程所使用的模型。

2. 加工图纸及要求

数控车削加工如图 3.53 所示的零件，编制其加工的数控程序。

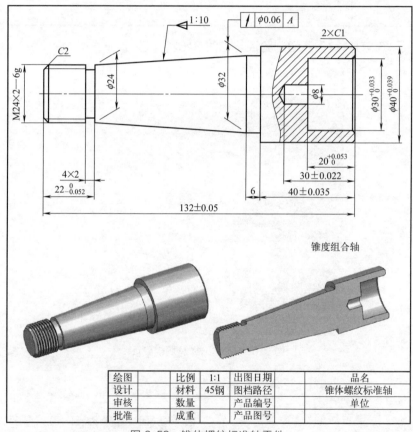

图 3.53　锥体螺纹标准轴零件

3. 工艺分析和模型

(1) 工艺分析

该零件由内外圆柱面、斜锥面、槽、螺纹等表面组成，零件图尺寸标注完整，符合数控加工尺寸标注要求；轮廓描述清楚完整；零件材料为 45 钢，切削加工性能较好，无热处理和硬度要求。

（2）毛坯选择

零件材料为 45 钢，ϕ42mm 棒料。

（3）刀具选择（见表 3.14）

表 3.14　刀具选择

刀具号	刀具规格名称	加工内容	刀具特征	备注
T01	硬质合金 45°外圆车刀	车端面及车轮廓		
T02	切断刀（切槽刀）	切槽	宽 3mm	
T03	螺纹刀	外螺纹	60°牙型角	
T04	钻头	钻孔	118°麻花钻	
T05	镗刀		宽 4mm	

（4）几何模型

本例题需要两次装夹，轮廓部分采用 G71 和 G74 的循环联合编程，其两次装夹的加工路径的模型设计见图 3.54、图 3.55。

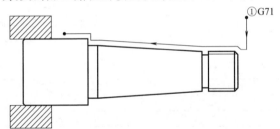

图 3.54　第一次装夹的几何模型和编程路径示意图

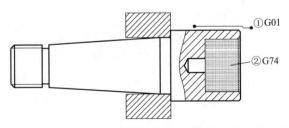

图 3.55　第二次掉头装夹的几何模型和编程路径示意图

（5）数学计算

本题需要计算锥面关键点的坐标值，可采用三角函数、勾股定理等几何知识计算，也可使用计算机制图软件（如 AutoCAD、UG、Mastercam、SolidWorks 等）的标注方法来计算。

4. 数控程序

(1) 第一次装夹的 FANUC 程序

开始	M03 S800	主轴正转,800r/min
	T0101	换 1 号外圆车刀
	G98	指定走刀按照 mm/min 进给
端面	G00 X45 Z0	快速定位工件端面上方
	G01 X0 F80	车端面,走刀速度 80mm/min
G71 粗车循环	G00 X45 Z3	快速定位循环起点
	G71 U3 R1	X 向每次吃刀量 3,退刀为 1
	G71 P10 Q20 U0.4 W0.1 F100	循环程序段 10～20
外轮廓	N10 G00 X20	垂直移动到最低处,不能有 Z 值
	G01 Z0	接触工件
	X24 Z−2	车削倒角
	Z−22	车削 φ24 的外圆
	X32 Z−86	斜向车削锥面
	Z−92	车削 φ32 的外圆
	X40	车削 φ40 的外圆右端面
	N20 Z−112	车削 φ40 的外圆,外圆长度的一半多一点
精车	M03 S1200	提高主轴转速,1200r/min
	G70 P10 Q20 F40	精车
	G00 X200 Z200	快速退刀
退刀槽	M03 S800	主轴正转,800r/min
	T0202	换切断刀,即切槽刀
	G00 X26 Z−22	定位退刀槽上方
	G01 X20 F20	切槽
	X26 F100	抬刀
	G00 X200 Z200	快速退刀
外螺纹	T0303	换 03 号螺纹刀
	G00X27 Z3	定位到第 1 个螺纹循环起点
	G76 P010060 Q100 R0.1	G76 螺纹循环固定格式
	G76 X21.835 Z−20 P1083 Q500 R0 F2	G76 螺纹循环固定格式
	G00 X200 Z200	快速退刀
结束	M05	主轴停
	M30	程序结束

（2）第二次掉头装夹的 FANUC 程序

开始	M03 S1200	主轴正转，1200r/min
	T0101	换 1 号外圆车刀
	G98	指定走刀按照 mm/min 进给
端面	G00 X50Z0	快速定位工件端面上方
	G01 X0 F80	车端面，走刀速度 80mm/min
外轮廓	G00 X38 Z3	快速定位起点
	G01 Z0 F40	接触工件
	X40 Z−1	车削倒角
	Z−24	车削 ϕ40 的外圆，外圆长度的一半多一点，多车一点，避免接刀痕
	G00 X200 Z200	快速退刀
钻孔	T0404	换 04 号钻头
	G00 X0 Z2	定位孔
	G01 Z−32.148 F15	钻孔
	Z2 F100	退出孔
	G00 X200 Z200	快速退刀
内轮廓	T0505	镗刀
	G00 X14 Z2	定位端面槽循环起点
	G74 R1	G74 镗孔循环固定格式
	G74 X30 Z−20 P3000 Q3000 R0 F20	G74 镗孔循环固定格式
倒角	G00 X32 Z2	移动至倒角外侧
	G01 Z0 F80	接触工件
	X30 Z−1 F20	车削倒角
	Z2	退出工件
	G00 X200 Z200	快速退刀
结束	M05	主轴停
	M30	程序结束

5. 刀具路径及切削过程（见图 3.56）

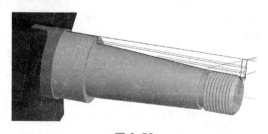

图 3.56

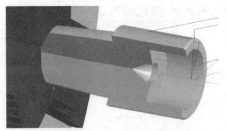

图 3.56　刀具路径及切削验证

十五、球阀芯标准件

1. 学习目的

① 思考和熟练掌握每一次装
夹的位置和加工范围，设计最合
理的加工工艺。

视频演示-1　视频演示-2　视频演示-3

② 思考球头部分如何计算。

③ 熟练掌握计算锥度内圆的方法。

④ 熟练掌握通过内外径粗车循环 G71 和复合轮廓粗车循环 G73
联合编程的方法。

⑤ 掌握实现钻细长孔的编程方法。

⑥ 能迅速构建编程所使用的模型。

2. 加工图纸及要求

数控车削加工如图 3.57 所示的零件，编制其加工的数控程序。

3. 工艺分析和模型

(1) 工艺分析

该零件由内外圆柱面、圆弧、斜锥面、螺纹等表面组成，零件图
尺寸标注完整，符合数控加工尺寸标注要求；轮廓描述清楚完整；零
件材料为 45 钢，切削加工性能较好，无热处理和硬度要求。

(2) 毛坯选择

零件材料为 45 钢，$\phi40mm$ 棒料。

(3) 刀具选择（见表 3.15）

(4) 几何模型

本例题需要两次装夹，轮廓部分采用 G71 和 G73 的循环联合编
程，其两次装夹的加工路径的模型设计见图 3.58、图 3.59。

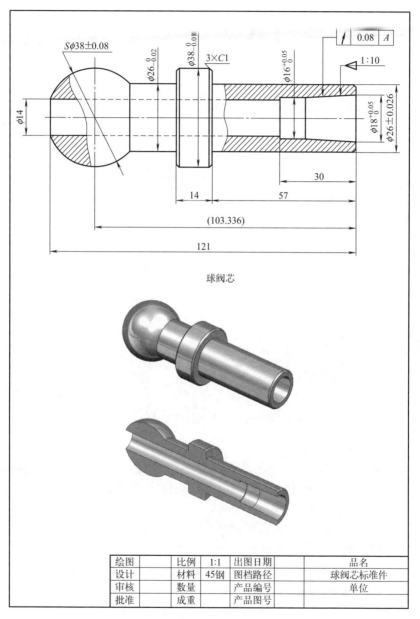

球阀芯

绘图		比例	1:1	出图日期		品名	
设计		材料	45钢	图档路径		球阀芯标准件	
审核		数量		产品编号		单位	
批准		成重		产品图号			

图 3.57 球阀芯标准件

表 3.15　刀具选择

刀具号	刀具规格名称	加工内容	刀具特征	备注
T01	硬质合金 35°外圆车刀	车端面及车轮廓		
T02	—			
T03	—			
T04	钻头	钻孔	118°麻花钻	
T05	内圆车刀	车内圆轮廓	水平安装	

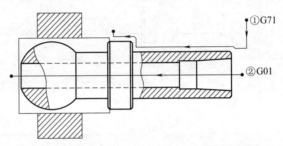

图 3.58　第一次装夹的几何模型和编程路径示意图

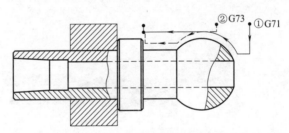

图 3.59　第二次掉头装夹的几何模型和编程路径示意图

(5) 数学计算

本题需要计算圆弧的坐标值和锥面关键点的坐标值，可采用三角函数、勾股定理等几何知识计算，也可使用计算机制图软件（如 AutoCAD、UG、Mastercam、SolidWorks 等）的标注方法来计算。

4. 数控程序

(1) 第一次装夹的 FANUC 程序

	M03 S800	主轴正转，800r/min
开始	T0101	换 1 号外圆车刀
	G98	指定走刀按照 mm/min 进给
端面	G00 X45 Z0	快速定位工件端面上方
	G01 X0 F80	车端面，走刀速度 80mm/min

G71 粗车循环	G00 X45 Z3	快速定位循环起点
	G71 U3 R1	X 向每次吃刀量 3，退刀为 1
	G71 P10 Q20 U0.4 W0.1 F100	循环程序段 10～20
外轮廓	N10 G00 X24	垂直移动到最低处，不能有 Z 值
	G01 Z0	接触工件
	X26 Z－1	车削倒角
	Z－57	车削 φ26 的外圆
	X36	车削 φ38 的外圆右端面
	X38 Z－58	车削倒角
	Z－70	车削 φ38 的外圆
	N20 X42	抬刀
精车	M03 S1200	提高主轴转速，1200r/min
	G70 P10 Q20 F40	精车
	G00 X200 Z200	快速退刀
钻孔	T0404	换 04 号钻头
	M03 S800	主轴正转，800r/min
	G00 X0 Z2	定位孔
	G01 Z－125 F15	钻孔
	Z2 F100	退出孔
	G00 X200 Z200	快速退刀
内轮廓	T0505	换 05 号内圆车刀
	G00 X18 Z2	定位孔外部起点
	G01 Z0 F40	接触工件
	X16 Z－20 F15	斜向车削锥面
	Z－30	车削 φ16 的内圆
	X14	车削 φ14 的内圆右端面
	Z－121	车削 φ14 的内圆
	X10	抬刀
	Z2 F500	退出孔
	G00 X200 Z200	快速退刀
结束	M05	主轴停
	M30	程序结束

（2）第二次掉头装夹的 FANUC 程序

开始	M03 S800	主轴正转，800r/min
	T0101	换 1 号外圆车刀
	G98	指定走刀按照 mm/min 进给
端面	G00 X45 Z0	快速定位工件端面上方
	G01 X0 F80	车端面，走刀速度 80mm/min
G71 粗车循环	G00 X45 Z3	快速定位循环起点
	G71 U3 R1	X 向每次吃刀量 3，退刀为 1
	G71 P10 Q20 U0.4 W0.1 F100	循环程序段 10～20

	N10 G00 X14	垂直移动到最低处,不能有 Z 值
外轮廓	G01 Z0	接触工件
	G03 X38 Z−17.664 R19	车削φ38 的逆时针圆弧到圆弧顶端
	G01 Z−55	车削φ38 的外圆
	N20 X44	抬刀
G73 粗车循环	G00 X40 Z−15	快速定位循环起点
	G73 U4W1 R3	G73 粗车循环,循环 3 次
	G73 P30 Q40 U0.2 W0.2F80	循环程序段 30~40
外轮廓	N30 G00 X38	快速定位到圆弧顶点右侧
	G01 Z−17.664	接触工件
	G03 X26 Z−31.52 R19	车削φ38 的逆时针圆弧
	G01 Z−50	车削φ26 的外圆
	X36	车削φ38 的外圆右端面
	X38 Z−51	车削倒角
	N40 Z−58	车削φ38 的外圆
精车	M03 S1200	提高主轴转速,1200r/min
	G00 Z2	定位精车起点
	G00 X14	垂直移动到最低处
	G01 Z0 F40	接触工件
	G03 X26 Z−31.52 R19	车削φ38 的逆时针圆弧
	G01 Z−50	车削φ26 的外圆
	X36	车削φ38 的外圆右端面
	X38 Z−51	车削倒角
	Z−58	车削φ38 的外圆
	G00 X200 Z200	快速退刀
结束	M05	主轴停
	M30	程序结束

5. 刀具路径及切削验证（见图 3.60）

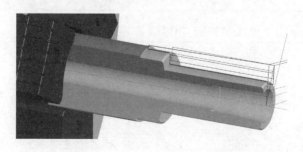

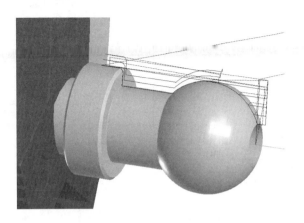

图 3.60　刀具路径及切削验证

十六、螺纹特型机械轴零件

1. 学习目的

① 思考和熟练掌握每一次装夹的位置和加工范围，设计最合理的加工工艺。

② 熟练掌握通过三角函数计算角度的方法。

视频演示-1　视频演示-2

③ 熟练掌握通过内外径粗车循环 G71 编程的方法。

④ 掌握实现多个类型的槽的编程方法。

⑤ 学习如何对螺纹进行编程。

⑥ 掌握实现钻孔的编程方法。

⑦ 能迅速构建编程所使用的模型。

2. 加工图纸及要求

数控车削加工如图 3.61 所示的零件，编制其加工的数控程序。

3. 工艺分析和模型

（1）工艺分析

该零件由内外圆柱面、顺圆弧、逆圆弧、斜锥面、多组槽、螺纹等表面组成，零件图尺寸标注完整，符合数控加工尺寸标注要求；轮廓描述清楚完整；零件材料为 45 钢，切削加工性能较好，无热处理

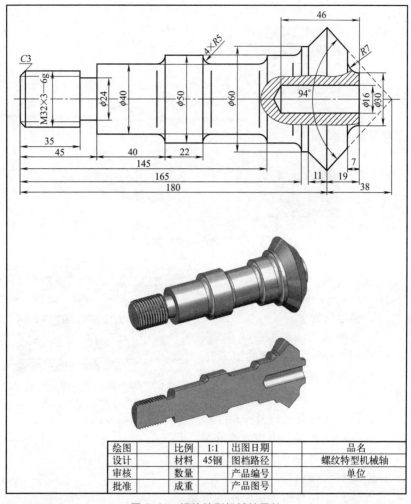

绘图		比例	1:1	出图日期		品名	
设计		材料	45钢	图档路径		螺纹特型机械轴	
审核		数量		产品编号		单位	
批准		成重		产品图号			

图 3.61 螺纹特型机械轴零件

和硬度要求。

（2）毛坯选择

零件材料为 45 钢，ϕ45mm 棒料。

（3）刀具选择（见表 3.16）

（4）几何模型

本例题需要两次装夹，轮廓部分采用 G71 的循环编程，其两次装夹的加工路径的模型设计见图 3.62、图 3.63。

表 3.10　刀具选择

刀具号	刀具规格名称	加工内容	刀具特征	备注
T01	硬质合金35°外圆车刀	车端面及车轮廓		
T02	切断刀(切槽刀)	切槽	宽5mm	
T03	螺纹刀	外螺纹	60°牙型角	
T04	钻头	钻孔	118°麻花钻	

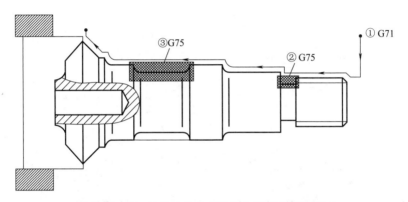

图 3.62　第一次装夹的几何模型和编程路径示意图

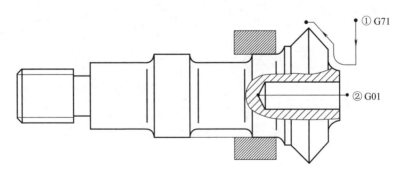

图 3.63　第二次掉头装夹的几何模型和编程路径示意图

(5) 数学计算

本题需要计算锥面关键点的坐标值,可采用三角函数、勾股定理等几何知识计算,也可使用计算机制图软件(如 AutoCAD、UG、Mastercam、SolidWorks 等)的标注方法来计算。

4. 数控程序

(1) 第一次装夹的 FANUC 程序

开始	M03 S800	主轴正转,800r/min
	T0101	换 1 号外圆车刀
	G98	指定走刀按照 mm/min 进给
端面	G00 X90 Z0	快速定位工件端面上方
	G01 X0 F80	车端面,走刀速度 80mm/min
G71 粗车循环	G00 X90 Z3	快速定位循环起点
	G71 U3 R1	X 向每次吃刀量 3,退刀为 1
	G71 P10 Q20 U0.4 W0.1 F100	循环程序段 10～20
外轮廓	N10 G00 X26	垂直移动到最低处,不能有 Z 值
	G01 Z0	接触工件
	X32 Z−3	车削倒角
	Z−45	车削 $\phi 32$ 的外圆
	X40	车削 $\phi 40$ 的外圆右端面
	Z−80	车削 $\phi 40$ 的外圆
	G02 X50 Z−85 R5	车削 $R5$ 的圆角
	G01 Z−160	车削 $\phi 50$ 的外圆
	G02 X60 Z−165 R5	车削 $R5$ 的圆角
	G01 Z−169	车削 $\phi 60$ 的外圆
	X81.5 Z−180	斜向车削锥面
	N20 X85	抬刀
精车	M03 S1200	提高主轴转速,1200r/min
	G70 P10 Q20 F40	精车
	G00 X200 Z200	快速退刀
退刀槽	M03 S800	主轴正转,800r/min
	T0202	换切断刀,即切槽刀
	G00 X44 Z−40	定位切槽循环起点
	G75 R1	G75 切槽循环固定格式
	G75 X24 Z−45 P3000 Q2000 R0 F20	G75 切槽循环固定格式
U 形槽和两侧圆角	G00 X53	抬刀
	Z−117	定位切槽循环起点
	G75 R1	G75 切槽循环固定格式
	G75 X40 Z−140 P3000 Q2000 R0 F20	G75 切槽循环固定格式
	G00 Z−145	定位左侧圆角上方
	G01 X50 F80	接触工件
	G03 X40 Z−140 R5 F15	车削左侧圆角
	G00 X53	抬刀

U 形槽和两侧圆角	Z−112	定位右侧圆角上方
	G01 X50 F80	接触工件
	G02 X40 Z−117 R5 F15	车削右侧圆角
	G01 Z−140 F30	精修槽底
	X53 F200	抬刀
	G00 X200 Z200	快速退刀
外螺纹	T0303	换 03 号螺纹刀
	G00X35 Z3	定位到第 1 个螺纹循环起点
	G76 P010060 Q150 R0.1	G76 螺纹循环固定格式
	G76 X28.752 Z−43 P1624 Q800 R0 F3	G76 螺纹循环固定格式
	G00 X200 Z200	快速退刀
结束	M05	主轴停
	M30	程序结束

（2）第二次掉头装夹的 FANUC 程序

开始	M03 S800	主轴正转,800r/min
	T0101	换 1 号外圆车刀
	G98	指定走刀按照 mm/min 进给
端面	G00 X90 Z0	快速定位工件端面上方
	G01 X0 F80	车端面,走刀速度 80mm/min
G71 粗车循环	G00 X90 Z3	快速定位循环起点
	G71 U3 R1	X 向每次吃刀量 3,退刀为 1
	G71 P10 Q20 U0.4 W0.1 F100	循环程序段 10～20
外轮廓	N10 G00 X30	垂直移动到最低处,不能有 Z 值
	G01 Z0	接触工件
	G02 X44 Z−7 R7	车削 R7 的顺时针圆弧
	G01X55.763	车削锥面的右端面
	X81.5 Z−19	斜向车削锥面
	N20Z−25	多车一刀,避免飞边
精车	M03 S1200	提高主轴转速,1200r/min
	G70 P10 Q20 F40	精车
	G00 X200 Z200	快速退刀
钻孔	T0404	换 04 号钻头
	M03 S800	主轴正转,800r/min
	G00 X0 Z2	定位孔
	G01 Z−50.250 F15	钻孔
	Z2 F100	退出孔刀
	G00 X200 Z200	快速退刀
结束	M05	主轴停
	M30	程序结束

5. 刀具路径及切削验证（见图 3.64）

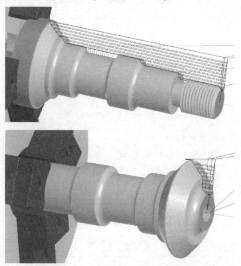

图 3.64　刀具路径及切削验证

十七、螺纹等距槽双孔配合件

1. 学习目的

① 思考和熟练掌握每一次装夹的位置和加工范围，设计最合理的加工工艺。

视频演示-1　视频演示-2　视频演示-2

② 思考圆弧如何计算。

③ 熟练掌握通过三角函数计算角度的方法。

④ 熟练掌握通过内外径粗车循环 G71、复合轮廓粗车循环 G73 和 G01 联合编程的方法。

⑤ 掌握实现等距槽的编程方法。

⑥ 学习如何对螺纹进行编程。

⑦ 掌握实现钻孔和内圆的编程方法。

⑧ 能迅速构建编程所使用的模型。

2. 加工图纸及要求

数控车削加工如图 3.65 所示的零件，编制其加工的数控程序。

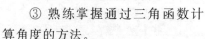

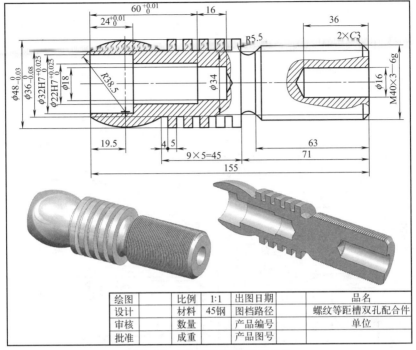

绘图		比例	1:1	出图日期		品名	
设计		材料	45钢	图档路径		螺纹等距槽双孔配合件	
审核		数量		产品编号		单位	
批准		成重		产品图号			

图 3.65　螺纹等距槽双孔配合件

3. 工艺分析和模型

(1) 工艺分析

该零件表面由内外圆柱面、逆圆弧、多组槽、螺纹等表面组成，零件图尺寸标注完整，符合数控加工尺寸标注要求；轮廓描述清楚完整；零件材料为 45 钢，切削加工性能较好，无热处理和硬度要求。

(2) 毛坯选择

零件材料为 45 钢，ϕ50mm 棒料。

(3) 刀具选择（见表 3.17）

表 3.17　刀具选择

刀具号	刀具规格名称	加工内容	刀具特征	备注
T01	硬质合金 35°外圆车刀	车端面及车轮廓		
T02	切断刀（切槽刀）	切槽	宽 4mm	
T03	螺纹刀	外螺纹	60°牙型角	
T04	钻头	钻孔	118°麻花钻 ϕ16mm	
T05	内圆车刀	车内圆轮廓	水平安装	刀刃与 X 轴平行

（4）几何模型

本例题需要两次装夹，轮廓部分采用 G71 和 G73 的循环联合编程，其两次装夹的加工路径的模型设计见图 3.66、图 3.67。

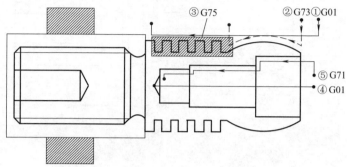

图 3.66　第一次装夹的几何模型和编程路径示意图

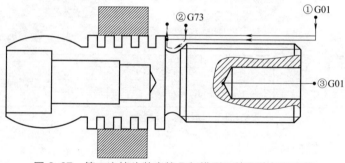

图 3.67　第二次掉头装夹的几何模型和编程路径示意图

（5）数学计算

本题需要计算圆弧的坐标值，可采用三角函数、勾股定理等几何知识计算，也可使用计算机制图软件（如 AutoCAD、UG、Mastercam、SolidWorks 等）的标注方法来计算。

4. 数控程序

（1）第一次装夹的 FANUC 程序

开始	M03 S800	主轴正转,800r/min
	T0101	换 1 号外圆车刀
	G98	指定走刀按照 mm/min 进给
端面	G00 X55 Z0	快速定位工件端面上方
	G01 X0 F80	车端面,走刀速度 80mm/min
外圆	G00 X48 Z3	快速定位
	G01 Z−84	车削 φ48 的外圆
	X48	抬刀

G73 粗车 循环	G00 X48 Z2	快速定位循环起点
	G73 U3 W1 R2	G73 粗车循环,循环 2 次
	G73 P10 Q20 U0.2 W0 F80	循环程序段 10～20
外轮廓	N10 G00 X36	快速定位到圆弧顶点右侧
	G01 Z－0	接触工件
	G03 X36 Z－39 R38.5	车削 φ38.5 的逆时针圆弧
	N20 G01 X48	抬刀
精车	M03 S1200	提高主轴转速,1200r/min
	G70 P10 Q20 F40	精车
	G00 X200 Z200	快速退刀
等距槽	M03 S800	主轴正转,800r/min
	T0202	换切断刀,即切槽刀
	G00 X52 Z－43	定位切槽循环起点
	G75 R1	G75 切槽循环固定格式
	G75 X36 Z－79 P3000 Q9000 R0 F20	G75 切槽循环固定格式
	G00 X200 Z200	快速退刀
钻孔	T0404	换 04 号钻头
	G00 X0 Z2	定位孔
	G01 Z－80 F15	钻孔
	Z2 F100	退出孔
	G00 X200 Z200	快速退刀
G71 粗车 循环	T0505	换 5 号内圆车刀
	G00 X10 Z3	快速定位循环起点
	G71 U3 R0.5	X 向每次吃刀量3,退刀为1
	G71 P30 Q40 U－0.4 W0 F80	循环程序段 30～40
内轮廓	N30 G00 X32	垂直移动到最高处,不能有 Z 值
	G01 Z－24	车削 φ32 的内圆
	X22	车削 φ22 的内圆右端面
	Z－60	车削 φ22 的内圆
	X18	车削 φ18 的内圆右端面
	Z－76	车削 φ18 的内圆
	N40 X10	车削内孔底面
精车	M03 S1200	提高主轴转速,1200r/min
	G70 P30 Q40F30	精车
	G00 X200 Z200	快速退刀
结束	M05	主轴停
	M30	程序结束

（2）第二次掉头装夹的 FANUC 程序

开始	M03 S800	主轴正转，800r/min
	T0101	换 1 号外圆车刀
	G98	指定走刀按照 mm/min 进给
端面	G00 X55 Z0	快速定位工件端面上方
	G01 X0 F80	车端面，走刀速度 80mm/min
外圆轮廓	G00 X44 Z3	快速定位外圆第 1 刀
	G01 Z−71 F100	车削 φ48 的外圆
	X50	抬刀
	G00 Z3	快速退刀
	X40	快速定位外圆第 2 刀
	G01 Z−71 F100	车削 φ44 的外圆
	X50	抬刀
	G00 Z3	快速退刀
倒角	X34	定位在倒角右侧
	G01 Z0 F100	接触工件
	X40 Z−3	车削倒角
	X44	抬刀
G73 粗车循环	G00 Z−60	快速定位循环起点
	G73 U3 W0 R2	G73 粗车循环，循环 2 次
	G73 P10 Q20 U0.2 W0.2F80	循环程序段 10～20
内轮廓	N10 G00 X40	快速定位到圆弧顶点右侧
	G01 X34 Z−63	接触工件
	G02 X34 Z−71 R5.5	车削 R5.5 的顺时针圆弧
	N20 G01 X40	抬刀
精车	M03 S1200	提高主轴转速，1200r/min
	G70 P10 Q20 F40	精车
	G00 X200 Z200	快速退刀
外螺纹	T0303	换 03 号螺纹刀
	G00X43 Z3	定位到第 1 个螺纹循环起点
	G76 P010060 Q150 R0.1	G76 螺纹循环固定格式
	G76 X36.752 Z−65 P1624 Q800 R0 F3	G76 螺纹循环固定格式
	G00 X200 Z200	快速退刀
钻孔	T0404	换 04 号钻头
	M03 S800	主轴正转，800r/min
	G00 X0 Z2	定位孔
	G01 Z−40 F15	钻孔
	Z2 F100	退出孔
	G00 X200 Z200	快速退刀
结束	M05	主轴停
	M30	程序结束

5. 刀具路径及切削验证（见图 3.68）

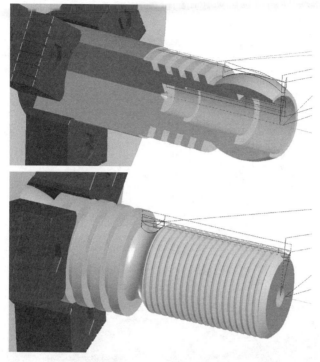

图 3.68　刀具路径及切削验证

十八、等距槽螺纹特型孔轴零件

1. 学习目的

① 思考和熟练掌握每一次装夹的位置和加工范围，设计最合理的加工工艺。

视频演示-1　视频演示-2　视频演示-3

② 思考圆弧如何计算。

③ 熟练掌握通过三角函数计算角度的方法。

④ 熟练掌握通过内外径粗车循环 G71 和复合轮廓粗车循环 G73 联合编程的方法。

⑤ 掌握实现等距槽和退刀槽的编程方法。

⑥ 学习如何对螺纹进行编程。

⑦ 掌握实现钻孔和内圆的编程方法。

⑧ 能迅速构建编程所使用的模型。

2. 加工图纸及要求

数控车削加工如图 3.69 所示的零件，编制其加工的数控程序。

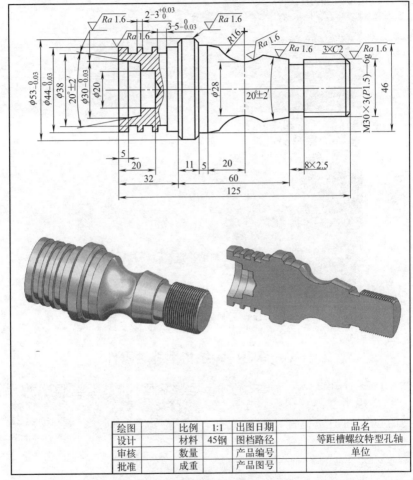

绘图		比例	1:1	出图日期		品名	
设计		材料	45钢	图档路径		等距槽螺纹特型孔轴	
审核		数量		产品编号		单位	
批准		成重		产品图号			

图 3.69　等距槽螺纹特型孔轴零件

3. 工艺分析和模型

(1) 工艺分析

该零件由内外圆柱面、顺圆弧、斜锥面、多组槽、螺纹等表面组成，零件图尺寸标注完整，符合数控加工尺寸标注要求；轮廓描述清楚完整；零件材料为 45 钢，切削加工性能较好，无热处理和硬度要求。

（2）毛坯选择

零件材料为 45 钢，ϕ55mm 棒料。

（3）刀具选择（见表 3.18）

表 3.18　刀具选择

刀具号	刀具规格名称	加工内容	刀具特征	备注
T01	硬质合金 35°外圆车刀	车端面及车轮廓		
T02	切断刀（切槽刀）	切槽	宽 3mm	
T03	螺纹刀	外螺纹	60°牙型角	
T04	钻头	钻孔	118°麻花钻	
T05	内圆车刀	车内圆轮廓	水平安装	刀刃与 X 轴平行

（4）几何模型

本例题需要两次装夹，轮廓部分采用 G71 和 G73 的循环联合编程，其两次装夹的加工路径的模型设计见图 3.70、图 3.71。

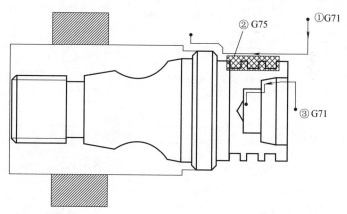

图 3.70　第一次装夹的几何模型和编程路径示意图

（5）数学计算

本题需要计算圆弧的坐标值和锥面关键点的坐标值，可采用三角函数、勾股定理等几何知识计算，也可使用计算机制图软件（如 AutoCAD、UG、Mastercam、SolidWorks 等）的标注方法来计算。

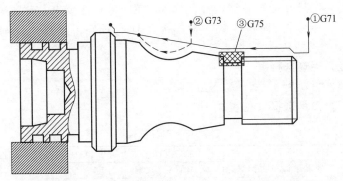

图 3.71　第二次掉头装夹的几何模型和编程路径示意图

4. 数控程序
(1) 第一次装夹的 FANUC 程序

开始	M03 S800	主轴正转,800r/min
	T0101	换 1 号外圆车刀
	G98	指定走刀按照 mm/min 进给
端面	G00 X60 Z0	快速定位工件端面上方
	G01 X0 F80	车端面,走刀速度 80mm/min
G71 粗车循环	G00 X60 Z3	快速定位循环起点
	G71 U3 R1	X 向每次吃刀量 3,退刀为 1
	G71 P10 Q20 U0.4 W0.1 F100	循环程序段 10～20
外轮廓	N10 G00 X44	垂直移动到最低处,不能有 Z 值
	G01 Z-32	车削 $\phi44$ 的外圆
	X49	车削 $\phi53$ 的外圆右端面
	X53 Z-34	车削倒角
	Z-43	车削 $\phi53$ 的外圆
	N20 X55	抬刀
精车	M03 S1200	提高主轴转速,1200r/min
	G70 P10 Q20F40	精车
	G00 X200 Z200	快速退刀
等距宽槽	M03 S800	主轴正转,800r/min
	T0202	换切断刀,即切槽刀
	G00 X48 Z-8	定位等距宽槽第 1 刀的循环起点
	G75 R1	G75 切槽循环固定格式
	G75 X38 Z-24 P3000 Q8000 R0 F20	G75 切槽循环固定格式
	G00 X48 Z-10	定位等距宽槽第 2 刀的循环起点
	G75 R1	G75 切槽循环固定格式

	G75 H00 Z－26 P3000 Q8000 R0 F20	G75 切槽循环固定格式
等距宽槽	G00 X200 Z200	快速退刀
	T0404	换 04 号钻头
	G00 X0 Z2	定位孔
钻孔	G01 Z－23 F15	钻孔
	Z2 F100	退出孔
	G00 X200 Z200	快速退刀
	T0505	换 5 号内圆车刀
G71 粗车 循环	G00 X8 Z3	快速定位循环起点
	G71 U3 R0.5	X 向每次吃刀量 3,退刀为 1
	G71 P30 Q40 U－0.4 W0.1 F80	循环程序段 30～40
	N30 G00 X30	垂直移动到最高处,不能有 Z 值
	G01 Z－5	车削 $\phi30$ 的内圆
内轮廓	X27.531 Z－12	斜向车削锥面
	X20	车削 $\phi20$ 的内圆右端面
	Z－20	车削 $\phi20$ 的内圆
	N40 X8	车削内孔底面
精车	M03 S1200	提高主轴转速,1200r/min
	G70 P30 Q40 F30	精车
	G00 X200 Z200	快速退刀
结束	M05	主轴停
	M30	程序结束

(2) 第二次掉头装夹的 FANUC 程序

	M03 S800	主轴正转,800r/min
开始	T0101	换 1 号外圆车刀
	G98	指定走刀按照 mm/min 进给
端面	G00 X60 Z0	快速定位工件端面上方
	G01 X0 F80	车端面,走刀速度 80mm/min
G71 粗车 循环	G00 X60 Z3	快速定位循环起点
	G71 U3 R1	X 向每次吃刀量 3,退刀为 1
	G71 P10 Q20 U0.4 W0.1 F100	循环程序段 10～20
	N10 G00 X26	垂直移动到最低处,不能有 Z 值
	G01 Z0	接触工件
外轮廓	X30 Z－2	车削倒角
	Z－25	车削 $\phi30$ 的外圆
	X30.483 Z－33	斜向车削到锥面右端

	X46 Z−77	斜向车削锥面
外轮廓	Z−82	车削 φ46 的外圆
	X49	车削 φ53 的外圆右端面
	N20 X53 Z−84	车削倒角
精车	M03 S1200	提高主轴转速,1200r/min
	G70 P10 Q20F40	精车
G73 粗车循环	M03 S800	主轴正转,800r/min
	G00 X38 Z−46.798	快速定位循环起点
	G73 U3 W1 R3	G73 粗车循环,循环 3 次
	G73 P30 Q40 U0.2 W0.2F80	循环程序段 30~40
曲线轮廓	N30G01 X35.349	定位到圆弧右侧
	N40G02 X43.814 Z−70.802 R16	车削 R8 的顺时针圆弧
精车	M03 S1200	提高主轴转速,1200r/min
	G70 P30 Q40F40	精车
	G00 X200 Z200	快速退刀
退刀槽	T0202	换切断刀,即切槽刀
	M03S800	主轴正转,800r/min
	G00 X32 Z−28	定位切槽循环起点
	G75 R1	G75 切槽循环固定格式
	G75 X25 Z−33 P3000 Q2000 R0 F20	G75 切槽循环固定格式
	G00 X200 Z200	快速退刀
多头螺纹	T0303	换 03 号螺纹刀
	G00X33 Z3	定位到螺纹循环起点
	G92X29.2Z−27 F3 L1	G92 螺纹循环,多头螺纹第 1 头,第 1 层
	X28.5	第 2 层
	X28.376	第 3 层
	G92 X29.2Z−27 F3 L2	G92 螺纹循环,多头螺纹第 2 头,第 1 层
	X28.5	第 2 层
	X28.376	第 3 层
	G00X200Z200	快速退刀
结束	M05	主轴停
	M30	程序结束

5. 刀具路径及切削验证（图 3.72）

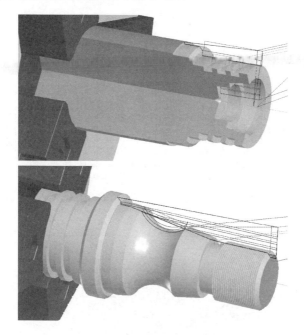

图 3.72　刀具路径及切削验证

十九、双螺纹配合特型轴零件

1. 学习目的

① 思考和熟练掌握每一次装夹的位置和加工范围，设计最合理的加工工艺。

② 思考头部圆弧如何计算。

视频演示-1　视频演示-2

③ 熟练掌握通过三角函数计算角度的方法。

④ 熟练掌握通过内外径粗车循环 G71 编程的方法。

⑤ 掌握实现等距槽和退刀槽的编程方法。

⑥ 学习如何对螺纹进行编程。

⑦ 能迅速构建编程所使用的模型。

2. 加工图纸及要求

数控车削加工如图 3.73 所示的零件，编制其加工的数控程序。

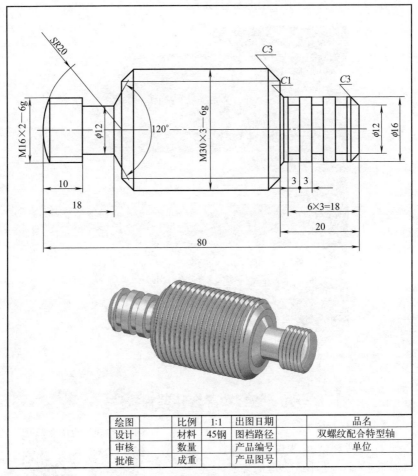

图 3.73 双螺纹配合特型轴零件

3. 工艺分析和模型

(1) 工艺分析

该零件由外圆柱面、斜锥面、多组槽、螺纹等表面组成，零件图尺寸标注完整，符合数控加工尺寸标注要求；轮廓描述清楚完整；零件材料为 45 钢，切削加工性能较好，无热处理和硬度要求。

(2) 毛坯选择

零件材料为 45 钢，ϕ32mm 棒料。

(3) 刀具选择 （见表 3.19）

表 3.19　刀具选择

刀具号	刀具规格名称	加工内容	刀具特征	备注
T01	硬质合金 35°外圆车刀	车端面及车轮廓		
T02	切断刀（切槽刀）	切槽	宽 3mm	
T03	螺纹刀	外螺纹	60°牙型角	

(4) 几何模型

本例题需要两次装夹，轮廓部分采用 G71 和 G75 的循环联合编程，其两次装夹的加工路径的模型设计见图 3.74、图 3.75。

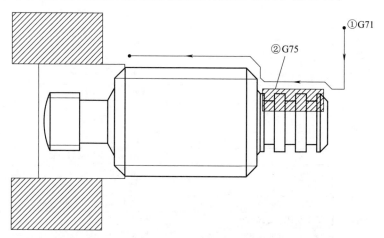

图 3.74　第一次装夹的几何模型和编程路径示意图

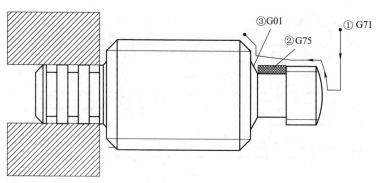

图 3.75　第二次掉头装夹的几何模型和编程路径示意图

（5）数学计算

本题需要计算圆弧的坐标值，可采用三角函数、勾股定理等几何知识计算，也可使用计算机制图软件（如 AutoCAD、UG、Mastercam、SolidWorks 等）的标注方法来计算。

4. 数控程序

（1）第一次装夹的 FANUC 程序

开始	M03 S800	主轴正转,800r/min
	T0101	换 1 号外圆车刀
	G98	指定走刀按照 mm/min 进给
端面	G00 X35 Z0	快速定位工件端面上方
	G01 X0 F80	车端面,走刀速度 80mm/min
G71 粗车循环	G00 X35 Z3	快速定位循环起点
	G71 U3 R1	X 向每次吃刀量 3,退刀为 1
	G71 P10 Q20 U0.4 W0.1 F100	循环程序段 10～20
外轮廓	N10 G00 X12	垂直移动到最低处,不能有 Z 值
	G01 Z0	接触工件
	X16 Z−2	车削倒角
	Z−19	车削 $\phi 16$ 的外圆
	X18 Z−20	车削倒角
	X24	车削 $\phi 30$ 的外圆右端面
	X30 Z−23	车削倒角
	N20 Z−61	车削 $\phi 30$ 的外圆
精车	M03 S1200	提高主轴转速,1200r/min
	G70 P10 Q20F40	精车
	G00 X200 Z200	快速退刀
等距槽	M03 S800	主轴正转,800r/min
	T0202	换切断刀,即切槽刀
	G00 X18 Z−6	定位切槽循环起点
	G75 R1	G75 切槽循环固定格式
	G75 X12 Z−18 P3000 Q6000 R0 F20	G75 切槽循环固定格式
	G00 X200 Z200	快速退刀
结束	M05	主轴停
	M30	程序结束

（2）第二次掉头装夹的 FANUC 程序

开始	M03 S800	主轴正转,800r/min
	T0101	换 1 号外圆车刀
	G98	指定走刀按照 mm/min 进给

G71 粗车 循环	G00 X35 Z3	快速定位循环起点
	G71 U3 R1	X 向每次吃刀量 3,退刀为 1
	G71 P10 Q20 U0.4 W0.1 F100	循环程序段 10~20
外轮廓	N10 G00 X0	垂直移动到最低处,不能有 Z 值
	G01 Z0	接触工件
	G03 X16 Z−1.67 R20	车削 R20 的逆时针圆弧
	G01 Z−10	车削 φ16 的外圆
	X18.928 Z−20	车削至斜面左侧
	X24	车削 φ30 的外圆右端面
	N20 X30 Z−23	车削倒角
精车	M03 S1200	提高主轴转速,1200r/min
	G70 P10 Q20F40	精车
退刀槽	M03 S800	主轴正转,800r/min
	T0202	换切断刀,即切槽刀
	G00 18 Z−13	定位切槽循环起点
	G75 R1	G75 切槽循环固定格式
	G75 X12 Z−18 P3000 Q2000 R0 F20	G75 切槽循环固定格式
	G01 X18.928 Z−20	定位在斜面上方
	G01 X12 Z−18 F40	车削 120°斜面
	X20	抬刀
	G00 X20 Z−18	退刀
	G00 X200 Z200	快速退刀
外螺纹	T0303	换 03 号螺纹刀
	G00X19 Z3	定位到第 1 个螺纹循环起点
	G76 P010060 Q100 R0.1	G76 螺纹循环固定格式
	G76 X13.835 Z−13 P1083 Q500 R0 F2	G76 螺纹循环固定格式
	G00 X33	快速退刀
	Z−17	定位到第 2 个螺纹循环起点
	G76 P010060 Q150 R0.1	G76 螺纹循环固定格式
	G76 X26.752 Z−62 P1624 Q800 R0 F3	G76 螺纹循环固定格式
	G00 X200 Z200	快速退刀
结束	M05	主轴停
	M30	程序结束

5. 刀具路径及切削验证（见图 3.76）

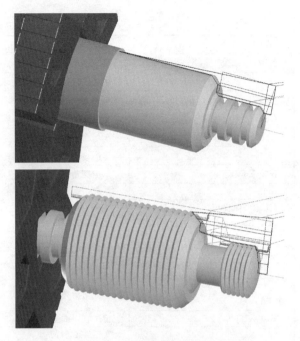

图 3.76　刀具路径及切削验证

二十、螺纹定位腰轴零件

1. 学习目的

① 思考和熟练掌握每一次装夹的位置和加工范围，设计最合理的加工工艺。

② 思考尾部圆弧如何计算。

③ 熟练掌握通过三角函数计算角度的方法。

④ 熟练掌握通过内外径粗车循环 G71 编程的方法。

⑤ 掌握实现退刀槽的编程方法。

⑥ 学习如何对多头螺纹进行编程。

⑦ 能迅速构建编程所使用的模型。

视频演示-1　视频演示-2

2. 加工图纸及要求

数控车削加工如图 3.77 所示的零件，编制其加工的数控程序。

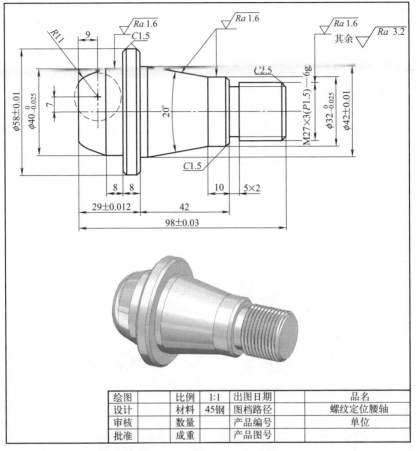

绘图		比例	1:1	出图日期		品名	
设计		材料	45钢	图档路径		螺纹定位腰轴	
审核		数量		产品编号		单位	
批准		成重		产品图号			

图 3.77 螺纹定位腰轴零件

3. 工艺分析和模型

(1) 工艺分析

该零件由外圆柱面、逆圆弧、斜锥面、槽、螺纹等表面组成，零件图尺寸标注完整，符合数控加工尺寸标注要求；轮廓描述清楚完整；零件材料为 45 钢，切削加工性能较好，无热处理和硬度要求。

(2) 毛坯选择

零件材料为 45 钢，$\phi 60\text{mm}$ 棒料。

(3) 刀具选择（见表 3.20）

表 3.20　刀具选择

刀具号	刀具规格名称	加工内容	刀具特征	备注
T01	硬质合金 35°外圆车刀	车端面及车轮廓		
T02	切断刀（切槽刀）	切槽	宽 3mm	
T03	螺纹刀	外螺纹	60°牙型角	

(4) 几何模型

本例题需要两次装夹，轮廓部分采用 G71 的循环编程，其两次装夹的加工路径的模型设计见图 3.78、图 3.79。

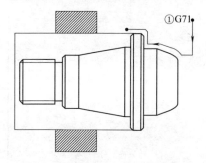

图 3.78　第一次装夹的几何模型和编程路径示意图

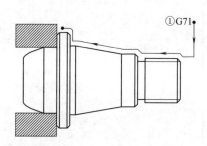

图 3.79　第二次掉头装夹的几何模型和编程路径示意图

(5) 数学计算

本题需要计算圆弧的坐标值和锥面关键点的坐标值，可采用三角函数、勾股定理等几何知识计算，也可使用计算机制图软件（如 AutoCAD、UG、Mastercam、SolidWorks 等）的标注方法来计算。

4. 数控程序

(1) 第一次装夹的 FANUC 程序

开始	M03 S800	主轴正转，800r/min
	T0101	换 1 号外圆车刀
	G98	指定走刀按照 mm/min 进给
端面	G00 X65 Z0	快速定位工件端面上方
	G01 X0 F80	车端面，走刀速度 80mm/min
G71 粗车循环	G00 X65 Z3	快速定位循环起点
	G71 U3 R1	X 向每次吃刀量 3，退刀为 1
	G71 P10 Q20 U0.4 W0.1 F100	循环程序段 10～20

	N10 G00 X26.649	垂直移动到最低处,不能有 Z 值
	G01 Z0	接触工件
	G03 X34.811 Z-5.432 R11	车削倒角
外轮廓	G01 X40 Z-13	斜向车削锥面
	Z-21	车削 φ40 的外圆
	X55	车削 φ58 的外圆右端面
	X58 Z-22.5	车削倒角
	N20 Z-32	车削 φ58 的外圆
	M03 S1200	提高主轴转速,1200r/min
精车	G70 P10 Q20F40	精车
	G00 X200 Z200	快速退刀
结束	M05	主轴停
	M30	程序结束

(2) 第二次掉头装夹的 FANUC 程序

	M03 S800	主轴正转,800r/min
开始	T0101	换 1 号外圆车刀
	G98	指定走刀按照 mm/min 进给
端面	G00 X65 Z0	快速定位工件端面上方
	G01 X0 F80	车端面,走刀速度 80mm/min
G71 粗车	G00 X60 Z3	快速定位循环起点
循环	G71 U3 R1	X 向每次吃刀量 3,退刀为 1
	G71 P10 Q20 U0.4 W0.1 F100	循环程序段 10~20
	N10 G00 X23	垂直移动到最低处,不能有 Z 值
	G01 Z0	接触工件
	X27 Z-2	车削倒角
	Z-22	车削 φ30 的外圆
	X29 Z-27	斜向车削到倒角右端
外轮廓	X32 Z-28.5	车削倒角
	Z-37	车削 φ32 的外圆
	X42 Z-65.356	斜向车削锥面
	Z-69	车削 φ42 的外圆
	X55	车削 φ58 的外圆右端面
	X58 Z-70.5	车削倒角
	N20 Z-75.5	车削 φ58 的外圆
精车	M03 S1200	提高主轴转速,1200r/min
	G70 P10 Q20F40	精车
退刀槽	M03 S800	主轴正转,800r/min
	T0202	换切断刀,即切槽刀

	G00 X30Z－25	定位槽第 1 刀位置
	G01 X23 F20	切槽
	X30 F100	抬刀
退刀槽	G00 Z－27 F80	定位槽第 2 刀位置
	G01 X23 F20	切槽
	X30 F100	抬刀
	G00 X200 Z200	快速退刀
	T0303	换 03 号螺纹刀
	G00X30 Z3	定位到螺纹循环起点
	G92X26.2Z－24.5 F3 L1	G92 螺纹循环,多头螺纹第1头,第1层
	X25.5	第 2 层
多头螺纹	X25.376	第 3 层
	G92 X26.2Z－24.5 F3 L2	G92 螺纹循环,多头螺纹第2头,第1层
	X25.5	第 2 层
	X25.376	第 3 层
	G00X200Z200	快速退刀
结束	M05	主轴停
	M30	程序结束

5. 刀具路径及切削验证（见图 3.80）

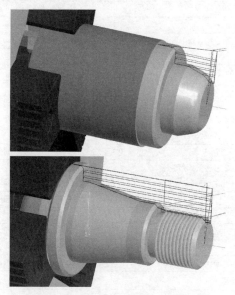

图 3.80　刀具路径及切削验证

二十一、球头多槽机械孔轴零件

1. 学习目的

① 思考和熟练掌握每一次装夹的位置和加工范围，设计最合理的加工工艺。

视频演示-1　视频演示-2　视频演示-3

② 思考球头部分和尾部圆弧如何计算。

③ 熟练掌握通过三角函数计算角度的方法。

④ 熟练掌握通过内外径粗车循环 G71 编程的方法。

⑤ 掌握实现等距宽槽的编程方法。

⑥ 掌握实现钻孔和内圆的编程方法。

⑦ 能迅速构建编程所使用的模型。

2. 加工图纸及要求

数控车削加工如图 3.81 所示零件外轮廓，试编制其加工宏程序。

3. 工艺分析和模型

(1) 工艺分析

该零件由内外圆柱面、顺圆弧、逆圆弧、斜锥面、多组槽等表面组成，零件图尺寸标注完整，符合数控加工尺寸标注要求；轮廓描述清楚完整；零件材料为 45 钢，切削加工性能较好，无热处理和硬度要求。

(2) 毛坯选择

零件材料为 45 钢，ϕ45mm 棒料。

(3) 刀具选择 （见表 3.21）

表 3.21　刀具选择

刀具号	刀具规格名称	加工内容	刀具特征	备注
T01	硬质合金 35°外圆车刀	车端面及车轮廓		
T02	切断刀（切槽刀）	切断	宽 3mm	
T03	—			
T04	钻头	钻孔	118°麻花钻	
T05	内圆车刀	车内圆轮廓	水平安装	刀刃与 X 轴平行
T06	内螺纹刀	内螺纹	60°牙型角	
T07	内割刀	切内轮廓的槽	宽 3mm	

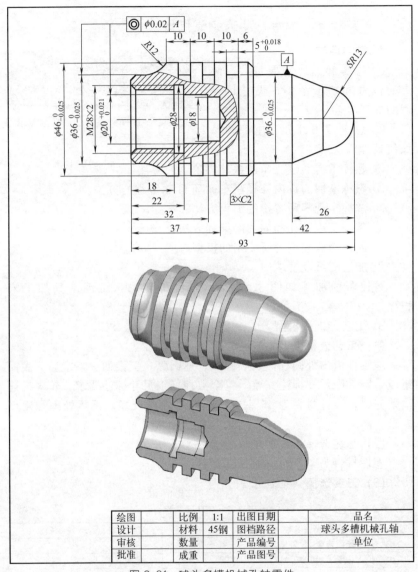

绘图		比例	1:1	出图日期		品名	
设计		材料	45钢	图档路径		球头多槽机械孔轴	
审核		数量		产品编号		单位	
批准		成重		产品图号			

图 3.81　球头多槽机械孔轴零件

(4) 几何模型

　　本例题需要两次装夹，轮廓部分采用 G71 的循环编程，其两次装夹的加工路径的模型设计见图 3.82、图 3.83。

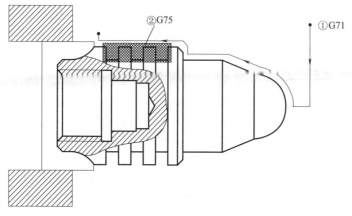

图 3.82　第一次装夹的几何模型和编程路径示意图

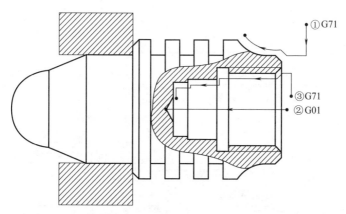

图 3.83　第二次掉头装夹的几何模型和编程路径示意图

(5) 数学计算

本题需要计算圆弧的坐标值，可采用三角函数、勾股定理等几何知识计算，也可使用计算机制图软件（如 AutoCAD、UG、Mastercam、SolidWorks 等）的标注方法来计算。

4. 数控程序

(1) 第一次装夹的 FANUC 程序

开始	M03 S800	主轴正转，800r/min
	T0101	换 1 号外圆车刀
	G98	指定走刀按照 mm/min 进给

端面	G00 X55 Z0	快速定位工件端面上方
	G01 X0　F80	车端面,走刀速度 80mm/min
G71 粗车循环	G00 X55 Z3	快速定位循环起点
	G71 U3 R1	X 向每次吃刀量 3,退刀为 1
	G71 P10 Q20 U0.4 W0.1 F100	循环程序段 10～20
外轮廓	N10 G00 X0	垂直移动到最低处,不能有 Z 值
	G01 Z0	接触工件
	G03 X26 Z－13 R13	车削 R8 的逆时针圆弧
	G01 X36 Z－26	斜向车削锥面
	Z－42	车削 φ42 的外圆
	X42	车削 φ46 的外圆右端面
	X46 Z－44	车削倒角
	N20 Z－78	车削 φ46 的外圆
精车	M03 S1200	提高主轴转速,1200r/min
	G70 P10 Q20 F40	精车
	G00 X200 Z200	快速退刀
等距宽槽	M03S800	降低主轴转速,800r/min
	T0202	换 02 号切槽刀
	G00 X50 Z－52	快速定位至槽上方,切削第 1 刀槽
	G75 R1	G75 切槽循环固定格式
	G75 X36 Z－71 P3000 Q10000 R0 F20	G75 切槽循环固定格式
	G00 X50 Z－53	快速定位至槽上方,切削第 2 刀槽
	G75 R1	G75 切槽循环固定格式
	G75 X36 Z－73 P3000 Q10000 R0 F20	G75 切槽循环固定格式
	G00 X200 Z200	快速退刀
结束	M05	主轴停
	M30	程序结束

（2）第二次掉头装夹的 FANUC 程序

开始	M03 S800	主轴正转,800r/min
	T0101	换 1 号外圆车刀
	G98	指定走刀按照 mm/min 进给
端面	G00 X55 Z0	快速定位工件端面上方
	G01 X0　F80	车端面,走刀速度 80mm/min
G71 粗车循环	G00 X55Z3	快速定位循环起点
	G71 U3 R1	X 向每次吃刀量 3,退刀为 1
	G71 P10 Q20 U0.4 W0.1 F100	循环程序段 10～20

	N10 G00 X32	垂直移动到最低处,不能有 Z 值
外轮廓	G01 I30	接触工件
	X36 Z−2	车削倒角
	Z−5.253	车削 φ36 的外圆
	N20 G02 X46 Z−15 R12	车削 R12 的顺时针圆弧
精车	M03 S1200	提高主轴转速,1200r/min
	G70 P10 Q20 F40	精车
	G00 X200 Z200	快速退刀
钻孔	T0404	换 04 号钻头
	M03 S800	主轴正转,800r/min
	G00 X0 Z2	定位孔
	G01 Z−40 F15	钻孔
	Z2 F100	退出孔
	G00 X200 Z200	快速退刀
G71 粗车循环	T0505	换 5 号内圆车刀
	G00 X8 Z3	快速定位循环起点
	G71 U3 R1	X 向每次吃刀量3,退刀为1
	G71 P30 Q40 U−0.4 W0.1 F80	循环程序段 30~40
内轮廓	N30 G00 X28	垂直移动到内圆最高处,不能有 Z 值
	G01 Z0	接触工件
	X24 Z−2	车削倒角
	Z−22	车削 φ24 的内圆
	X20	车削 φ20 的内圆的右端面
	Z−32	车削 φ20 的内圆
	X18	车削 φ18 的内圆的右端面
	Z−37	车削 φ18 的内圆
	N40 X10	降刀
精车	M03 S1200	提高主轴转速,1200r/min
	G70 P30 Q40 F30	精车
	G00 X200 Z200	快速退刀
退刀槽	M03S800	降低主轴转速,800r/min
	T0606	换 06 号内螺纹刀
	G00 X18 Z2	快速移动至内圆外部
	G01 Z−22 F100	定位在槽的下方
	G01 X28 F15	切槽
	X18F100	降刀
	Z2 F300	退出内圆
	G00 X200 Z200	快速退刀

	T0707	换 07 号内割刀
内螺纹	G00 X20 Z3	定位到第 1 个螺纹循环起点
	G76 P010460 Q100R0.1	G76 螺纹循环固定格式
	G76 X28 Z－20 P1083 Q500 R0 F2	G76 螺纹循环固定格式
	G00 X200 Z200	快速退刀
结束	M05	主轴停
	M30	程序结束

5. 刀具路径及切削过程（见图 3.84）

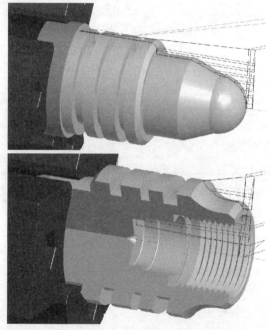

图 3.84　刀具路径及切削验证

二十二、阶台配合中间轴零件

1. 学习目的

① 思考和熟练掌握每一次装夹的位置和加工范围，设计最合理的加工工艺。

② 思考中间两段圆弧如何计算。

视频演示-1　视频演示-2

③ 熟练掌握通过内外径粗车循环 G71 编程的方法。

④ 掌握实现宽槽的编程方法。

⑤ 学习如何对多头螺纹进行编程。

⑥ 掌握实现钻孔和内圆的编程方法。

⑦ 能迅速构建编程所使用的模型。

2. 加工图纸及要求

数控车削加工如图 3.85 所示的零件，编制其加工的数控程序。

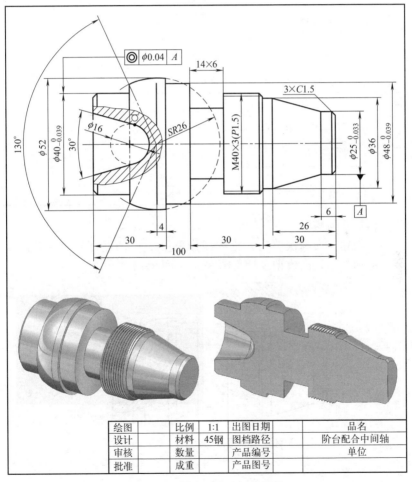

图 3.85　阶台配合中间轴零件

3. 工艺分析和模型

(1) 工艺分析

该零件由内外圆柱面、逆圆弧、斜锥面、多组槽、螺纹等表面组成，零件图尺寸标注完整，符合数控加工尺寸标注要求；轮廓描述清楚完整；零件材料为 45 钢，切削加工性能较好，无热处理和硬度要求。

(2) 毛坯选择

零件材料为 45 钢，ϕ55mm 棒料。

(3) 刀具选择 （见表 3.22）

表 3.22　刀具选择

刀具号	刀具规格名称	加工内容	刀具特征	备注
T01	硬质合金 35°外圆车刀	车端面及车轮廓		
T02	切断刀（切槽刀）	切断	宽 3mm	
T03	螺纹刀	外螺纹	60°牙型角	
T04	钻头	钻孔	118°麻花钻	
T05	内圆车刀	车内圆轮廓	水平安装	刀刃与 Z 轴平行
T06	—	—	—	
T07	内割刀	切内轮廓的槽	宽 3mm	

(4) 几何模型

本例题需要两次装夹，轮廓部分采用 G71 的循环编程，其两次装夹的加工路径的模型设计见图 3.86、图 3.87。

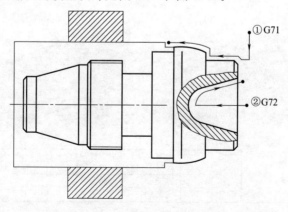

图 3.86　第一次装夹的几何模型和编程路径示意图

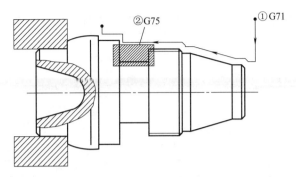

图 3.87 第二次掉头装夹的几何模型和编程路径示意图

(5) 数学计算

本题需要计算圆弧的坐标值,可采用三角函数、勾股定理等几何知识计算,也可使用计算机制图软件(如 AutoCAD、UG、Master-cam、SolidWorks 等)的标注方法来计算。

4. 数控程序

(1) 第一次装夹的 FANUC 程序

开始	M03 S800	主轴正转,800r/min
	T0101	换 1 号外圆车刀
	G98	指定走刀按照 mm/min 进给
端面	G00 X60 Z0	快速定位工件端面上方
	G01 X0 F80	车端面,走刀速度 80mm/min
G71 粗车循环	G00 X60 Z3	快速定位循环起点
	G71 U3 R1	X 向每次吃刀量 3,退刀为 1
	G71 P10 Q20 U0.4 W0.1 F100	循环程序段 10~20
外轮廓	N10 G00 X37	垂直移动到最低处,不能有 Z 值
	G01 Z0	接触工件
	X40 Z−1.5	车削倒角
	Z−15.012	车削 $\phi40$ 的外圆
	X47.128	车削至圆弧右侧
	G03 X52 Z−26 R26	车削 $R26$ 的逆时针圆弧
	N20 G01 Z−32	车削 $\phi52$ 的外圆
精车	M03 S1200	提高主轴转速,1200r/min
	G70 P10 Q20F40	精车
	G00 X200 Z200	快速退刀
钻孔	M03 S800	主轴正转,800r/min
	T0404	换 04 号钻头

钻孔	G00 X0 Z2	定位孔
	G01 Z−23.012 F15	钻孔
	Z2 F100	退出孔
	G00 X200 Z200	快速退刀
G72 粗车循环	T0505	换5号水平内圆车刀
	G00 X0 Z2	定位循环起点
	G72 W3R1	Z向每次吃刀量为3,退刀为1
	G72 P30 Q40 U−0.2 W0.2 F60	循环程序段30～40
内轮廓	N30 G01 Z−23.012	移动到里处,不能有 X 值
	G02 X15.455 Z−17.802 R8	车削φ16的圆弧
	N40 G01 X24.609 Z0	斜向车削内锥面
精车	M03 S1200	提高主轴转速,1200r/min
	G70 P30 Q40 F30	精车
	G00X200Z200	快速退刀
结束	M05	主轴停
	M30	程序结束

(2) 第二次掉头装夹的 FANUC 程序

开始	M03 S800	主轴正转,800r/min
	T0101	换1号外圆车刀
	G98	指定走刀按照 mm/min 进给
端面	G00 X60 Z0	快速定位工件端面上方
	G01 X0 F80	车端面,走刀速度80mm/min
G71 粗车循环	G00 X60 Z3	快速定位循环起点
	G71 U3 R1	X 向每次吃刀量3,退刀为1
	G71 P10 Q20 U0.4 W0.1 F100	循环程序段10～20
外轮廓	N10 G00 X22	垂直移动到最低处,不能有 Z 值
	G01 Z0	接触工件
	X25 Z−1.5	车削倒角
	Z−6	车削φ25的外圆
	X36 Z−26	斜向车削锥面
	Z−30	车削φ36的外圆
	X37	车削螺纹右端面
	X40 Z−31.5	车削倒角
	Z−60	车削φ40的外圆
	X48	车削φ48的外圆右端面
	Z−70	车削φ48的外圆
	N20 X52	车削φ52的外圆右端面

	M03 S1200	提高主轴转速,1200r/min
精车	G70 P10 Q20 F40	精车
	G00 X200 Z200	快速退刀
	M03 S800	主轴正转,800r/min
	T0202	换切断刀,即切槽刀
	G00 X44 Z-49	定位切槽循环起点
宽槽	G75 R1	G75 切槽循环固定格式
	G75 X28 Z-60 P3000 Q2000 R0 F20	G75 切槽循环固定格式
	G00 X200 Z200	快速退刀
	T0303	换 03 号螺纹刀
	G00X43 Z27	定位到螺纹循环起点
	G92X39.2Z-47 F3 L1	G92 螺纹循环,多头螺纹第 1 头,第 1 层
	X38.5	第 2 层
多头螺纹	X38.376	第 3 层
	G92 X39.2Z-47 F3 L2	G92 螺纹循环,多头螺纹第 2 头,第 1 层
	X38.5	第 2 层
	X38.376	第 3 层
	G00X200Z200	快速退刀
结束	M05	主轴停
	M30	程序结束

5. 刀具路径及切削验证（见图 3.88）

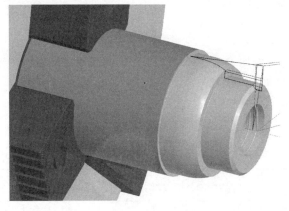

图 3.88

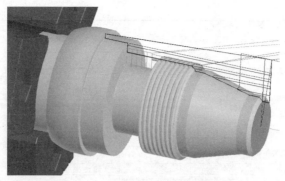

图 3.88　刀具路径及切削验证

二十三、双球头特型轴零件

1. 学习目的

① 思考和熟练掌握每一次装夹的位置和加工范围，设计最合理的加工工艺。

视频演示-1　视频演示-2

② 思考两头的球体如何装夹和计算。

③ 熟练掌握腰部多层阶台的编程方法。

④ 熟练掌握通过内外径粗车循环 G71 编程的方法。

⑤ 能迅速构建编程所使用的模型。

2. 加工图纸及要求

数控车削加工如图 3.89 所示的零件，编制其加工的数控程序。

3. 工艺分析和模型

(1) 工艺分析

该零件由外圆柱面、圆弧、多组槽等表面组成，零件图尺寸标注完整，符合数控加工尺寸标注要求；轮廓描述清楚完整；零件材料为45 钢，切削加工性能较好，无热处理和硬度要求。

(2) 毛坯选择

零件材料为 45 钢，ϕ58mm 棒料。

(3) 刀具选择 （见表 3.23）

表 3.23　刀具选择

刀具号	刀具规格名称	加工内容	刀具特征	备注
T01	硬质合金 45°外圆车刀	车端面及车轮廓		
T02	切断刀（切槽刀）	切断	宽 3mm	

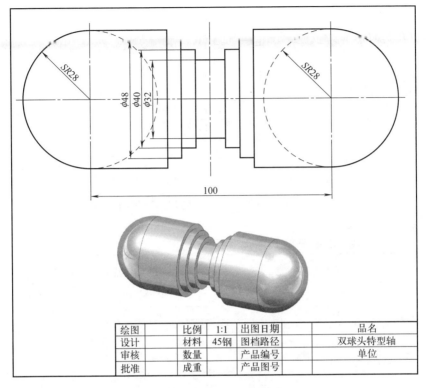

绘图		比例	1:1	出图日期		品名	
设计		材料	45钢	图档路径		双球头特型轴	
审核		数量		产品编号		单位	
批准		成重		产品图号			

图 3.89　双球头特型轴零件

（4）几何模型

本例题需要两次装夹，轮廓部分采用 G71 的循环编程，其两次装夹的加工路径的模型设计见图 3.90、图 3.91。

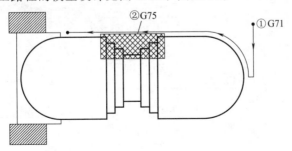

图 3.90　第一次装夹的几何模型和编程路径示意图

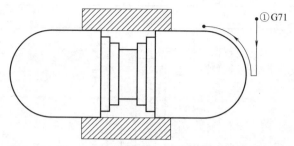

图 3.91　第二次掉头装夹的几何模型和编程路径示意图

(5) 数学计算

本题工件尺寸和坐标值明确，可直接进行编程。

4. 数控程序

(1) 第一次装夹的 FANUC 程序

开始	M03 S800	主轴正转，800r/min
	T0101	换 1 号外圆车刀
	G98	指定走刀按照 mm/min 进给
G71 粗车循环	G00 X60 Z3	快速定位循环起点
	G71 U3 R1	X 向每次吃刀量 3，退刀为 1
	G71 P10 Q20 U0.4 W0.1 F100	循环程序段 10～20
外轮廓	N10 G00 X0	垂直移动到最低处，不能有 Z 值
	G01 Z0	接触工件
	G03 X56 Z−28 R28	车削 R28 的逆时针圆弧
	N20 G01 Z−128	车削 φ56 的外圆
精车	M03 S1200	提高主轴转速，1200r/min
	G70 P10 Q20F40	精车
	G00 X200 Z200	快速退刀
3 层宽槽	M03 S800	主轴正转，800r/min
	T0202	换切断刀，即切槽刀
	G00 X60 Z−63	定位第 1 层槽循环起点
	G75 R1	G75 切槽循环固定格式
	G75 X48 Z−96 P3000 Q2000 R0 F20	G75 切槽循环固定格式
	G00 X56 Z−69	定位第 2 层槽循环起点
	G75 R1	G75 切槽循环固定格式
	G75 X40 Z−90 P3000 Q2000 R0 F20	G75 切槽循环固定格式
	G00 X44 Z−75	定位第 3 层槽循环起点
	G75 R1	G75 切槽循环固定格式
	G75 X32 Z−84 P3000 Q2000 R0 F20	G75 切槽循环固定格式
	G00 X60	抬刀
	G00X200Z200	快速退刀
结束	M05	主轴停
	M30	程序结束

(2) 第二次掉头装夹的 FANUC 程序

开始	M03 S800	主轴正转,800r/min
	T0101	换 1 号外圆车刀
	G98	指定走刀按照 mm/min 进给
G71 粗车循环	G00 X60 Z3	快速定位循环起点
	G71 U3 R1	X 向每次吃刀量 3,退刀为 1
	G71 P10 Q20 U0.4 W0.1 F100	循环程序段 10～20
外轮廓	N10 G00 X0	垂直移动到最低处,不能有 Z 值
	G01 Z0	接触工件
	G03 X56 Z-28 R28	车削 R28 的逆时针圆弧
	N20 G01 Z-35	多车一刀避免接刀痕
精车	M03 S1200	提高主轴转速,1200r/min
	G70 P10 Q20F40	精车
	G00 X200 Z200	快速退刀
结束	M05	主轴停
	M30	程序结束

5. 刀具路径及切削验证 (见图 3.92)

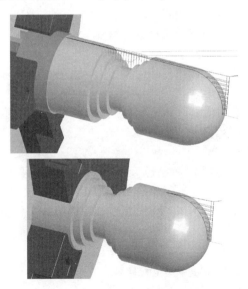

图 3.92　刀具路径及切削验证

第四章
轴套类零件

一、圆弧轴锥套零件

1. 学习目的

① 思考和熟练掌握每一次装夹的位置和加工范围，设计最合理的加工工艺。

视频演示-1　视频演示-2

② 思考外圆的圆弧如何计算。

③ 熟练掌握通过内外径粗车循环 G71，以及复合轮廓粗车循环 G73 编程的方法。

④ 掌握实现内圆的编程方法。

⑤ 学习如何对内圆的宽槽进行编程。

⑥ 熟练掌握内螺纹的编程方法。

⑦ 能迅速构建编程所使用的模型。

2. 加工图纸及要求

数控车削加工如图 4.1 所示的零件，编制其加工的数控程序。

3. 工艺分析和模型

（1）工艺分析

该零件由内外圆柱面、逆圆弧、斜锥面、槽、螺纹等表面组成，零件图尺寸标注完整，符合数控加工尺寸标注要求；轮廓描述清楚完整；零件材料为 45 钢，切削加工性能较好，无热处理和硬度要求。

（2）毛坯选择

零件材料为 45 钢，ϕ85mm 棒料。

（3）刀具选择（见表 4.1）

（4）几何模型

本例题一次性装夹，轮廓部分采用 G73 和 G71 的循环编程，其加工路径的模型设计见图 4.2。

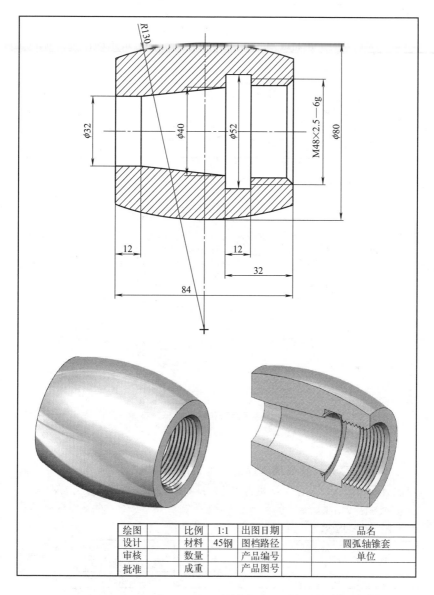

绘图		比例	1:1	出图日期		品名	
设计		材料	45钢	图档路径		圆弧轴锥套	
审核		数量		产品编号		单位	
批准		成重		产品图号			

图 4.1　圆弧轴锥套零件

表 4.1 刀具选择

刀具号	刀具规格名称	加工内容	刀具特征	备注
T01	硬质合金 35°外圆车刀	车端面及车轮廓		
T02	切断刀（切槽刀）	切断	宽 3mm	
T03	——			
T04	钻头	钻孔	118°麻花钻	ϕ10mm
T05	内圆车刀	车内圆轮廓	水平安装	刀刃与 X 轴平行
T06	内螺纹刀	内螺纹	60°牙型角	
T07	内割刀	切内轮廓的槽	宽 3mm	

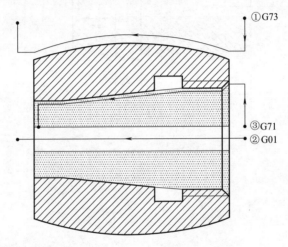

图 4.2 几何模型和编程路径示意图

(5) 数学计算

本题需要计算圆弧的坐标值，可采用三角函数、勾股定理等几何知识计算，也可使用计算机制图软件（如 AutoCAD、UG、Mastercam、SolidWorks 等）的标注方法来计算。

4. 数控程序

	M03 S800	主轴正转,800r/min
开始	T0101	换 1 号外圆车刀
	G98	指定走刀按照 mm/min 进给
端面	G00 X90 Z0	快速定位工件端面上方
	G01 X0 F80	车端面,走刀速度 80mm/min

G73 粗车循环	G00 X90Z3	快速定位循环起点
	G73 U4 W1 R?	G70粗车循环,循环次数
	G73 P10 Q20 U0.2 W0.2F80	循环程序段10～20
外轮廓	N10 G00 X66.057	快速定位到相切圆弧起点
	G01 Z0	接触工件
	G03 X66.057 Z－84 R130	车削R130球头的逆时针圆弧
	G01 Z－87	车削出切断位置
	N20 X90	抬刀
精车	M03 S1200	提高主轴转速,1200r/min
	G70 P10 Q20F40	精车
	G00 X200 Z200	快速退刀
钻孔	M03 S800	主轴正转,800r/min
	T0404	换04号钻头
	G00 X0 Z2	定位孔
	G01 Z－90 F15	钻孔
	Z2 F100	退出孔
	G00 X200 Z200	快速退刀
G71 粗车循环	T0505	换5号内圆车刀
	G00 X6 Z3	快速定位循环起点
	G71 U3 R1	X向每次吃刀量3,退刀为1
	G71 P30 Q40 U－0.4 W0.1 F80	循环程序段30～40
内轮廓	N30 G00 X48	垂直移动到最高处,不能有Z值
	G01 Z0	接触工件
	X42 Z－3	车削倒角
	Z－20	车削φ42的内圆
	X40 Z－32	斜向车削至锥面右侧
	X32 Z－72	斜向车削锥面
	Z－85	车削φ32的内圆
	N40X10	降刀
精车	M03 S1200	提高主轴转速,1200r/min
	G70 P30 Q40F30	精车
	G00 X200 Z200	快速退刀
退刀槽	M03 S800	主轴正转,800r/min
	T0707	换内割刀
	G00 X37	快速移动至内圆外侧
	Z－23	定位至切槽循环起点
	G75 R1	G75切槽循环固定格式
	G75 X52 Z－32 P3000 Q2000 R0 F20	G75切槽循环固定格式
	G00 Z2	退出内圆
	G00 X200 Z200	快速退刀

内螺纹	T0606	换 06 号内螺纹刀
	G00X38 Z3	定位到第 1 个螺纹循环起点
	G76 P010260 Q100R0.1	G76 螺纹循环固定格式
	G76 X48 Z−24 P1353Q600R0F2.5	G76 螺纹循环固定格式
	G00 X200 Z200	快速退刀
切断	T0202	换切断刀,即切槽刀
	M03S800	主轴正转,800r/min
	G00 X100 Z−87	快速定位至切断处
	G01 X32　　F20	切断
	G00 X200 Z200	快速退刀
结束	M05	主轴停
	M30	程序结束

5. 刀具路径及切削验证（见图 4.3）

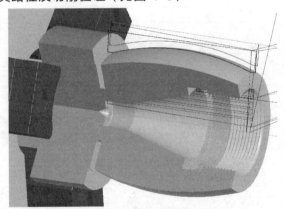

图 4.3　刀具路径及切削验证

二、阶台轮廓盘零件

1. 学习目的

① 思考和熟练掌握每一次装夹的位置和加工范围,设计最合理的加工工艺。

视频演示-1　视频演示-2　视频演示-3

② 思考大圆弧如何计算。

③ 熟练掌握通过内外径粗车循环 G71 编程的方法。

④ 掌握实现内圆的编程方法。

⑤ 能迅速构建编程所使用的模型。

2. 加工图纸及要求

数控车削加工如图 4.4 所示的零件，编制其加工的数控程序。

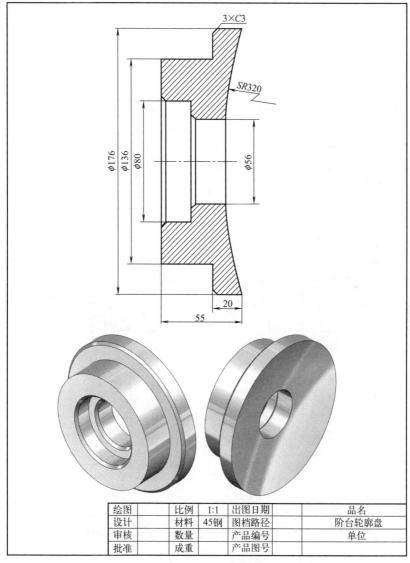

绘图		比例	1:1	出图日期		品名	
设计		材料	45钢	图档路径		阶台轮廓盘	
审核		数量		产品编号		单位	
批准		成重		产品图号			

图 4.4　阶台轮廓盘零件

3. 工艺分析和模型

(1) 工艺分析

该零件由内外圆柱面、大圆弧等表面组成，零件图尺寸标注完整，符合数控加工尺寸标注要求；轮廓描述清楚完整；零件材料为45钢，切削加工性能较好，无热处理和硬度要求。

(2) 毛坯选择

零件材料为45钢，$\phi178$mm 棒料。

(3) 刀具选择 （见表4.2）

表4.2 刀具选择

刀具号	刀具规格名称	加工内容	刀具特征	备注
T01	硬质合金35°外圆车刀	车端面及车轮廓		
T02	—			
T03	—	外螺纹	60°牙型角	
T04	钻头	钻孔	118°麻花钻	$\phi10$mm
T05	内圆车刀	车内圆轮廓	水平安装	刀刃与 X 轴平行
T06	内圆车刀	车内圆轮廓	水平安装	刀刃与 Z 轴平行

(4) 几何模型

本例题需要两次装夹，轮廓部分采用 G71、G01 的循环联合编程，其两次装夹的加工路径的模型设计见图4.5、图4.6。

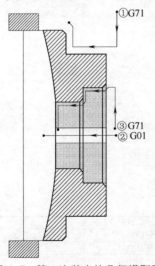

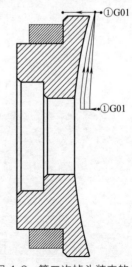

图4.5 第一次装夹的几何模型和
编程路径示意图

图4.6 第二次掉头装夹的几何
模型和编程路径示意图

（5）数学计算

本题需要计算圆弧的坐标值，可采用勾股定理等几何知识计算，也可使用计算机制图软件（如 AutoCAD、UG、Mastercam、Solid-Works 等）的标注方法来计算。

4. 数控程序

（1）第一次装夹的 FANUC 程序

开始	M03 S800	主轴正转,800r/min
	T0101	换 1 号外圆车刀
	G98	指定走刀按照 mm/min 进给
端面	G00 X180 Z0	快速定位工件端面上方
	G01 X0 F80	车端面,走刀速度 80mm/min
G71 粗车循环	G00 X180 Z3	快速定位循环起点
	G71 U3 R1	X 向每次吃刀量 3,退刀为 1
	G71 P10 Q20 U0.4 W0.1 F100	循环程序段 10～20
外轮廓	N10 G00 X136	垂直移动到最低处,不能有 Z 值
	G01 Z−35	车削 ϕ136 的外圆
	X170	车削 ϕ170 的外圆右端面
	N20 X176 Z−38	车削倒角
精车	M03 S1200	提高主轴转速,1200r/min
	G70 P10 Q20F40	精车
	M03 S800	主轴正转,800r/min
	G00 X200 Z200	快速退刀
钻孔	T0404	换 04 号钻头
	G00 X0 Z2	定位孔
	G01 Z−65 F15	钻孔
	Z2 F100	退出孔
	G00 X200 Z200	快速退刀
G71 粗车循环	T0505	换 5 号内圆车刀
	G00 X12 Z3	快速定位循环起点
	G71 U3 R1	X 向每次吃刀量 3,退刀为 1
	G71 P30 Q40 U−0.4 W0.1 F80	循环程序段 30～40
内轮廓	N30 G00 X86	垂直移动到内圆最高处,不能有 Z 值
	G01 Z0	接触工件
	X80 Z−3	车削倒角
	Z−20	车削 ϕ80 的内圆
	X62	车削 ϕ56 的内圆右端面
	X56 Z−23	车削倒角

内轮廓	Z－55	车削 $\phi56$ 的内圆
	N40 X6	降刀
精车	M03 S1200	提高主轴转速,1200r/min
	G70 P30 Q40F30	精车
	G00 X200 Z200	快速退刀
结束	M05	主轴停
	M30	程序结束

（2）第二次掉头装夹的 FANUC 程序

开始	M03 S800	主轴正转,800r/min
	T0101	换 1 号外圆车刀
	G98	指定走刀按照 mm/min 进给
外轮廓	G00 X176 Z3	快速定位到外圆右侧
	G01 Z－20	车削 $\phi176$ 的外圆
	G00 X200 Z200	快速退刀
端面	T0606	换 6 号内圆车刀
	G00 X52 Z2	快速移动到内圆外侧
	Z－4	定位第 1 层起点
	G01 X56 F80	接触工件
	G01 X176 Z0	车第 1 层
	G00 X52	快速移动到内圆外侧
	Z－8	定位第 2 层起点
	G01 X56 F80	接触工件
	G01 X176 Z0	车第 2 层
	G00 X52	快速移动到内圆外侧
	M03 S1200	提高主轴转速,1200r/min
	Z－11	定位第 3 层起点
	G01 X56 F80	接触工件
	G02 X176 Z0 R320 F30	车削 $R320$ 的顺时针圆弧,第 3 层
	G01 Z2 F300	退刀
	G00 X200 Z200	快速退刀
结束	M05	主轴停
	M30	程序结束

5. 刀具路径及切削验证（见图 4.7）

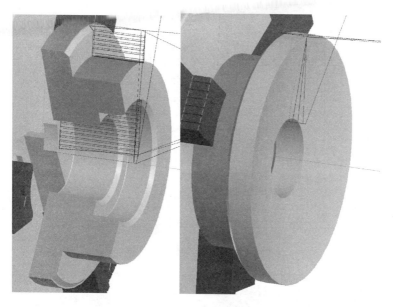

图 4.7　刀具路径及切削验证

三、滚花螺纹套零件

1. 学习目的

① 思考和熟练掌握每一次装夹的位置和加工范围，设计最合理的加工工艺。

视频演示-1　视频演示-2　视频演示-3　视频演示-4

② 熟练掌握宽槽的加工方法。

③ 熟练掌握通过内外径粗车循环 G71 编程的方法。

④ 掌握实现内圆的编程方法。

⑤ 熟练掌握内螺纹的编程方法。

⑥ 能迅速构建编程所使用的模型。

2. 加工图纸及要求

数控车削加工如图 4.8 所示的零件，编制其加工的数控程序。

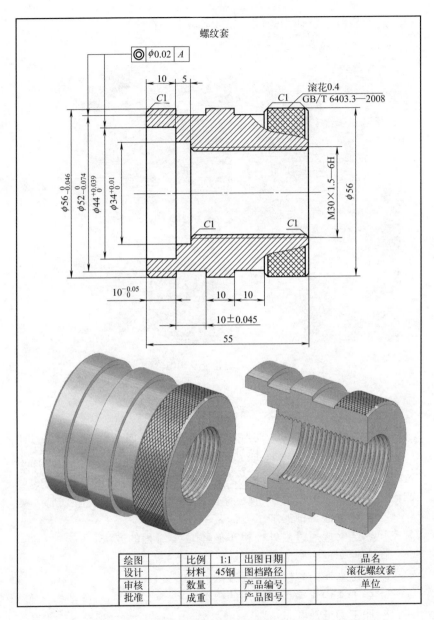

图 4.8 滚花螺纹套零件

3. 工艺分析和模型

(1) 工艺分析

该零件由内外圆柱面、多组槽、螺纹及滚花等表面组成，其中滚花表面不在编程范围内，零件图尺寸标注完整，符合数控加工尺寸标注要求；轮廓描述清楚完整；零件材料为 45 钢，切削加工性能较好，无热处理和硬度要求。

(2) 毛坯选择

零件材料为 45 钢，ϕ60mm 棒料。

(3) 刀具选择（见表 4.3）

表 4.3 刀具选择

刀具号	刀具规格名称	加工内容	刀具特征	备注
T01	硬质合金 35°外圆车刀	车端面及车轮廓		
T02	切断刀（切槽刀）	切槽	宽 3mm	
T03	—	外螺纹	60°牙型角	
T04	钻头	钻孔	118°麻花钻	ϕ10mm
T05	内圆车刀	车内圆轮廓	水平安装	刀刃与 X 轴平行
T06	内螺纹刀	内螺纹	60°牙型角	

(4) 几何模型

本例题需要两次装夹，轮廓部分采用 G71 的循环编程，其两次装夹的加工路径的模型设计见图 4.9、图 4.10。

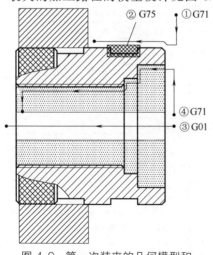

图 4.9 第一次装夹的几何模型和编程路径示意图

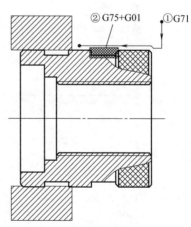

图 4.10 第二次掉头装夹的几何模型和编程路径示意图

(5) 数学计算

本题工件尺寸和坐标值明确，可直接进行编程。

4. 数控程序

(1) 第一次装夹的 FANUC 程序

开始	M03 S800	主轴正转,800r/min
	T0101	换 1 号外圆车刀
	G98	指定走刀按照 mm/min 进给
端面	G00 X65 Z0	快速定位工件端面上方
	G01 X0 F80	车端面,走刀速度 80mm/min
G71 粗车循环	G00 X60 Z3	快速定位循环起点
	G71 U3 R1	X 向每次吃刀量 3,退刀为 1
	G71 P10 Q20 U0.4 W0.1 F100	循环程序段 10～20
外轮廓	N10 G00 X54	垂直移动到最低处,不能有 Z 值
	G01 Z0	接触工件
	X56 Z－1	车削倒角
	N20 Z－32	车削 φ56 的外圆
精车	M03 S1200	提高主轴转速,1200r/min
	G70 P10 Q20 F40	精车
宽槽	M03 S800	主轴正转,800r/min
	G00 X200 Z200	快速退刀
	T0202	换切断刀,即切槽刀
	M03 S800	主轴正转,800r/min
	G00 X60 Z－13	定位切槽循环起点
	G75 R1	G75 切槽循环固定格式
	G75 X52 Z－20 P3000 Q2000 R0 F20	G75 切槽循环固定格式
	G00 X200 Z200	快速退刀
钻孔	T0404	换 04 号钻头
	G00 X0 Z2	定位孔
	G01 Z－60 F15	钻孔
	Z2 F100	退出孔
	G00 X200 Z200	快速退刀
G71 粗车循环	T0505	换 5 号内圆车刀
	G00 X12 Z3	快速定位循环起点
	G71 U3 R1	X 向每次吃刀量 3,退刀为 1
	G71 P30 Q40 U－0.4 W0.1 F80	循环程序段 30～40
内轮廓	N30 G00 X44	垂直移动到内圆最高处,不能有 Z 值

	G01 Z－10	接触工件
	Y?4	车削 φ34 的内圆右端面
内轮廓	Z－15	车削 φ34 的内圆
	X30	车削内圆最终端面
	X28 Z－16	车削倒角
	Z－57	车削 φ28 的内圆
	N40 X6	降刀
精车	M03 S1200	提高主轴转速,1200r/min
	G70 P30 Q40 F30	精车
	G00 X200 Z200	快速退刀
结束	M05	主轴停
	M30	程序结束

（2）第二次掉头装夹的 FANUC 程序

	M03 S800	主轴正转,800r/min
开始	T0101	换 1 号外圆车刀
	G98	指定走刀按照 mm/min 进给
端面	G00 X65 Z0	快速定位工件端面上方
	G01 X28 F80	车端面,走刀速度 80mm/min
G71 粗车循环	G00 X60 Z3	快速定位循环起点
	G71 U3 R1	X 向每次吃刀量3,退刀为1
	G71 P10 Q20 U0. 4 W0. 1 F100	循环程序段 10～20
外轮廓	N10 G00 X54	垂直移动到最低处,不能有 Z 值
	G01 Z0	接触工件
	X56 Z－1	车削倒角
	N20 Z－32	车削 φ56 的外圆
精车	M03 S1200	提高主轴转速,1200r/min
	G70 P10 Q20F40	精车
	M03 S800	主轴正转,800r/min
	G00 X200 Z200	快速退刀
宽槽	T0202	换切断刀,即切槽刀
	M03 S800	主轴正转,800r/min
	G00 X58 Z－18	定位切槽循环起点
	G75 R1	G75 切槽循环固定格式
	G75 X52 Z－25 P3000 Q2000 R0 F20	G75 切槽循环固定格式
滚花倒角	G00 Z－18	定位在倒角上方
	G01 X54 F80	接触工件
	X56 Z－17 F20	车削倒角

滚花倒角	G00 X60	抬刀
	G00 X200 Z200	快速退刀
内螺纹倒角	T0505	换 5 号内圆车刀
	G00 X30 Z3	快速定位循环起点
	G01 Z0	接触工件
	X28 Z−1	车削倒角
	Z3	退出内圆
	G00 X200 Z200	快速退刀
内螺纹	T0606	换 06 号内螺纹刀
	G00X26 Z3	定位到螺纹循环起点
	G76 P010260 Q100R0.1	G76 螺纹循环固定格式
	G76 X30 Z−43 P1083Q500R0F2	G76 螺纹循环固定格式
	G00 X200 Z200	快速退刀
结束	M05	主轴停
	M30	程序结束

5. 刀具路径及切削验证（见图 4.11）

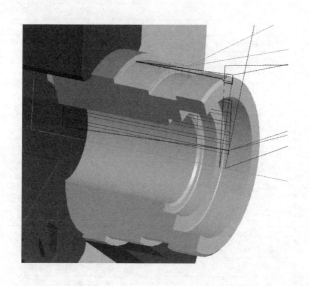

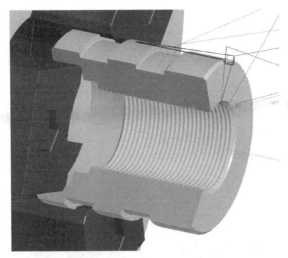

图 4.11 刀具路径及切削验证

四、定位配合销套零件

1. 学习目的

① 思考和熟练掌握每一次装夹的位置和加工范围，设计最合理的加工工艺。

② 思考内圆中间的圆弧如何计算。

视频演示-1　视频演示-2

③ 熟练掌握通过三角函数计算角度的方法。

④ 熟练掌握通过内外径粗车循环 G71 编程的方法。

⑤ 掌握实现内圆的编程方法。

⑥ 能迅速构建编程所使用的模型。

2. 加工图纸及要求

数控车削加工如图 4.12 所示的零件，编制其加工的数控程序。

3. 工艺分析和模型

(1) 工艺分析

该零件表面由内外圆柱面、顺圆弧、逆圆弧、斜锥面等表面组成，零件图尺寸标注完整，符合数控加工尺寸标注要求；轮廓描述清楚完整；零件材料为 45 钢，切削加工性能较好，无热处理和硬度要求。

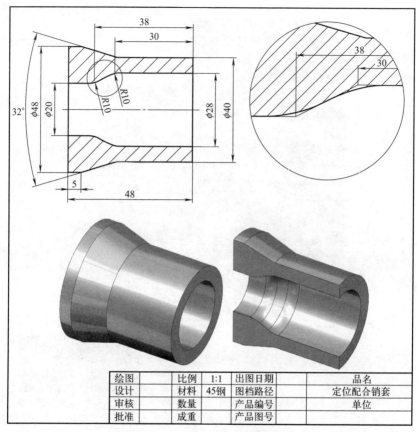

绘图		比例	1:1	出图日期		品名	
设计		材料	45钢	图档路径		定位配合销套	
审核		数量		产品编号		单位	
批准		成重		产品图号			

图 4.12　定位配合销套零件

(2) 毛坯选择

零件材料为 45 钢，ϕ50mm 棒料。

(3) 刀具选择（见表 4.4）

表 4.4　刀具选择

刀具号	刀具规格名称	加工内容	刀具特征	备注
T01	硬质合金 35°外圆车刀	车端面及车轮廓		
T02	—			
T03	—			
T04	钻头	钻孔	118°麻花钻	ϕ10mm
T05	内圆车刀	车内圆轮廓	水平安装	刀刃与 X 轴平行

(4) 几何模型

本例题一次性装夹，轮廓部分采用 G71 的循环编程，其加工路径的模型设计见图 4.13。

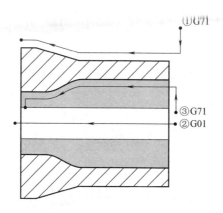

图 4.13　宏程序模型（参数程序模型）

(5) 数学计算

本题需要计算圆弧的坐标值和锥面关键点的坐标值，可采用三角函数、勾股定理等几何知识计算，也可使用计算机制图软件（如 AutoCAD、UG、Mastercam、SolidWorks 等）的标注方法来计算。

4. 数控程序

开始	M03 S800	主轴正转,800r/min
	T0101	换 1 号外圆车刀
	G98	指定走刀按照 mm/min 进给
端面	G00 X55 Z0	快速定位工件端面上方
	G01 X0 F80	车端面,走刀速度 80mm/min
G71 粗车循环	G00 X55 Z3	快速定位循环起点
	G71 U3 R1	X 向每次吃刀量 3,退刀为 1
	G71 P10 Q20 U0.4 W0.1 F100	循环程序段 10～20
外轮廓	N10 G00 X40	垂直移动到最低处,不能有 Z 值
	G01 Z−29.055	车削 $\phi40$ 的外圆
	X48 Z−43	斜向车削锥面
	N20 Z−48	车削 $\phi48$ 的外圆
精车	M03 S1200	提高主轴转速,1200r/min
	G70 P10 Q20F40	精车

精车	M03 S800	主轴正转,800r/min
	G00 X200 Z200	快速退刀
钻孔	T0404	换 04 号钻头
	G00 X0 Z2	定位孔
	G01 Z-60 F15	钻孔
	Z2 F100	退出孔
	G00 X200 Z200	快速退刀
G71 粗车循环	T0505	换 5 号内圆车刀
	G00 X12 Z3	快速定位循环起点
	G71 U3 R1	X 向每次吃刀量3,退刀为1
	G71 P30 Q40 U-0.4 W0.1 F80	循环程序段 30~40
内轮廓	N30 G00 X28	垂直移动到内圆最高处,不能有 Z 值
	G01 Z-27.639	车削 $\phi28$ 的内圆
	G03 X25.889 Z-32.111 R10	车削 R10 的逆时针圆弧
	G01 X22.111 Z-35.889	斜向车削锥面
	G02 X20 Z-40.361 R10	车削 R10 的顺时针圆弧
	G01 Z-50	车削 $\phi20$ 的内圆
	N40 X8	降刀
精车	M03 S1200	提高主轴转速,1200r/min
	G70 P30 Q40 F30	精车
	G00 X200 Z200	快速退刀
切断	T0202	换切断刀,即切槽刀
	M03S800	主轴正转,800r/min
	G00 X55 Z-51	快速定位至切断处
	G01 X20 F20	切断
	G00 X200 Z200	快速退刀
结束	M05	主轴停
	M30	程序结束

5. 刀具路径及切削验证（见图 4.14）

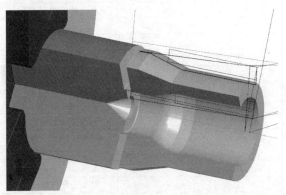

图 4.14 刀具路径及切削验证

五、圆弧阶台配合套零件

1. 学习目的

① 思考和熟练掌握每一次装夹的位置和加工范围，设计最合理的加工工艺。

视频演示-1　视频演示-2　视频演示-3　视频演示-4

② 思考大圆弧如何计算。

③ 熟练掌握通过内外径粗车循环 G71 和 G01 编程的方法。

④ 掌握实现内圆的编程方法。

⑤ 能迅速构建编程所使用的模型。

2. 加工图纸及要求

数控车削加工如图 4.15 所示的零件，编制其加工的数控程序。

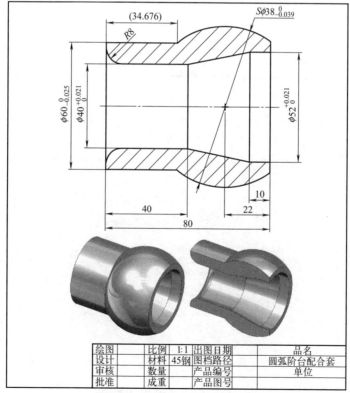

图 4.15　圆弧阶台配合套零件

3. 工艺分析和模型

(1) 工艺分析

该零件由内外圆柱面、顺圆弧、逆圆弧、斜锥面等表面组成，零件图尺寸标注完整，符合数控加工尺寸标注要求；轮廓描述清楚完整；零件材料为 45 钢，切削加工性能较好，无热处理和硬度要求。

(2) 毛坯选择

零件材料为 45 钢，ϕ80mm 棒料。

(3) 刀具选择（见表 4.5）

表 4.5　刀具选择

刀具号	刀具规格名称	加工内容	刀具特征	备注
T01	硬质合金 35°外圆车刀	车端面及车轮廓		
T02	—			
T03	—			
T04	钻头	钻孔	118°麻花钻	ϕ10mm
T05	内圆车刀	车内圆轮廓	水平安装	刀刃与 X 轴平行

(4) 几何模型

本例题需要两次装夹，轮廓部分采用 G71 的循环编程，其两次装夹的加工路径的模型设计见图 4.16、图 4.17。

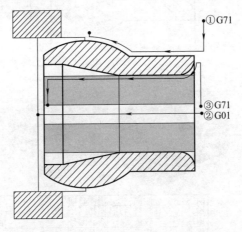

图 4.16　第一次装夹的几何模型和编程路径示意图

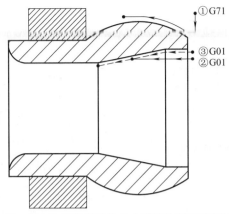

图 4.17　第二次掉头装夹的几何模型和编程路径示意图

（5）数学计算

本题需要计算圆弧的坐标值，可采用三角函数、勾股定理等几何知识计算，也可使用计算机制图软件（如 AutoCAD、UG、Mastercam、SolidWorks 等）的标注方法来计算。

4. 数控程序

（1）第一次装夹的 FANUC 程序

	M03 S800	主轴正转,800r/min
开始	T0101	换 1 号外圆车刀
	G98	指定走刀按照 mm/min 进给
端面	G00 X85 Z0	快速定位工件端面上方
	G01 X0　F80	车端面,走刀速度 80mm/min
G71 粗车循环	G00 X85 Z3	快速定位循环起点
	G71U3R1	X 向每次吃刀量 3,退刀为 1
	G71P10Q20U0.4 W0.1F100	循环程序段 10～20
外轮廓	N10 G00 X60	垂直移动到最低处,不能有 Z 值
	G01 Z−34.676	车削 $\phi60$ 的外圆
	G03 X76 Z−58.49 R38	车削 $R19$ 的逆时针圆弧
	N20 G01 X80	抬刀
精车	M03 S1200	提高主轴转速,1200r/min
	G70 P10 Q20 F40	精车
	G00 X200 Z200	快速退刀
钻孔	T0404	换 04 号钻头
	M03 S800	主轴正转,800r/min
	G00 X0 Z2	定位孔

钻孔	G01 Z－85 F15	钻孔
	Z2 F100	退出孔
	G00 X200 Z200	快速退刀
G71 粗车循环	T0505	换 5 号内圆车刀
	G00 X12 Z3	快速定位循环起点
	G71 U3 R1	X 向每次吃刀量 3,退刀为 1
	G71 P30 Q40 U－0.4 W0.1 F80	循环程序段 30～40
内轮廓	N30 G00 X56	垂直移动到内圆最高处,不能有 Z 值
	G01 Z0	接触工件
	G02 X40 Z－8 R8	车削 R8 的顺时针圆弧
	G01 Z－81	车削 ϕ40 的内圆
	N40 X8	降刀
精车	M03 S1200	提高主轴转速,1200r/min
	G70 P30 Q40 F30	精车
	G00 X200 Z200	快速退刀
结束	G00 X200 Z200	快速退刀
	M05	主轴停
	M30	程序结束

（2）第二次掉头装夹的 FANUC 程序

开始	M03 S800	主轴正转,800r/min
	T0101	换 1 号外圆车刀
	G98	指定走刀按照 mm/min 进给
端面	G00 X85 Z0	快速定位工件端面上方
	G01 X40　F80	车端面,走刀速度 80mm/min
G71 粗车循环	G00 X85 Z3	快速定位循环起点
	G71U3R1	X 向每次吃刀量 3,退刀为 1
	G71P10Q20U0.4 W0.1F100	循环程序段 10～20
轮廓	N10 G00 X61.968	垂直移动到最低处,不能有 Z 值
	G01 Z0	接触工件
	G03 X76 Z－22 R38	车削 R19 的逆时针圆弧
	N20 G01 Z－25	多车一刀,避免接刀痕
精车	M03 S1200	提高主轴转速,1200r/min
	G70 P10 Q20 F40	精车
	G00 X200 Z200	快速退刀
内轮廓	M03 S800	主轴正转,800r/min
	T0505	换 5 号内圆车刀
	G00 X46 Z2	快速定位第 1 刀起点

	G01 Z−24 F80	车削内圆第1刀的量
	X44	降刀
	G00 Z2	退出内圆
	X52	快速定位最终起点
内轮廓	M03 S1200	提高主轴转速,1200r/min
	G01 Z−10 F30	车削 $\phi52$ 的外圆
	X40 Z−40	斜向车削内圆锥面
	X38	降刀
	G00 Z2	退出内圆
结束	G00 X200 Z200	快速退刀
	M05	主轴停
	M30	程序结束

5. 刀具路径及切削验证（见图 4.18）

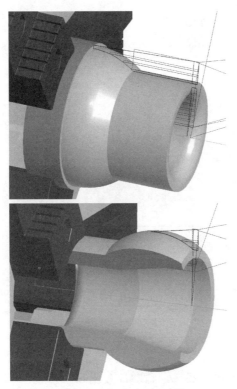

图 4.18　刀具路径及切削验证

六、定位盘配合零件

1. 学习目的

① 思考和熟练掌握每一次装夹的位置和加工范围，设计最合理的加工工艺。

视频演示-1　视频演示-2　视频演示-3　视频演示-4

② 思考中间的圆弧如何计算。

③ 熟练掌握通过三角函数计算角度的方法。

④ 熟练掌握通过内外径粗车循环 G71、复合轮廓粗车循环 G73 编程的方法。

⑤ 掌握实现内圆的编程方法。

⑥ 学习如何对螺纹进行编程。

⑦ 能迅速构建编程所使用的模型。

2. 加工图纸及要求

数控车削加工如图 4.19 所示的零件，编制其加工的数控程序。

3. 工艺分析和模型

(1) 工艺分析

该零件由内外圆柱面、顺圆弧、圆弧、螺纹等表面组成，零件图尺寸标注完整，符合数控加工尺寸标注要求；轮廓描述清楚完整；零件材料为 45 钢，切削加工性能较好，无热处理和硬度要求。

(2) 毛坯选择

零件材料为 45 钢，ϕ72mm 棒料。

(3) 刀具选择（见表 4.6）

表 4.6　刀具选择

刀具号	刀具规格名称	加工内容	刀具特征	备注
T01	硬质合金 35°外圆车刀	车端面及车轮廓		
T02	—			
T03	螺纹刀	外螺纹	60°牙型角	
T04	钻头	钻孔	118°麻花钻	ϕ10mm
T05	内圆车刀	车内圆轮廓	水平安装	刀刃与 X 轴平行

(4) 几何模型

本例题需要两次装夹，轮廓部分采用 G71 和 G73 的循环联合编程，其两次装夹的加工路径的模型设计见图 4.20、图 4.21。

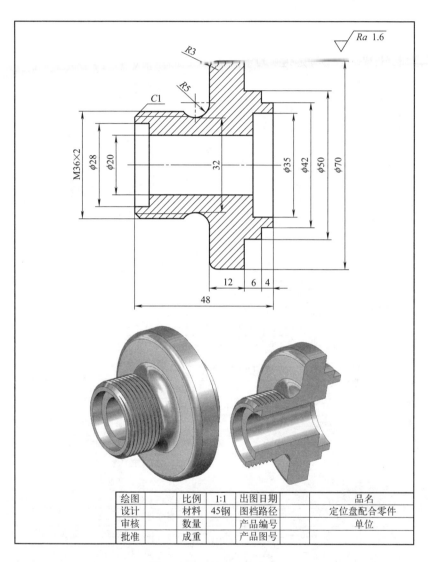

绘图		比例	1:1	出图日期		品名	
设计		材料	45钢	图档路径		定位盘配合零件	
审核		数量		产品编号		单位	
批准		成重		产品图号			

图 4.19　定位盘配合零件

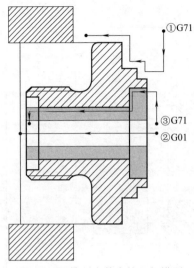

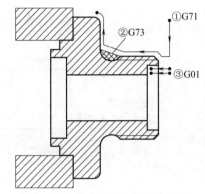

图 4.20　第一次装夹的几何模型　　　图 4.21　第二次掉头装夹的几何
　　　和编程路径示意图　　　　　　　模型和编程路径示意图

(5) 数学计算

本题工件尺寸和坐标值明确，可直接进行编程。

4. 数控程序

(1) 第一次装夹的 FANUC 程序

开始	M03 S800	主轴正转,800r/min
	T0101	换 1 号外圆车刀
	G98	指定走刀按照 mm/min 进给
端面	G00 X75 Z0	快速定位工件端面上方
	G01 X0　F80	车端面,走刀速度 80mm/min
G71 粗车循环	G00 X75 Z3	快速定位循环起点
	G71U3R1	X 向每次吃刀量 3,退刀为 1
	G71P10Q20U0.4 W0.1F100	循环程序段 10～20
外轮廓	N10 G00 X42	垂直移动到最低处,不能有 Z 值
	G01 Z−4	车削 $\phi42$ 的外圆
	X50	车削 $\phi50$ 的外圆右端面
	Z−10	车削 $\phi50$ 的外圆
	X70	车削 $\phi70$ 的外圆右端面
	N20 Z−24	车削 $\phi70$ 的外圆

精车	M03 S1200	提高主轴转速,1200r/min
	G70 P10 Q20 F40	精车
	G00 X200 Z300	快速退刀
钻孔	T0404	换 04 号钻头
	M03 S800	主轴正转,800r/min
	G00 X0 Z2	定位孔
	G01 Z－55 F15	钻孔
	Z2 F100	退出孔
	G00 X200 Z200	快速退刀
G71 粗车循环	T0505	换 5 号内圆车刀
	G00 X12 Z3	快速定位循环起点
	G71 U3 R1	X 向每次吃刀量 3,退刀为 1
	G71 P30 Q40 U－0.4 W0.1 F80	循环程序段 30～40
内轮廓	N30 G00 X35	垂直移动到内圆最高处,不能有 Z 值
	G01 Z－7	车削 ϕ35 的内圆
	X20	车削 ϕ20 的内圆右端面
	Z－48	车削 ϕ20 的内圆
	N40 X8	降刀
精车	M03 S1200	提高主轴转速,1200r/min
	G70 P30 Q40 F30	精车
	G00 X200 Z200	快速退刀
结束	M05	主轴停
	M30	程序结束

（2）第二次掉头装夹的 FANUC 程序

开始	M03 S800	主轴正转,800r/min
	T0101	换 1 号外圆车刀
	G98	指定走刀按照 mm/min 进给
端面	G00 X75 Z0	快速定位工件端面上方
	G01 X20　F80	车端面,走刀速度 80mm/min
G71 粗车循环	G00 X75 Z3	快速定位循环起点
	G71U3R1	X 向每次吃刀量 3,退刀为 1
	G71P10Q20U0.4 W0.1F100	循环程序段 10～20
外轮廓	N10 G00 X32	垂直移动到最低处,不能有 Z 值
	G01 Z0	接触工件
	X36 Z－1	车削倒角
	Z－17	车削 ϕ50 的内圆
	X42 Z－26	斜向车削至圆弧左侧

外轮廓	X64	车削 $\phi70$ 的外圆右端面
	N20 G03 X70 Z－29 R3	车削圆角
精车	M03 S1200	提高主轴转速,1200r/min
	G70 P10 Q20 F40	精车
G73 粗车循环	G00 X40 Z－17	快速定位循环起点
	G73 U7 W1 R3	G73 粗车循环,循环 4 次
	G73 P30 Q40 U0.2 W0.2F80	循环程序段 30～40
外轮廓	N30 G01 X36	接触工件
	N40 G02 X42 Z－26 R5	车削 $R5$ 的逆时针圆弧
精车	M03 S1200	提高主轴转速,1200r/min
	G70 P30 Q40F40	精车
	G00 X200 Z200	快速退刀
外螺纹	T0303	换 03 号螺纹刀
	G00X38 Z3	定位到螺纹循环起点
	G76 P010060 Q100R0.1	G76 螺纹循环固定格式
	G76 X33.835 Z－20 P1083 Q500R0F2	G76 螺纹循环固定格式
	G00 X200 Z200	快速退刀
内轮廓	T0505	换 5 号内圆车刀
	M03 S800	主轴正转,800r/min
	G00 X24 Z2	快速定位第 1 层内圆位置
	G01 Z－5 F80	车削第 1 层内圆
	X18	X 向退刀
	G00 Z2	退出内圆
	M03 S1200	提高主轴转速,1200r/min
	G00 X28 Z2	快速定位第 2 层内圆位置
	G01 Z－5 F80	车削第 2 层内圆
	X18	X 向退刀
	G00 Z2	退出内圆
	G00 X200 Z200	快速退刀
结束	M05	主轴停
	M30	程序结束

5. 刀具路径及切削验证（见图 4.22）

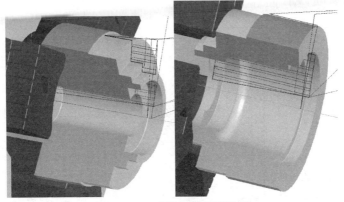

图 4.22　刀具路径及切削验证

七、支座配合螺纹套零件

1. 学习目的

① 思考和熟练掌握每一次装夹的位置和加工范围，设计最合理的加工工艺。

视频演示-1　视频演示-2　视频演示-3　视频演示-4

② 思考中间大圆弧如何计算。

③ 熟练掌握通过内外径粗车循环 G71 编程的方法。

④ 掌握实现内圆的编程方法。

⑤ 学习如何对螺纹进行编程。

⑥ 能迅速构建编程所使用的模型。

2. 加工图纸及要求

数控车削加工如图 4.23 所示的零件，编制其加工的数控程序。

3. 工艺分析和模型

（1）工艺分析

该零件由内外圆柱面、圆弧面、螺纹等表面组成，零件图尺寸标注完整，符合数控加工尺寸标注要求；轮廓描述清楚完整；零件材料为 45 钢，切削加工性能较好，无热处理和硬度要求。

（2）毛坯选择

零件材料为 45 钢，$\phi 80\text{mm}$ 棒料。

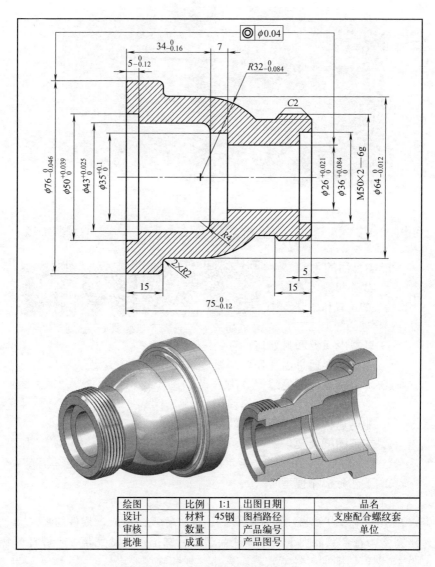

绘图		比例	1:1	出图日期		品名	
设计		材料	45钢	图档路径		支座配合螺纹套	
审核		数量		产品编号		单位	
批准		成重		产品图号			

图 4.23 支座配合螺纹套零件

(3) **刀具选择**（见表 4.7）

表 4.7　刀具选择

刀具号	刀具规格名称	加工内容	刀具特征	备注
T01	硬质合金 35°外圆车刀	车端面及车轮廓		
T02	—			
T03	螺纹刀	外螺纹	60°牙型角	
T04	钻头	钻孔	118°麻花钻	ϕ10mm
T05	内圆车刀	车内圆轮廓	水平安装	刀刃与 X 轴平行

(4) **几何模型**

本例题需要两次装夹，轮廓部分采用 G71、G01 的循环联合编程，其两次装夹的加工路径的模型设计见图 4.24、图 4.25。

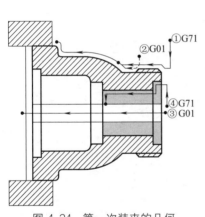

图 4.24　第一次装夹的几何
模型和编程路径示意图

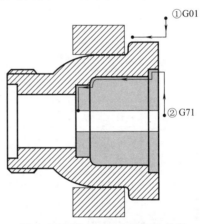

图 4.25　第二次掉头装夹的几何
模型和编程路径示意图

(5) **数学计算**

本题需要计算圆弧的坐标值，可采用三角函数、勾股定理等几何知识计算，也可使用计算机制图软件（如 AutoCAD、UG、Master-cam、SolidWorks 等）的标注方法来计算。

4. 数控程序

(1) **第一次装夹的 FANUC 程序**

开始	M03 S800	主轴正转，800r/min
	T0101	换 1 号外圆车刀
	G98	指定走刀按照 mm/min 进给

端面	G00 X85 Z0	快速定位工件端面上方
	G01 X0 F80	车端面,走刀速度 80mm/min
G71 粗车循环	G00 X85 Z3	快速定位循环起点
	G71U3R1	X 向每次吃刀量 3,退刀为 1
	G71P10Q20U0.4 W0.1F100	循环程序段 10~20
轮廓	N10 G00 X46	垂直移动到最低处,不能有 Z 值
	G01 Z0	接触工件
	X50 Z−2	车削倒角
	N15 Z−13	去中间值方便部分精车
	Z−25.025	车削 $\phi 50$ 的外圆
	G03 X64 Z−45 R32	车削 $R27.5$ 的逆时针圆弧
	G01 Z−58	车削 $\phi 58$ 的外圆
	G02 X68 Z−60 R2	车削 $R2$ 圆角
	G01 X72	车削 $\phi 76$ 的外圆右端面
	G03 X76 Z−62 R2	车削 $R2$ 圆角
	N20 G01 Z−64	车削 $\phi 76$ 的外圆
精车	M03 S1200	提高主轴转速,1200r/min
	G70 P10 Q15 F40	部分精车
	G00 X52 Z−13	快速定位
	G01 X50 F40	接触工件
	X46 Z−15	车削倒角
	Z−22.751	车削 $\phi 46$ 的外圆
	G03 X64 Z−45 R32	车削 $R32$ 的逆时针圆弧
	G01 Z−58	车削 $\phi 64$ 的外圆
	G02 X68 Z−60 R2	车削 $R2$ 圆角
	G01 X72	车削 $\phi 76$ 的外圆右端面
	G03 X76 Z−62 R2	车削 $R2$ 圆角
	G01 Z−64	车削 $\phi 76$ 的外圆
	G00 X200 Z200	快速退刀
外螺纹	T0303	换 03 号螺纹刀
	G00X53 Z3	定位到螺纹循环起点
	G76 P010060 Q100R0.1	G76 螺纹循环固定格式
	G76 X47.835 Z−18P1083Q500R0F2	G76 螺纹循环固定格式
	G00 X200 Z200	快速退刀
钻孔	T0404	换 04 号钻头
	M03 S800	主轴正转,800r/min
	G00 X0 Z2	定位孔
	G01 Z−80 F15	钻孔
	Z2 F100	退出孔
	G00 X200 Z200	快速退刀

	T0505	换 5 号内圆车刀
G71 粗车循环	G00 X12 Z3	快速定位循环起点
	G71 U3 R1	X 向每次吃刀量 3,退刀为 1
	G71 P30 Q40 U−0.4 W0.1 F80	循环程序段 30～40
内轮廓	N30 G00 X36	垂直移动到内圆最高处,不能有 Z 值
	G01 Z−5	车削 ϕ36 的内圆
	X26	车削 ϕ26 的内圆右端面
	Z−34	车削 ϕ26 的内圆
	N40 X8	降刀
精车	M03 S1200	提高主轴转速,1200r/min
	G70 P30 Q40 F30	精车
	G00 X200 Z200	快速退刀
结束	M05	主轴停
	M30	程序结束

（2）第二次掉头装夹的 FANUC 程序

	M03 S800	主轴正转,800r/min
开始	T0101	换 1 号外圆车刀
	G98	指定走刀按照 mm/min 进给
端面	G00 X85 Z0	快速定位工件端面上方
	G01 X0 F80	车端面,走刀速度 80mm/min
外轮廓	M03 S1200	提高主轴转速,1200r/min
	G00 X76 Z2	快速定位至外圆右侧
	G01 Z−20 F40	车削 ϕ76 的外圆,同时精车
	G00 X200 Z200	快速退刀
G71 粗车循环	M03 S800	主轴正转,800r/min
	T0505	换 5 号内圆车刀
	G00 X12 Z3	快速定位循环起点
	G71 U3 R1	X 向每次吃刀量 3,退刀为 1
	G71 P30 Q40 U−0.4 W0.1 F80	循环程序段 30～40
内轮廓	N30 G00 X50	垂直移动到内圆最高处,不能有 Z 值
	G01 Z−5	车削 ϕ50 的内圆
	X43	车削 ϕ43 的内圆右端面
	Z−30	车削 ϕ43 的内圆
	G03 X35 Z−34 R4	车削 R4 圆角
	G01 Z−41	车削 ϕ35 的内圆
	N40 X8	车削 ϕ26 的内圆右端面

精车	M03 S1200	提高主轴转速,1200r/min
	G70 P30 Q40 F30	精车
	G00 X200 Z200	快速退刀
结束	M05	主轴停
	M30	程序结束

5. 刀具路径及切削验证（见图4.26）

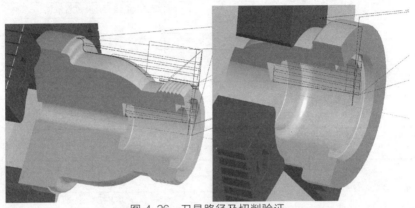

图 4.26　刀具路径及切削验证

八、多内台阶轴套配合零件

1. 学习目的

① 思考和熟练掌握每一次装夹的位置和加工范围，设计最合理的加工工艺。

视频演示-1　视频演示-2　视频演示-3　视频演示-4

② 思考中间大圆弧如何计算。

③ 熟练掌握通过内外径粗车循环 G71 编程的方法。

④ 掌握实现内圆的编程方法。

⑤ 能迅速构建编程所使用的模型。

2. 加工图纸及要求

数控车削加工如图 4.27 所示的零件，编制其加工的数控程序。

3. 工艺分析和模型

（1）工艺分析

该零件由内外圆柱面、顺圆弧、斜锥面等表面组成，零件图尺寸

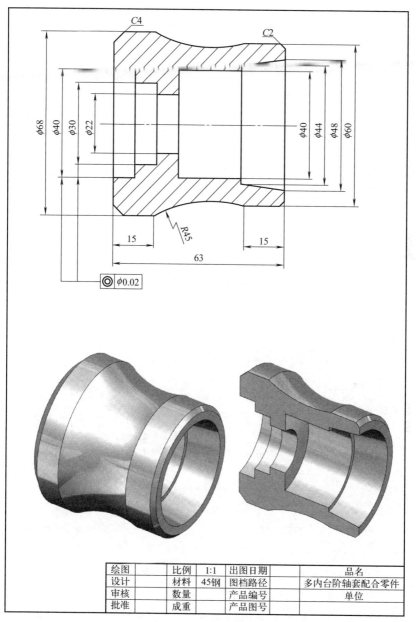

绘图		比例	1:1	出图日期		品名	
设计		材料	45钢	图档路径		多内台阶轴套配合零件	
审核		数量		产品编号		单位	
批准		成重		产品图号			

图 4.27　多内台阶轴套配合零件

标注完整，符合数控加工尺寸标注要求；轮廓描述清楚完整；零件材料为 45 钢，切削加工性能较好，无热处理和硬度要求。

（2）毛坯选择

零件材料为 45 钢，$\phi 70mm$ 棒料。

（3）刀具选择（见表 4.8）

表 4.8　刀具选择

刀具号	刀具规格名称	加工内容	刀具特征	备注
T01	硬质合金 35°外圆车刀	车端面及车轮廓		
T02	—			
T03	—			
T04	钻头	钻孔	118°麻花钻	$\phi 10mm$
T05	内圆车刀	车内圆轮廓	水平安装	刀刃与 X 轴平行
T06				

（4）几何模型

本例题需要两次装夹，轮廓部分采用 G71、G73、G01 的循环联合编程，其两次装夹的加工路径的模型设计见图 4.28、图 4.29。

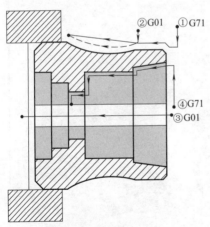

图 4.28　第一次装夹的几何模型
和编程路径示意图

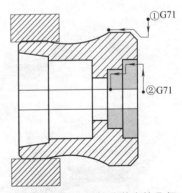

图 4.29　第二次掉头装夹的几何
模型和编程路径示意图

（5）数学计算

本题需要计算圆弧的坐标值，可采用三角函数、勾股定理等几何知识计算，也可使用计算机制图软件（如 AutoCAD、UG、Mastercam、SolidWorks 等）的标注方法来计算。

4. 数控程序
(1) 第一次装夹的 FANUC 程序

	M03 S800	主轴正转,800r/min
开始	T0101	换 1 号外圆车刀
	G98	指定走刀按照 mm/min 进给
端面	G00 X75 Z0	快速定位工件端面上方
	G01 X0 F80	车端面,走刀速度 80mm/min
G71 粗车循环	G00 X75 Z3	快速定位循环起点
	G71U3R1	X 向每次吃刀量 3,退刀为 1
	G71P10Q20U0.4 W0.1F100	循环程序段 10~20
外轮廓	N10 G00 X56	垂直移动到最低处,不能有 Z 值
	G01 Z0	接触工件
	X60 Z-2	车削倒角
	Z-15	车削 φ60 的外圆
	N20 X68 Z-48	斜向车削至圆弧左侧
精车	M03 S1200	提高主轴转速,1200r/min
	G70 P10 Q20 F40	精车
圆弧轮廓	G00 X60 Z-15	快速定位
	G01 X60 F40	接触工件
	G02 X68 Z-48 R45	车削 R45 的顺时针圆弧
	G01 X75	抬刀
	G00 X200 Z200	快速退刀
钻孔	M03 S800	主轴正转,800r/min
	T0404	换 04 号钻头
	G00 X0 Z2	定位孔
	G01 Z-70 F15	钻孔
	Z2 F100	退出孔
	G00 X200 Z200	快速退刀
G71 粗车循环	T0505	换 5 号内圆车刀
	G00 X12 Z3	快速定位循环起点
	G71 U3 R1	X 向每次吃刀量 3,退刀为 1
	G71 P30 Q40 U-0.4 W0.1 F80	循环程序段 30~40
内轮廓	N30 G00 X48	垂直移动到内圆最高处,不能有 Z 值
	G01 Z0	接触工件
	X44 Z-16	斜向车削内圆锥面
	X40	车削 φ40 的内圆右端面
	Z-39	车削 φ40 的内圆
	X22	车削 φ22 的内圆右端面
	Z-47	车削 φ22 的内圆
	N40 X8	降刀

	M03 S1200	提高主轴转速,1200r/min
精车	G70 P30 Q40 F30	精车
	G00 X200 Z200	快速退刀
结束	M05	主轴停
	M30	程序结束

(2) 第二次掉头装夹的 FANUC 程序

	M03 S800	主轴正转,800r/min
开始	T0101	换 1 号外圆车刀
	G98	指定走刀按照 mm/min 进给
端面	G00 X75 Z0	快速定位工件端面上方
	G01 X0 F80	车端面,走刀速度 80mm/min
G71 粗车循环	G00 X75 Z3	快速定位循环起点
	G71U3R1	X 向每次吃刀量 3,退刀为 1
	G71P10Q20U0.4 W0.1F100	循环程序段 10～20
外轮廓	N10 G00 X60	垂直移动到最低处,不能有 Z 值
	G01 Z0	接触工件
	X68 Z-4	车削倒角
	N20 Z-15	车削 $\phi60$ 的外圆
精车	M03 S1200	提高主轴转速,1200r/min
	G70 P10 Q20 F40	精车
	G00 X200 Z200	快速退刀
G71 粗车循环	M03 S800	主轴正转,800r/min
	T0505	换 5 号内圆车刀
	G00 X12 Z3	快速定位循环起点
	G71 U3 R1	X 向每次吃刀量 3,退刀为 1
	G71 P30 Q40 U-0.4 W0.1 F80	循环程序段 30～40
内轮廓	N30 G00 X40	垂直移动到内圆最高处,不能有 Z 值
	G01 Z-8	车削 $\phi40$ 的内圆
	X30	车削 $\phi30$ 的内圆右端面
	Z-16	车削 $\phi30$ 的内圆
	X22	车削 $\phi22$ 的内圆右端面
	Z-18	多拐一刀,去除飞边
	N40 X10	降刀
精车	M03 S1200	提高主轴转速,1200r/min
	G70 P30 Q40 F30	精车
	G00 X200 Z200	快速退刀
结束	M05	主轴停
	M30	程序结束

5. 刀具路径及切削验证（见图 4.30）

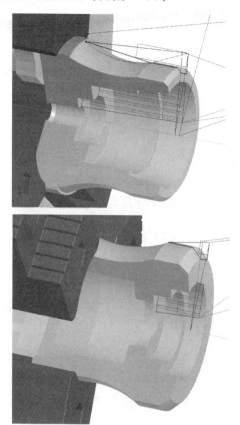

图 4.30　刀具路径及切削验证

九、卡盘体零件

1. 学习目的

① 思考和熟练掌握每一次装夹的位置和加工范围，设计最合理的加工工艺。

视频演示-1　视频演示-2　视频演示-3　视频演示-4

② 思考中间两段圆弧如何计算。

③ 熟练掌握通过三角函数计算角度的方法。

④ 熟练掌握通过内外径粗车循环 G71 编程的方法。

⑤ 掌握实现内圆的编程方法。

⑥ 学习如何对螺纹进行编程。

⑦ 能迅速构建编程所使用的模型。

2. 加工图纸及要求

数控车削加工如图 4.31 所示的零件，编制其加工的数控程序。

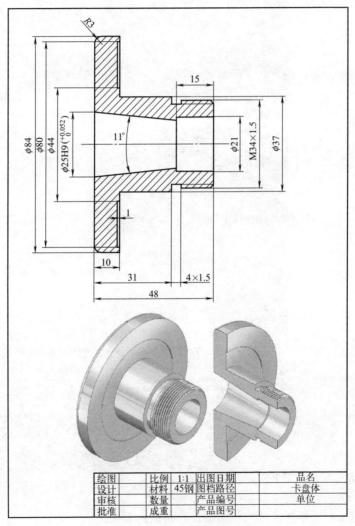

图 4.31 卡盘体零件

3. 工艺分析和模型

(1) 工艺分析

该零件由内外圆柱面、斜锥面、多组槽、螺纹等表面组成，零件图尺寸标注完整，符合数控加工尺寸标注要求；轮廓描述清楚完整；零件材料为 45 钢，切削加工性能较好，无热处理和硬度要求。

(2) 毛坯选择

零件材料为 45 钢，ϕ86mm 棒料。

(3) 刀具选择（见表 4.9）

表 4.9　刀具选择

刀具号	刀具规格名称	加工内容	刀具特征	备注
T01	硬质合金 35°外圆车刀	车端面及车轮廓		
T02	切断刀(切槽刀)	切槽	宽 4mm	
T03	螺纹刀	外螺纹	60°牙型角	
T04	钻头	钻孔	118°麻花钻	ϕ10mm
T05	内圆车刀	车内圆轮廓	水平安装	刀刃与 X 轴平行
T06	端面槽刀	切端面槽		

(4) 几何模型

本例题需要两次装夹，轮廓部分采用 G71 的循环编程，其两次装夹的加工路径的模型设计见图 4.32、图 4.33。

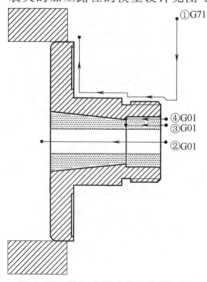

图 4.32　第一次装夹的几何模型和编程路径示意图

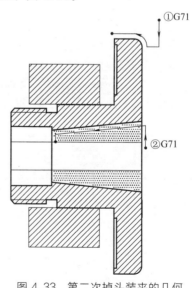

图 4.33　第二次掉头装夹的几何模型和编程路径示意图

（5）数学计算

本题需要计算锥面关键点的坐标值，可采用三角函数、勾股定理等几何知识计算，也可使用计算机制图软件（如 AutoCAD、UG、Mastercam、SolidWorks 等）的标注方法来计算。

4. 数控程序

（1）第一次装夹的 FANUC 程序

开始	M03 S800	主轴正转,800r/min
	T0101	换 1 号外圆车刀
	G98	指定走刀按照 mm/min 进给
端面	G00 X90 Z0	快速定位工件端面上方
	G01 X0 F80	车端面,走刀速度 80mm/min
G71 粗车循环	G00 X90 Z3	快速定位循环起点
	G71U3R1	X 向每次吃刀量 3,退刀为 1
	G71P10Q20U0.4 W0.1F100	循环程序段 10～20
外轮廓	N10 G00 X31	垂直移动到最低处,不能有 Z 值
	G01 Z0	接触工件
	X34 Z−1.5	车削倒角,倒角尺寸保证螺纹加工即可
	Z−17	车削 φ34 的外圆
	X37	车削 φ37 的外圆右端面
	Z−38	车削 φ37 的外圆
	N20 X84	车削 φ84 的外圆右端面
精车	M03 S1200	提高主轴转速,1200r/min
	G70 P10 Q20 F40	精车
	G00 X200 Z200	快速退刀
退刀槽	M03S800	降低主轴转速,800r/min
	T0202	换 02 号切槽刀
	G00 X38Z−17	定位退刀槽右侧起点
	G01 X31 F20	切槽
	X38	抬刀
	G00 X200 Z200	快速退刀,准备换刀
外螺纹	T0303	换 03 号螺纹刀
	G00 X37 Z3	定位到第 1 个螺纹循环起点
	G76 P010060 Q100 R0.1	G76 螺纹循环固定格式
	G76 X32.376 Z−15 P812 Q400R0F1.5	G76 螺纹循环固定格式
	G00 X200 Z200	快速退刀
端面槽	T0606	换 06 号端面槽刀
	M03 S800	主轴正转,800r/min
	G00 X72 Z−36	定位镗孔循环起点
	G74R1	G74 镗孔循环固定格式

端面槽	G74X44 Z－39 P3000Q3800R0F20	G74镗孔循环固定格式
	G00X200Z200	快速退刀
钻孔	T0404	换04号钻头
	M03 S800	主轴正转,800r/min
	G00 X0 Z2	定位孔
	G01 Z－55 F15	钻孔
	Z2 F100	退出孔
	G00 X200 Z200	快速退刀
内轮廓	T0505	换5号内圆车刀
	G00 X16 Z3	快速定位内圆第1层起点
	G01 Z－15 F80	车削 $\phi16$ 的内圆
	X10 F200	X 向降刀
	Z3	退出内圆
	X21	快速定位内圆第2层起点
	Z－15 F80	车削 $\phi21$ 的内圆
	X10 F200	X 向降刀
	Z3	退出内圆
	G00 X200 Z200	快速退刀
结束	M05	主轴停
	M30	程序结束

（2）第二次掉头装夹的 FANUC 程序

开始	M03 S800	主轴正转,800r/min
	T0101	换1号外圆车刀
	G98	指定走刀按照 mm/min 进给
端面	G00 X90 Z0	快速定位工件端面上方
	G01 X10　F80	车端面,走刀速度80mm/min
G71 粗车循环	G00 X90 Z3	快速定位循环起点
	G71U3R1	X 向每次吃刀量3,退刀为1
	G71P10Q20U0.4 W0.1F100	循环程序段10~20
外轮廓	N10 G00 X78	垂直移动到最低处,不能有 Z 值
	G01 Z0	接触工件
	G03 X84 Z－3 R3	车削圆角
	N20 G01 Z－12	车削 $\phi84$ 的外圆
精车	M03 S1200	提高主轴转速,1200r/min
	G70 P10 Q20 F40	精车
	G00 X200 Z200	快速退刀
G71 粗车循环	T0505	换5号内圆车刀
	M03 S800	主轴正转,800r/min
	G00 X12 Z3	快速定位循环起点

G71 粗车循环	G71 U3 R1	X 向每次吃刀量 3, 退刀为 1
	G71 P30 Q40 U−0.4 W0.1 F100	循环程序段 30～40
内轮廓	N30 G00 X25	垂直移动到内圆最高处, 不能有 Z 值
	G01 Z0	接触工件
	X15.4 Z−33	斜向车削内圆锥面
	N40 X10	降刀
精车	M03 S1200	提高主轴转速, 1200r/min
	G70 P30 Q40 F30	精车
	G00 X200 Z200	快速退刀
结束	M05	主轴停
	M30	程序结束

5. 刀具路径及切削验证（见图 4.34）

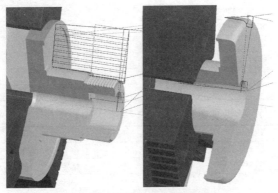

图 4.34　刀具路径及切削验证

十、法兰座轴套配合零件

1. 学习目的

① 思考和熟练掌握每一次装夹的位置和加工范围，设计最合理的加工工艺。

视频演示-1　视频演示-2　视频演示-3

② 思考中间的圆弧如何计算。

③ 熟练掌握计算锥面的方法。

④ 熟练掌握通过内外径粗车循环 G71、复合轮廓粗车循环 G73 编程的方法。

⑤ 掌握实现内圆的编程方法。

⑥ 能迅速构建编程所使用的模型。

2. 加工图纸及要求

数控车削加工如图 4.35 所示的零件，编制其加工的数控程序。

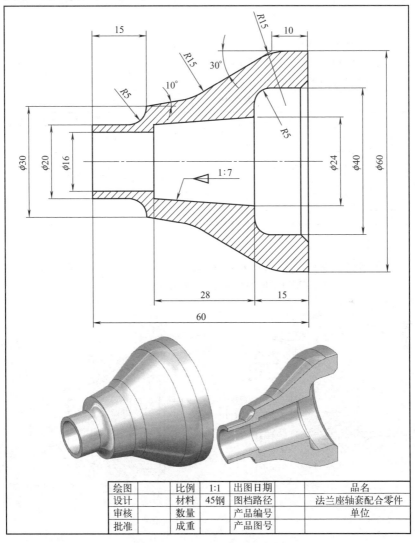

绘图		比例	1:1	出图日期		品名	
设计		材料	45钢	图档路径		法兰座轴套配合零件	
审核		数量		产品编号		单位	
批准		成重		产品图号			

图 4.35　法兰座轴套配合零件

3. 工艺分析和模型

(1) 工艺分析

该零件由内外圆柱面、顺圆弧、逆圆弧、斜锥面、螺纹等表面组成，零件图尺寸标注完整，符合数控加工尺寸标注要求；轮廓描述清楚完整；零件材料为 45 钢，切削加工性能较好，无热处理和硬度要求。

(2) 毛坯选择

零件材料为 45 钢，$\phi65\text{mm}$ 棒料。

(3) 刀具选择（见表 4.10）

表 4.10　刀具选择

刀具号	刀具规格名称	加工内容	刀具特征	备注
T01	硬质合金 35°外圆车刀	车端面及车轮廓		
T02	—			
T03	—			
T04	钻头	钻孔	118°麻花钻	$\phi16\text{mm}$
T05	内圆车刀	车内圆轮廓	水平安装	刀刃与 X 轴平行
T06	—			

(4) 几何模型

本例题需要两次装夹，轮廓部分采用 G71 和 G73 的循环联合编程，其两次装夹的加工路径的模型设计见图 4.36、图 4.37。

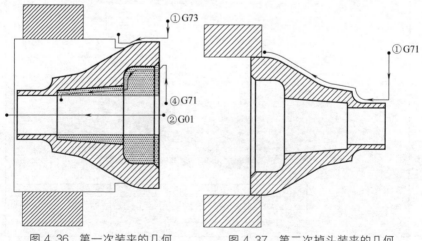

图 4.36　第一次装夹的几何　　　　图 4.37　第二次掉头装夹的几何
模型和编程路径示意图　　　　　　　模型和编程路径示意图

（5）数学计算

本题需要计算圆弧的坐标值和锥面关键点的坐标值，可采用三角函数、勾股定理等几何知识计算，也可使用计算机制图软件（如 AutoCAD、UG、Mastercam、SolidWorks 等）的标注方法来计算。

4. 数控程序

（1）第一次装夹的 FANUC 程序

开始	M03 S800	主轴正转，800r/min
	T0101	换 1 号外圆车刀
	G98	指定走刀按照 mm/min 进给
端面	G00 X75 Z0	快速定位工件端面上方
	G01 X0 F80	车端面，走刀速度 80mm/min
G73 粗车循环	G00 X75 Z3	快速定位循环起点
	G73 U4 W0 R2	G73 粗车循环，循环 2 次
	G73 P10 Q20 U0.4 W0 F80	循环程序段 10～20
外轮廓	N10 G00 X60	垂直移动到外圆表面处
	G01 Z−5.981	车削 ϕ60 的外圆
	G03 X56.5 Z−13.481 R15	车削 R15 的逆时针圆弧，X 留有余量，避免圆弧刀尖的过切
	G01 Z−20	多车削一段距离
	N20 X68	抬刀
精车	M03 S1200	提高主轴转速，1200r/min
	G70 P10 Q20 F40	精车
	G00 X200 Z200	快速退刀
钻孔	T0404	换 04 号钻头
	M03 S800	主轴正转，800r/min
	G00 X0 Z2	定位孔
	G01 Z−75 F15	钻孔
	Z2 F100	退出孔
	G00 X200 Z200	快速退刀
G71 粗车循环	T0505	换 5 号内圆车刀
	G00 X12 Z3	快速定位循环起点
	G71 U3 R1	X 向每次吃刀量 3，退刀为 1
	G71 P30 Q40 U−0.4 W0.1 F80	循环程序段 30～40
内轮廓	N30 G00 X44	垂直移动到内圆最高处，不能有 Z 值
	G01 Z0	接触工件
	X40 Z−2	车削倒角
	Z−10	车削 ϕ40 的内圆
	G03 X30 Z−15 R5	车削圆角

	G01 X24	车削至锥面右侧
内轮廓	X20 Z−43	斜向车削内锥面
	N40 X 14	X 向降刀
	M03 S1200	提高主轴转速,1200r/min
精车	G70 P30 Q40 F30	精车
	G00 X200 Z200	快速退刀
结束	M05	主轴停
	M30	程序结束

（2）第二次掉头装夹的 FANUC 程序

	M03 S800	主轴正转,800r/min
开始	T0101	换 1 号外圆车刀
	G98	指定走刀按照 mm/min 进给
端面	G00 X75 Z0	快速定位工件端面上方
	G01 X0　F80	车端面,走刀速度 80mm/min
G71 粗车循环	G00 X75 Z3	快速定位循环起点
	G71U3R1	X 向每次吃刀量 3,退刀为 1
	G71P10Q20U0.4 W0.1F100	循环程序段 10～20
外轮廓	N10 G00 X20	垂直移动到最低处,不能有 Z 值
	G01 Z−10	接触工件
	G02 X30 Z−15 R5	车削 R5 的逆时针圆弧
	G01 X33.661 Z−25.38	斜向车削锥面
	G02 X37.224 Z−30.275 R15	车削 R10 的逆时针圆弧
	G01 X55.981 Z−46.519	斜向车削锥面
	N20G03X60 Z−54.019 R15	重叠车削一部分圆弧,避免接刀痕
精车	M03 S1200	提高主轴转速,1200r/min
	G70 P10 Q20 F40	精车
	G00 X200 Z200	快速退刀
结束	M05	主轴停
	M30	程序结束

5. 刀具路径及切削过程（见图 4.38）

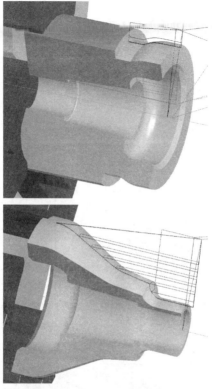

图 4.38　刀具路径及切削验证

十一、轮轴配合阶台套零件

1. 学习目的

① 思考和熟练掌握每一次装夹的位置和加工范围，设计最合理的加工工艺。

视频演示-1　视频演示-2　视频演示-3　视频演示-4

② 思考中间大圆弧和内圆的圆弧如何计算。

③ 熟练掌握通过三角函数计算角度的方法。

④ 熟练掌握通过内外径粗车循环 G71 和复合轮廓粗车循环 G73 编程的方法。

⑤ 掌握实现内圆的编程方法。

⑥ 掌握内螺纹加工的方法。

⑦ 能迅速构建编程所使用的模型。

2. 加工图纸及要求

数控车削加工如图 4.39 所示的零件，编制其加工的数控程序。

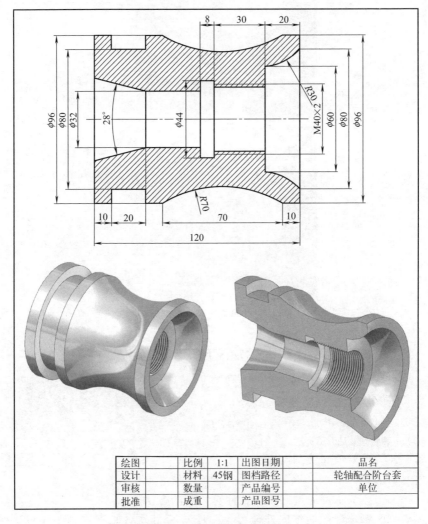

绘图		比例	1:1	出图日期		品名	
设计		材料	45钢	图档路径		轮轴配合阶台套	
审核		数量		产品编号		单位	
批准		成重		产品图号			

图 4.39 轮轴配合阶台套零件

3. 工艺分析和模型

(1) 工艺分析

该零件由内外圆柱面、顺圆弧、斜锥面、多组槽、螺纹等表面组成，零件图尺寸标注完整，符合数控加工尺寸标注要求；轮廓描述清楚完整；零件材料为 45 钢，切削加工性能较好，无热处理和硬度要求。

(2) 毛坯选择

零件材料为 45 钢，$\phi100$mm 棒料。

(3) 刀具选择（表 4.11）

表 4.11　刀具选择

刀具号	刀具规格名称	加工内容	刀具特征	备注
T01	硬质合金 35°外圆车刀	车端面及车轮廓		
T02	切断刀（切槽刀）	切槽	宽 3mm	
T03	—			
T04	钻头	钻孔	118°麻花钻	$\phi10$mm
T05	内圆车刀	车内圆轮廓	水平安装	刀刃与 X 轴平行
T06	内螺纹刀	内螺纹	60°牙型角	
T07	内割刀	切内轮廓的槽	宽 3mm	

(4) 几何模型

本例题需要两次装夹，轮廓部分采用 G71 和 G73 的循环联合编程，其两次装夹的加工路径的模型设计见图 4.40、图 4.41。

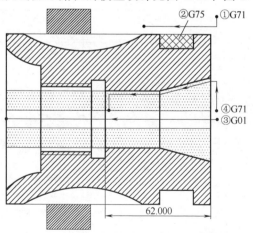

图 4.40　第一次装夹的几何模型和编程路径示意图

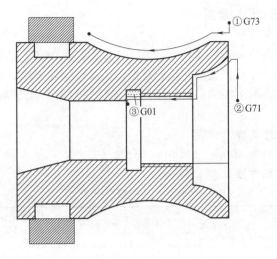

图 4.41　第二次掉头装夹的几何模型和编程路径示意图

(5) 数学计算

本题需要计算圆弧的坐标值和锥面关键点的坐标值，可采用三角函数、勾股定理等几何知识计算，也可使用计算机制图软件（如 AutoCAD、UG、Mastercam、SolidWorks 等）的标注方法来计算。

4. 数控程序

(1) 第一次装夹的 FANUC 程序

开始	M03 S800	主轴正转,800r/min
	T0101	换 1 号外圆车刀
	G98	指定走刀按照 mm/min 进给
端面	G00 X105 Z0	快速定位工件端面上方
	G01 X0　F80	车端面,走刀速度 80mm/min
G71 粗车循环	G00 X100 Z3	快速定位循环起点
	G71 U2 R1	X 向每次吃刀量 3,退刀为 1
	G71 P10 Q20 U0.4 W0.1 F100	循环程序段 10～20
外轮廓	N10 G00 X96	垂直移动到最低处,不能有 Z 值
	G01 Z0	接触工件
	N20 Z−40	车削 $\phi96$ 的外圆
精车	M03 S1200	提高主轴转速,1200r/min
	G70 P10 Q20 F40	精车
	G00 X200 Z200	快速退刀

	T0202	换切断刀,即切槽刀
	M03 S800	主轴正转,800r/min
宽槽	G00 X100 Z−13	定位切槽循环起点
	G75 R1	G75 切槽循环固定格式
	G75 X80 Z−30 P3000 Q2000 R0 F20	G75 切槽循环固定格式
	G00 X200 Z200	快速退刀
	T0404	换 04 号钻头
	M03 S800	主轴正转,800r/min
钻孔	G00 X0 Z2	定位孔
	G01 Z−125 F15	钻孔
	Z2 F100	退出孔
	G00 X200 Z200	快速退刀
	T0505	换 5 号内圆车刀
G71	G00 X12 Z3	快速定位循环起点
粗车循环	G71 U3 R1	X 向每次吃刀量 3,退刀为 1
	G71 P30 Q40 U−0.4 W0.1 F80	循环程序段 30~40
	N30 G00 X46.960	垂直移动到内圆最高处,不能有 Z 值
	G01 Z0	接触工件
内轮廓	X32 Z−30	斜向车削锥面
	Z−62	车削 ϕ32 的内圆
	N40 X8	降刀
	M03 S1200	提高主轴转速,1200r/min
精车	G70 P30 Q40 F30	精车
	G00 X200 Z200	快速退刀
结束	M05	主轴停
	M30	程序结束

(2) 第二次掉头装夹的 FANUC 程序

	M03 S800	主轴正转,800r/min
开始	T0101	换 1 号外圆车刀
	G98	指定走刀按照 mm/min 进给
端面	G00 X105 Z0	快速定位工件端面上方
	G01 X0 F80	车端面,走刀速度 80mm/min
G73	G00 X100 Z3	快速定位循环起点
粗车循环	G73 U10 W1 R3	G73 粗车循环,循环 4 次
	G73 P10 Q20 U0.2 W0.2F80	循环程序段 10~20
外轮廓	N10 G00 X96	垂直移动到外圆表面处

	G01 Z−10	车削 φ96 的外圆
外轮廓	N20 G02 X96 Z−80 R70	车削 R70 的顺时针圆弧
精车	M03 S1200	提高主轴转速,1200r/min
	G70 P10 Q20 F40	精车
	G00 X200 Z200	快速退刀
G71 粗车循环	T0505	换 5 号内圆车刀
	M03 S800	主轴正转,800r/min
	G00 X10Z3	快速定位循环起点
	G71 U3 R1	X 向每次吃刀量 3,退刀为 1
	G71 P30 Q40 U−0.4 W0F80	循环程序段 30～40
内轮廓	N30 G00 X80	垂直移动到内圆最高处,不能有 Z 值
	G01 Z0	接触工件
	G02 X60 Z−20 R30	车削 R30 的顺时针圆弧
	G01 X36.6	车削螺纹右端面,不必精确
	Z−58	车削螺纹内圆
	X32	车削 φ32 的内圆的右端面
	Z−60	拐个角走刀,避免飞边
	N40 X10	降刀
精车	M03 S1200	提高主轴转速,1200r/min
	G70 P30 Q40 F30	精车
	G00 X200 Z200	快速退刀
退刀槽	T0707	换内割刀
	M03 S800	主轴正转,800r/min
	G00 X30 Z2	快速移动至内圆外侧
	Z−53	定位切槽循环起点
	G75 R1	G75 切槽循环固定格式
	G75 X44 Z−58 P3000 Q2000 R0 F20	G75 切槽循环固定格式
	G00 Z2	退出内圆
	G00 X200 Z200	快速退刀
内螺纹	T0606	换 06 号内螺纹刀
	G00 X34 Z2	快速移动至内圆外侧
	Z−17	定位到第 1 个螺纹循环起点
	G76 P010060 Q100 R0.1	G76 螺纹循环固定格式
	G76 X40 Z−55 P1083Q500R0F2	G76 螺纹循环固定格式
	G00 Z2	退出内圆
	G00 X200 Z200	快速退刀
结束	M05	主轴停
	M30	程序结束

5. 刀具路径及切削验证（见图 4.42）

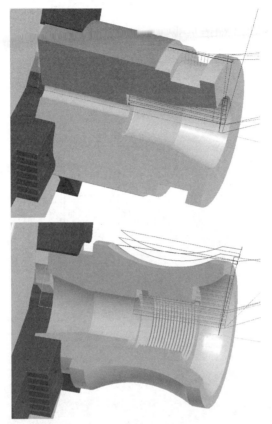

图 4.42　刀具路径及切削验证

十二、支架座承载配合套零件

1. 学习目的

① 思考和熟练掌握每一次装夹的位置和加工范围，设计最合理的加工工艺。

② 熟练掌握通过内外径粗车循环 G71 编程的方法。

③ 掌握实现内圆的编程方法。

④ 学习如何对内嵌螺纹进行编程。

视频演示-1　视频演示-2

⑤ 能迅速构建编程所使用的模型。

2. 加工图纸及要求

数控车削加工如图 4.43 所示的零件，编制其加工的数控程序。

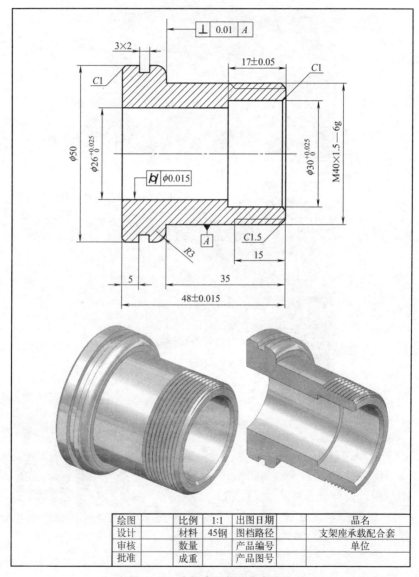

图 4.43 支架座承载配合套零件

3. 工艺分析和模型

(1) 工艺分析

该零件由内外圆柱面、逆圆弧、斜锥面、槽、螺纹等表面组成，零件图尺寸标注完整，符合数控加工尺寸标注要求；轮廓描述清楚完整；零件材料为 45 钢，切削加工性能较好，无热处理和硬度要求。

(2) 毛坯选择

零件材料为 45 钢，$\phi52$mm 棒料。

(3) 刀具选择（表 4.12）

表 4.12　刀具选择

刀具号	刀具规格名称	加工内容	刀具特征	备注
T01	硬质合金 35°外圆车刀	车端面及车轮廓		
T02	切断刀（切槽刀）	切槽	宽 3mm	
T03	螺纹刀	外螺纹	60°牙型角	
T04	钻头	钻孔	118°麻花钻	$\phi10$mm
T05	内圆车刀	车内圆轮廓	水平安装	刀刃与 X 轴平行

(4) 几何模型

本例题一次性装夹，轮廓部分采用 G71 的循环编程，其加工路径的模型设计见图 4.44。

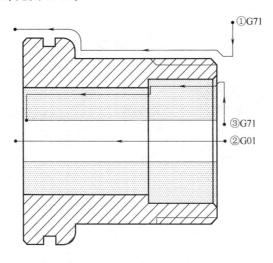

图 4.44　几何模型和编程路径示意图

(5) 数学计算

本题工件尺寸和坐标值明确，可直接进行编程。

4. 数控程序

开始	M03 S800	主轴正转,800r/min
	T0101	换1号外圆车刀
	G98	指定走刀按照 mm/min 进给
端面	G00 X55 Z0	快速定位工件端面上方
	G01 X0 F80	车端面,走刀速度80mm/min
G71 粗车循环	G00 X55 Z3	快速定位循环起点
	G71 U2 R1	X 向每次吃刀量2,退刀为1
	G71 P10 Q20 U0.4 W0.1 F100	循环程序段 10～20
外轮廓	N10 G00 X37	垂直移动到最低处,不能有 Z 值
	G01 Z0	接触工件
	X40 Z−1.5	车削倒角
	Z−35	车削 $\phi40$ 的外圆
	X44	车削 $\phi50$ 的外圆右端面
	G03 X50 Z−38 R3	车削圆角
	N20 G01Z−51	车削 $\phi50$ 的外圆
精车	M03 S1200	提高主轴转速,1200r/min
	G70 P10 Q20 F40	精车
	G00 X200 Z200	快速退刀
外螺纹	T0303	换 03 号螺纹刀
	G00 X43 Z3	定位到第1个螺纹循环起点
	G76 P010260 Q100 R0.1	G76 螺纹循环固定格式
	G76 X38.376 Z−15 P812 Q400R0 F1.5	G76 螺纹循环固定格式
	G00 X200 Z200	快速退刀
钻孔	T0404	换 04 号钻头
	M03 S800	主轴正转,800r/min
	G00 X0 Z2	定位孔
	G01 Z−55 F15	钻孔
	Z2 F100	退出孔
	G00 X200 Z200	快速退刀

	T0505	换 5 号内圆车刀
G71 粗车循环	G00 X8 Z3	快速定位循环起点
	G71 U3 R1	X 向每次吃刀量 3,退刀为 1
	G71 P30 Q40 U−0.4 W0.1 F80	循环程序段 30～40
内轮廓	N30 G00 X32	垂直移动到内圆最高处,不能有 Z 值
	G01 Z0	接触工件
	X30 Z−1	车削倒角
	Z−17	车削 $\phi 30$ 的内圆
	X26	车削 $\phi 26$ 的内圆的右端面
	Z−48	车削 $\phi 26$ 的内圆
	N40 X8	降刀
精车	M03 S1200	提高主轴转速,1200r/min
	G70 P30 Q40 F30	精车
	G00 X200 Z200	快速退刀
切槽	T0202	换切断刀,即切槽刀
	M03 S800	主轴正转,800r/min
	G00 X52 Z−43	定位切槽位置
	G01 X46 F20	切槽
	X52	抬刀
尾部倒角 和切断	G00 Z−51	定位在尾部切断处
	G01 X48 F20	切槽
	X52 F100	抬刀
	Z−50	定位在倒角上方
	X50	接触工件
	X48 Z−51 F20	切倒角
	X26 F20	切断
	G00 X200 Z200	快速退刀
结束	M05	主轴停
	M30	程序结束

5. 刀具路径及切削验证（见图 4.45）

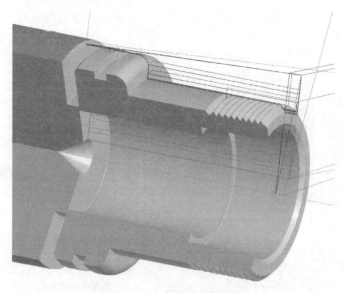

图 4.45　刀具路径及切削验证

十三、锥面复合套零件

1. 学习目的

① 思考和熟练掌握每一次装夹的位置和加工范围，设计最合理的加工工艺。

视频演示-1　视频演示-2　视频演示-3　视频演示-4

② 思考中间凹陷区域的相关位置点如何计算。

③ 熟练掌握通过三角函数计算角度的方法。

④ 熟练掌握通过内外径粗车循环 G71、复合轮廓粗车循环 G73 编程的方法。

⑤ 掌握实现内圆的编程方法。

⑥ 学习如何对内圆的 V 形槽区域进行编程。

⑦ 能迅速构建编程所使用的模型。

2. 加工图纸及要求

数控车削加工如图 4.46 所示的零件，编制其加工的数控程序。

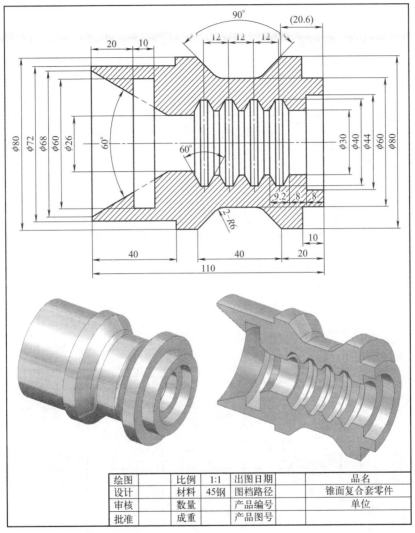

绘图		比例	1:1	出图日期		品名	
设计		材料	45钢	图档路径		锥面复合套零件	
审核		数量		产品编号		单位	
批准		成重		产品图号			

图 4.46 锥面复合套零件

3. 工艺分析和模型

(1) 工艺分析

该零件由内外圆柱面、顺圆弧、逆圆弧、斜锥面、多组槽等表面组成，零件图尺寸标注完整，符合数控加工尺寸标注要求；轮廓描述清楚完整；零件材料为 45 钢，切削加工性能较好，无热处理和硬度要求。

（2）毛坯选择

设外圆已经加工到位，零件材料为 45 钢，$\phi80mm$ 棒料。

（3）刀具选择（见表 4.13）

表 4.13　刀具选择

刀具号	刀具规格名称	加工内容	刀具特征	备注
T01	硬质合金 35°外圆车刀	车端面及车轮廓		
T02	—			
T03	—			
T04	钻头	钻孔	118°麻花钻	$\phi10mm$
T05	内圆车刀	车内圆轮廓	水平安装	刀刃与 X 轴平行
T06	—			
T07	内割刀	切内轮廓的槽	宽 3mm	

（4）几何模型

本例题采用 G71 的循环编程，其模型见图 4.47、图 4.48。

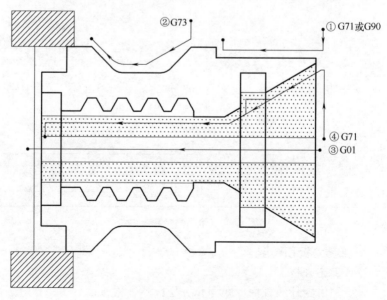

图 4.47　第一次装夹的几何模型和编程路径示意图

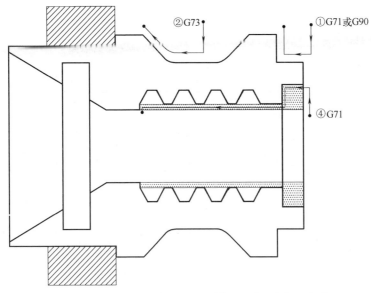

图 4.48　第二次掉头装夹的几何模型和编程路径示意图

(5) 数学计算

本题需要计算圆弧的坐标值和锥面关键点的坐标值，可采用三角函数、勾股定理等几何知识计算，也可使用计算机制图软件（如 AutoCAD、UG、Mastercam、SolidWorks 等）的标注方法来计算。

4. 数控程序

(1) 第一次装夹的 FANUC 程序

开始	M03 S800	主轴正转，800r/min
	T0101	换 1 号外圆车刀
	G98	指定走刀按照 mm/min 进给
端面	G00 X85 Z0	快速定位工件端面上方
	G01 X0　F80	车端面，走刀速度 80mm/min
G71 粗车循环	G00 X85　Z3	快速定位循环起点
	G71U3 R1	X 向每次吃刀量 3，退刀为 1
	G71 P10Q20 U0.4 W0.1 F100	循环程序段 10~20
外轮廓	N10 G00 X72	垂直移动到最低处，不能有 Z 值
	G01 Z—40	车削 $\phi72$ 的外圆
	N20 X80	抬刀

精车	M03 S1200	提高主轴转速,1200r/min
	G70 P10 Q20 F40	精车
G73 粗车循环	M03 S800	主轴正转,800r/min
	G00 X83 Z−50	快速定位循环起点
	G73 U7 W1 R3	G73 粗车循环,循环 3 次
	G73 P30 Q40 U0.2 W0.2F80	循环程序段 30~40
外轮廓	N30 G00 X80	接触工件
	G01 X60 Z−68	斜向车削到轮廓中间位置
	Z−77.515	车削 φ60 的外圆
	G02 X63.515 Z−81.757 R6	车削 R6 的逆时针圆弧
	N40 G01 X80 Z−90	斜向车削锥面
精车	M03 S1200	提高主轴转速,1200r/min
	G70 P30 Q40F40	精车
	G00 X200 Z200	快速退刀
钻孔	T0404	换 04 号钻头
	M03 S800	主轴正转,800r/min
	G00 X0 Z2	定位孔
	G01 Z−115 F15	钻孔
	Z2 F100	退出孔
	G00 X200 Z200	快速退刀
G71 粗车循环	T0505	换 5 号内圆车刀
	G00 X8 Z3	快速定位循环起点
	G71 U3 R1	X 向每次吃刀量 3,退刀为 1
	G71 P50 Q60 U−0.4 W0 F80	循环程序段 50~60
内轮廓	N50 G00 X68	垂直移动到内圆最高处,不能有 Z 值
	G01 Z0	接触工件
	X26 Z−36.373	斜向车削锥面
	N55 Z−48.8	为精车结束位置做准备
	Z−110	车削 φ26 的内圆
	N60 X8	降刀
精车	M03 S1200	提高主轴转速,1200r/min
	G70 P50 Q55 F30	精车
	G00 X200 Z200	快速退刀
内沟槽	T0707	换内割刀
	M03 S800	主轴正转,800r/min
	G00 X32 Z2	快速移动至内圆外侧
	Z−23	定位切槽循环起点
	G75 R0	G75 切槽循环固定格式

	G75 X60 Z－30 P3000 Q2000 R0 F20	G75 切槽循环固定格式
内沟槽	G00 Z2	退出内圆
	G00 X200 Z200	快速退刀
结束	M05	主轴停
	M30	程序结束

（2）第二次掉头装夹的 FANUC 程序

开始	M03 S800	主轴正转,800r/min
	T0101	换 1 号外圆车刀
	G98	指定走刀按照 mm/min 进给
端面	G00 X85 Z0	快速定位工件端面上方
	G01 X0 F80	车端面,走刀速度 80mm/min
G71 粗车循环	G00 X85 Z3	快速定位循环起点
	G71 U2 R1	X 向每次吃刀量 2,退刀为 1
	G71 P10Q20 U0.4 W0.1 F100	循环程序段 10～20
外轮廓	N10 G00 X60	垂直移动到最低处,不能有 Z 值
	G01 Z－10	车削 φ72 的外圆
	N20 X80	抬刀
精车	M03 S1200	提高主轴转速,1200r/min
	G70 P10 Q20 F40	精车
G73 粗车循环	M03 S800	主轴正转,800r/min
	G00 X83 Z－37	快速定位循环起点,中间偏右位置
	G73 U2 W1 R2	G73 粗车循环,循环 2 次
	G73 P30 Q40 U0.2 W0.2F80	循环程序段 30～40
外轮廓	N30 G00 X60	接触工件
	G01 Z－47.515	斜向车削到轮廓中间位置
	G02 X63.515 Z－51.757 R6	车削 R6 的逆时针圆弧
	N40 G01 X80 Z－60	斜向车削锥面
精车	M03 S1200	提高主轴转速,1200r/min
	G70 P30 Q40F40	精车
	G00 X200 Z200	快速退刀
G71 粗车循环	T0505	换 5 号内圆车刀
	G00 X8 Z3	快速定位循环起点
	G71 U3 R1	X 向每次吃刀量 3,退刀为 1
	G71 P50 Q60 U－0.4 W0.1 F80	循环程序段 50～60
内轮廓	N50 G00 X44	垂直移动到内圆最高处,不能有 Z 值
	G01 Z－8	车削 φ44 的内圆

内轮廓	X30	车削 ϕ30 的内圆右端面
	Z－30	车削槽下方的内圆
	Z－61.2	车削 ϕ30 的内圆
	N60 X8	降刀
精车	M03 S1200	提高主轴转速,1200r/min
	G70 P50 Q60 F30	精车
	G00 X200 Z200	快速退刀
V形槽	T0707	换 7 号内割刀
	G00 X26	快速定位到内圆外侧
	G01 Z－21.887 F300	定位到第 1 个 V 形槽起点处
	M98 P0015	调用 V 形槽子程序
	G01 Z－33.887 F300	定位到第 2 个 V 形槽起点处
	M98 P0015	调用 V 形槽子程序
	G01 Z－45.887 F300	定位到第 3 个 V 形槽起点处
	M98 P0015	调用 V 形槽子程序
	X25	让出左侧外圆位置
	G01 Z－57.887 F300	定位到第 4 个 V 形槽起点处
	M98 P0015	调用 V 形槽子程序
	Z2 F400	退出内圆
	G00 X200 Z200	快速退刀
结束	M05	主轴停
	M30	程序结束

O0015

V形槽子程序	U14 F20	切槽
	U－14 F100	降刀
	W2.887	移到槽的右侧
	U4	接触工件
	U10 W－2.887 F20	斜向切槽
	U－14 F100	降刀
	W－3.313	移到槽的左侧
	U4	接触件
	U10 W3.313 F20	斜向切槽
	U－14 F100	降刀

5. 刀具路径及切削验证（见图 4. 49）

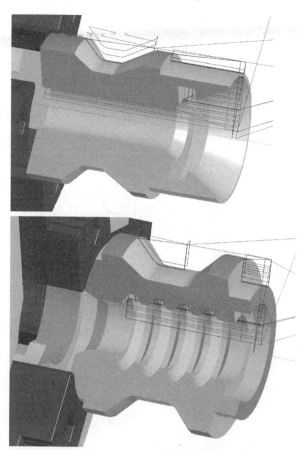

图 4. 49　刀具路径及切削验证

十四、圆弧长轴轴肩套零件

1. 学习目的

① 思考和熟练掌握每一次装夹的位置和加工范围，设计最合理的加工工艺。

视频演示-1　视频演示-2　视频演示-3　视频演示-4

② 思考两段圆弧如何计算。

③ 熟练掌握通过三角函数计算角度的方法。

④ 熟练掌握通过内外径粗车循环 G71 编程的方法。

⑤ 掌握实现内圆的编程方法，注意内圆带有凹陷区域。

⑥ 能迅速构建编程所使用的模型。

2. 加工图纸及要求

数控车削加工如图 4.50 所示的零件，编制其加工的数控程序。

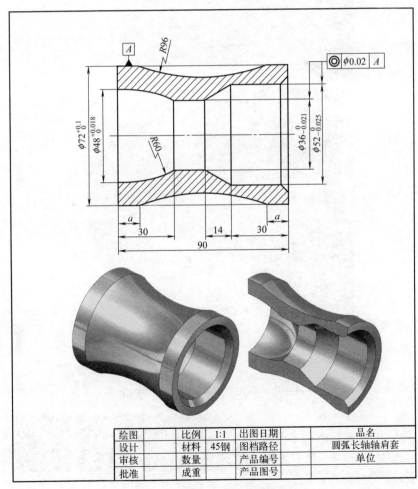

绘图		比例	1:1	出图日期		品名
设计		材料	45钢	图档路径		圆弧长轴轴肩套
审核		数量		产品编号		单位
批准		成重		产品图号		

图 4.50　圆弧长轴轴肩套零件

3. 工艺分析和模型

(1) 工艺分析

该零件由内外圆柱面、顺圆弧、逆圆弧、斜锥面等表面组成，零件图尺寸标注完整，符合数控加工尺寸标注要求；轮廓描述清楚完整；零件材料为45钢，切削加工性能较好，无热处理和硬度要求。

(2) 毛坯选择

零件材料为45钢，ϕ75mm棒料。

(3) 刀具选择（见表4.14）

表4.14　刀具选择

刀具号	刀具规格名称	加工内容	刀具特征	备注
T01	硬质合金35°外圆车刀	车端面及车轮廓		
T02	—			
T03	—			
T04	钻头	钻孔	118°麻花钻	ϕ10mm
T05	内圆车刀	车内圆轮廓	水平安装	刀刃与X轴平行

(4) 几何模型

本例题需要两次装夹，轮廓部分采用G71、G73、G01的循环联合编程，其两次装夹的加工路径的模型设计见图4.51、图4.52。

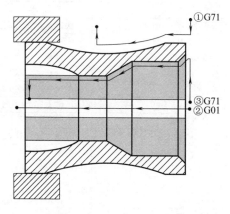

图4.51　第一次装夹的几何模型和编程路径示意图

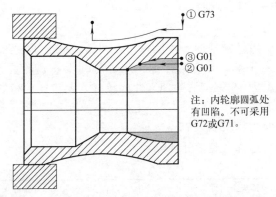

① G73

③ G01
② G01

注：内轮廓圆弧处
有凹陷。不可采用
G72或G71。

图 4.52　第二次掉头装夹的几何模型和编程路径示意图

(5) 数学计算

本题需要计算圆弧的坐标值，可采用三角函数、勾股定理等几何知识计算，也可使用计算机制图软件（如 AutoCAD、UG、Mastercam、SolidWorks 等）的标注方法来计算。

4. 数控程序

(1) 第一次装夹的 FANUC 程序

开始	M03 S800	主轴正转，800r/min
	T0101	换 1 号外圆车刀
	G98	指定走刀按照 mm/min 进给
端面	G00 X80 Z0	快速定位工件端面上方
	G01 X0　F80	车端面，走刀速度 80mm/min
G73 粗车循环	G00 X80 Z3	快速定位循环起点
	G73 U6 W1 R3	G73 粗车循环，循环 4 次
	G73 P10 Q20 U0.2 W0.2F80	循环程序段 10～20
外轮廓	N10 G00 X72	垂直移动到最低处
	G01 Z−11.593	车削 ϕ72 的外圆
	G02 X60 Z−45 R96	车削 R96 的顺时针圆弧至图示处
	N20 G01 X73	抬刀
精车	M03 S1200	提高主轴转速，1200r/min
	G70 P10 Q20 F40	精车
	G00 X200 Z200	快速退刀
钻孔	T0404	换 04 号钻头
	M03 S800	主轴正转，800r/min
	G00 X0 Z2	定位孔
	G01 Z−95 F15	钻孔

钻孔	Z2 F100	退出孔
	G00 X200 Z200	快速退刀
G71 粗车循环	T0505	换 5 号内圆车刀
	G00 X12 Z3	快速定位循环起点
	G71 U3 R1	X 向每次吃刀量 3，退刀为 1
	G71 P30 Q40 U－0.4 W0.1 F70	循环程序段 30～40
内轮廓	N30 G00 X60	垂直移动到内圆最高处，不能有 Z 值
	G01 Z0	接触工件
	X52 Z－4	斜向车削内锥面
	Z－30	车削 ϕ52 的内圆
	X36 Z－44	斜向车削内锥面
	Z－90	车削 ϕ36 的内圆
	N40 X8	降刀
精车	M03 S1200	提高主轴转速，1200r/min
	G70 P30 Q40 F30	精车
	G00 X200 Z200	快速退刀
结束	M05	主轴停
	M30	程序结束

（2）第二次掉头装夹的 FANUC 程序

开始	M03 S800	主轴正转，800r/min
	T0101	换 1 号外圆车刀
	G98	指定走刀按照 mm/min 进给
端面	G00 X80 Z0	快速定位工件端面上方
	G01 X30　F80	车端面，走刀速度 80mm/min
G73 粗车循环	G00 X80 Z3	快速定位循环起点
	G73 U6 W1 R3	G73 粗车循环，循环 3 次
	G73 P10 Q20 U0.2 W0.2F80	循环程序段 10～20
外轮廓	N10 G00 X72	垂直移动到最低处
	G01 Z－11.593	车削 ϕ72 的外圆
	G02 X60.261 Z－50 R96	车削 R96 的顺时针圆弧，多走一段 圆弧，避免接刀痕
	N20 G01 X73	抬刀
精车	M03 S1200	提高主轴转速，1200r/min
	G70 P10 Q20 F40	精车
	G00 X200 Z200	快速退刀
内轮廓	T0505	换 5 号内圆车刀
	G00 X42 Z3	快速定位到内圆右侧

	G01 Z−20 F60	车削第 1 层内圆，Z 终点不必太精确
内轮廓	X38	降刀
	Z3	退出外圆
	X48	定位到内圆右侧
	M03 S1200	提高主轴转速，1200r/min
	Z0 F30	接触工件
	G03 X36 Z−30 R96	车削 R96 的顺时针圆弧
	G01 X30	降刀
	Z3 F100	移出内圆
	G00 X200 Z200	快速退刀
结束	M05	主轴停
	M30	程序结束

5. 刀具路径及切削验证（见图 4.53）

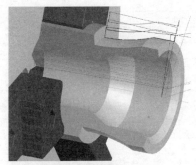

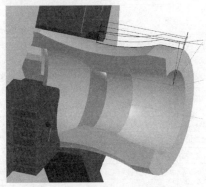

图 4.53 刀具路径及切削验证

十五、减速器长螺纹配合套零件

1. 学习目的

① 思考和熟练掌握每一次装夹的位置和加工范围，设计最合理的加工工艺。

视频演示-1 视频演示-2 视频演示-3 视频演示-4

② 思考内圆圆弧如何计算。

③ 熟练掌握退刀槽和倒角的编程方法。

④ 熟练掌握通过内外径粗车循环 G71 编程的方法。

⑤ 掌握实现内圆的编程方法。

⑥ 学习如何对螺纹进行编程。

⑦ 能迅速构建编程所使用的模型。

2. 加工图纸及要求

数控车削加工如图 4.54 所示的零件，编制其加工的数控程序。

3. 工艺分析和模型

(1) 工艺分析

该零件由内外圆柱面、逆圆弧、斜锥面、槽、螺纹等表面组成，零件图尺寸标注完整，符合数控加工尺寸标注要求；轮廓描述清楚完整；零件材料为 45 钢，切削加工性能较好，无热处理和硬度要求。

(2) 毛坯选择

零件材料为 45 钢，$\phi 58mm$ 棒料。

(3) 刀具选择（见表 4.15）

表 4.15　刀具选择

刀具号	刀具规格名称	加工内容	刀具特征	备注
T01	硬质合金 35°外圆车刀	车端面及车轮廓		
T02	切断刀（切槽刀）	切槽	宽 3mm	
T03	螺纹刀	外螺纹	60°牙型角	
T04	钻头	钻孔	118°麻花钻	$\phi 10mm$
T05	内圆车刀	车内圆轮廓	水平安装	刀刃与 X 轴平行

(4) 几何模型

本例题需要两次装夹，轮廓部分采用 G71 的循环编程，其两次装夹的加工路径的模型设计见图 4.55、图 4.56。

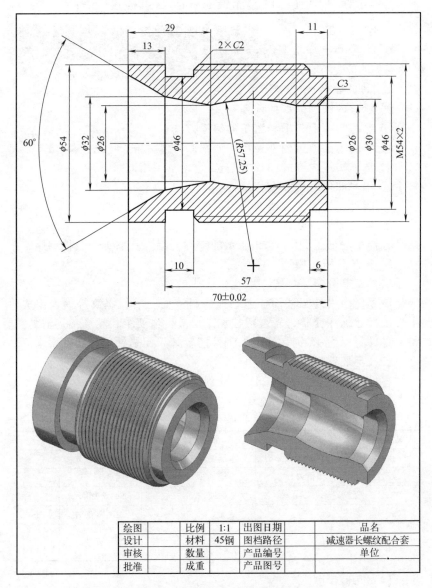

绘图		比例	1:1	出图日期		品名	
设计		材料	45钢	图档路径		减速器长螺纹配合套	
审核		数量		产品编号		单位	
批准		成重		产品图号			

图 4.54　减速器长螺纹配合套零件

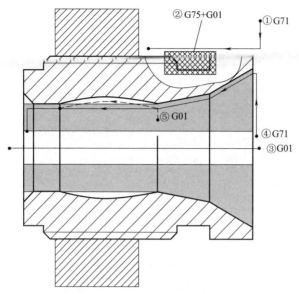

图 4.55 第一次装夹的几何模型和编程路径示意图

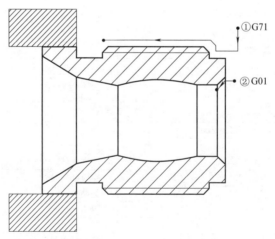

图 4.56 第二次掉头装夹的几何模型和编程路径示意图

(5) 数学计算

本题需要计算圆弧的坐标值和锥面关键点的坐标值，可采用三角函数、勾股定理等几何知识计算，也可使用计算机制图软件（如 AutoCAD、UG、Mastercam、SolidWorks 等）的标注方法来计算。

4. 数控程序

（1）第一次装夹的 FANUC 程序

	M03 S800	主轴正转,800r/min
开始	T0101	换 1 号外圆车刀
	G98	指定走刀按照 mm/min 进给
端面	G00 X60 Z0	快速定位工件端面上方
	G01 X0 F80	车端面,走刀速度 80mm/min
G71 粗车循环	G00 X60 Z3	快速定位循环起点
	G71 U2 R1	X 向每次吃刀量 2,退刀为 1
	G71 P10 Q20 U0.4 W0.1 F100	循环程序段 10～20
外轮廓	N10 G00 X54	垂直移动到最低处,不能有 Z 值
	G01 Z-25	车削 φ54 的外圆
	N20 X58	抬刀
精车	M03 S1200	提高主轴转速,1200r/min
	G70 P10 Q20 F40	精车
	G00 X200 Z200	快速退刀
宽槽和 到倒角	M03S800	主轴正转,800r/min
	T0202	换 02 号切槽刀
	G00 X56 Z-16	定位切槽循环起点
	G75 R1	G75 切槽循环固定格式
	G75 X46 Z-23 P3000 Q2000 R0 F20	G75 切槽循环固定格式
	G00 Z-25	快速定位在倒角上方
	G01X54 F100	接触工件
	X50 Z-23 F20	切削倒角
	X58	抬刀
	G00 X200 Z200	快速退刀
钻孔	T0404	换 04 号钻头
	M03 S800	主轴正转,800r/min
	G00 X0 Z2	定位孔
	G01 Z-75 F15	钻孔
	Z2 F100	退出孔
	G00 X200 Z200	快速退刀
G71 粗车循环	T0505	换 5 号内圆车刀
	G00 X8 Z3	快速定位循环起点
	G71 U3 R1	X 向每次吃刀量 3,退刀为 1
	G71 P30 Q40 U-0.4 W0.1 F80	循环程序段 30～40
内轮廓	N30 G00 X47.011	垂直移动到内圆最高处,不能有 Z 值

	G01 Z0	接触工件
内轮廓	X32 Z−13	斜向车削内锥面
	X26 Z−29	斜向车削内锥面
	Z−70	车削 φ26 的内圆
	N40 X8	降刀
精车	M03 S1200	提高主轴转速,1200r/min
	G70 P30 Q40 F30	精车
内圆弧轮廓	G01 X16	快速移动
	Z−29 F300	定位在圆弧起点处下方
	X26 F40	接触工件
	G03 X26 Z−59 R57.25	车削 R57.25 的逆时针圆弧
	G01 X16 F200	降刀
	Z2	退出内圆
	G00 X200 Z200	快速退刀
结束	M05	主轴停
	M30	程序结束

(2) 第二次掉头装夹的 FANUC 程序

	M03 S800	主轴正转,800r/min
开始	T0101	换 1 号外圆车刀
	G98	指定走刀按照 mm/min 进给
端面	G00 X60 Z0	快速定位工件端面上方
	G01 X20　F80	车端面,走刀速度 80mm/min
G71 粗车循环	G00 X60　Z3	快速定位循环起点
	G71 U2 R1	X 向每次吃刀量2,退刀为1
	G71 P10 Q20 U0.4 W0.1 F100	循环程序段 10～20
外轮廓	N10 G00 X46	垂直移动到最低处,不能有 Z 值
	G01 Z−6	车削 φ46 的外圆
	X50	车削螺纹右端面
	N15 X54 Z−8	车削倒角
	N20 Z−50	车削螺纹外圆
精车	M03 S1200	提高主轴转速,1200r/min
	G70 P10 Q20 F40	精车,螺纹外圆无需精车
外螺纹	G00 X200 Z200	快速退刀
	T0303	换 03 号螺纹刀
	G00X57 Z3	定位到螺纹循环起点
	G76 P010060 Q100R0.1	G76 螺纹循环固定格式
	G76 X51.835 Z−53 P1083Q500 R0F2	G76 螺纹循环固定格式
	G00 X200 Z200	快速退刀

	T0505	换 5 号内圆车刀
内圆倒角	M03 S1200	提高主轴转速,1200r/min
	G00 X32 Z3	快速定位在倒角右侧
	G01 Z0 F40	接触工件
	X26 Z−3	切削倒角
	X20	抬刀
	G00 X200 Z200	快速退刀
结束	M05	主轴停
	M30	程序结束

5. 刀具路径及切削验证（见图 4.57）

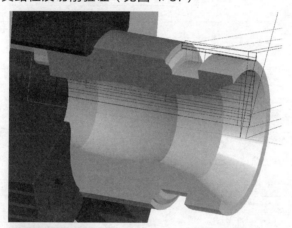

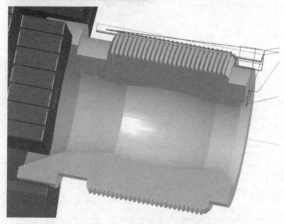

图 4.57　刀具路径及切削验证

十六、定位支座固定套零件

1. 学习目的

① 思考和熟练掌握每
一次装夹的位置和加工范围，
设计最合理的加工工艺。

视频演示-1 视频演示-2 视频演示-3 视频演示-4

② 思考中间圆弧如何计算。

③ 思考内圆的锥度面如何计算。

④ 熟练掌握端面槽的编程方法。

⑤ 熟练掌握通过内外径粗车循环 G71 和 G01 编程的方法。

⑥ 掌握实现内圆的编程方法。

⑦ 学习如何对螺纹进行编程。

⑧ 能迅速构建编程所使用的模型。

2. 加工图纸及要求

数控车削加工如图 4.58 所示的零件，编制其加工的数控程序。

3. 工艺分析和模型

(1) 工艺分析

该零件由内外圆柱面、顺圆弧、多组槽、螺纹等表面组成，零件
图尺寸标注完整，符合数控加工尺寸标注要求；轮廓描述清楚完整；
零件材料为 45 钢，切削加工性能较好，无热处理和硬度要求。

(2) 毛坯选择

零件材料为 45 钢，$\phi 80$mm 棒料。

(3) 刀具选择（见表 4.16）

表 4.16　刀具选择

刀具号	刀具规格名称	加工内容	刀具特征	备注
T01	硬质合金 35°外圆车刀	车端面及车轮廓		
T02	—			
T03	螺纹刀	外螺纹	60°牙型角	
T04	钻头	钻孔	118°麻花钻	$\phi 10$mm
T05	内圆车刀	车内圆轮廓	水平安装	刀刃与X 轴平行
T06	端面车刀	车端面槽	宽 4mm	

(4) 几何模型

本例题需要两次装夹，轮廓部分采用 G71、G90、G01 的循环联
合编程，其两次装夹的加工路径的模型设计见图 4.59、图 4.60。

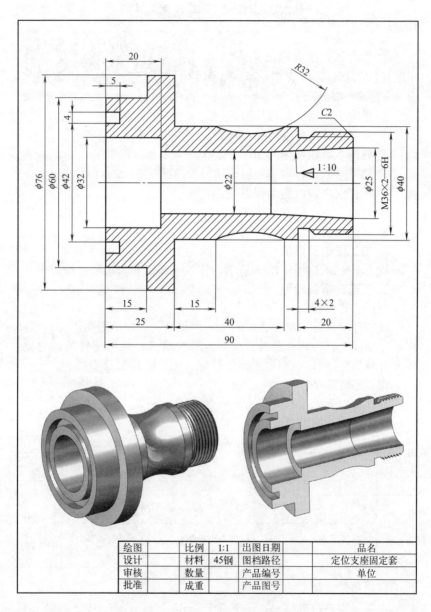

绘图		比例	1:1	出图日期		品名	
设计		材料	45钢	图档路径		定位支座固定套	
审核		数量		产品编号		单位	
批准		成重		产品图号			

图 4.58 定位支座固定套零件

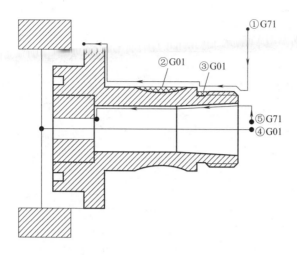

图 4.59　第一次装夹的几何模型和编程路径示意图

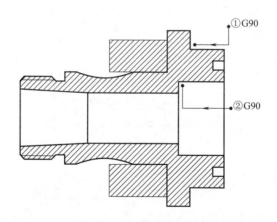

图 4.60　第二次掉头装夹的几何模型和编程路径示意图

(5) 数学计算

　　本题需要计算圆弧的坐标值，可采用三角函数、勾股定理等几何知识计算，也可使用计算机制图软件（如 AutoCAD、UG、Master-cam、SolidWorks 等）的标注方法来计算。

4. 数控程序

(1) 第一次装夹的 FANUC 程序

开始	M03 S800	主轴正转,800r/min
	T0101	换 1 号外圆车刀
	G98	指定走刀按照 mm/min 进给
端面	G00 X85 Z0	快速定位工件端面上方
	G01 X0 F80	车端面,走刀速度 80mm/min
G71 粗车循环	G00 X85 Z3	快速定位循环起点
	G71 U2 R1	X 向每次吃刀量 3,退刀为 1
	G71 P10 Q20 U0.4 W0.1 F100	循环程序段 10～20
外轮廓	N10 G00 X32	垂直移动到最低处,不能有 Z 值
	G01 Z0	接触工件
	X36 Z−2	车削倒角
	Z−20	车削 $\phi36$ 的外圆
	X40	车削 $\phi40$ 的外圆右端面
	Z−65	车削 $\phi40$ 的外圆
	X76	车削 $\phi76$ 的外圆右端面
	N20 Z−75	车削 $\phi76$ 的外圆
精车	M03 S1200	提高主轴转速,1200r/min
	G70 P10 Q20 F40	精车
螺纹退刀槽 和圆弧轮廓	G00 X40 Z−14	定位在倒角上方
	G01 X36 F40	接触工件
	X32 Z−16	车削倒角
	Z−20	车削 $\phi32$ 的外圆
	X44	抬刀
	G00 Z−25	定位在圆弧上方
	G01 X40 F40	接触工件
	G02 X40 Z−50 R32	车削 R32 的顺时针圆弧
	G01 X44	抬刀
	G00 X200 Z200	快速退刀
外螺纹	T0303	换 03 号螺纹刀
	G00 X40 Z3	定位到螺纹循环起点
	G76 P010060 Q100R0.1	G76 螺纹循环固定格式
	G76 X33.835 Z−17.5 P1083 Q500R0F2	G76 螺纹循环固定格式
	G00 X200 Z200	快速退刀
钻孔	T0404	换 04 号钻头
	M03 S800	主轴正转,800r/min
	G00 X0 Z2	定位孔
	G01 Z−95 F15	钻孔

	Z2 F100	退出孔
钻孔	G00 X200 Z200	快速退刀
G71 粗车循环	T0505	换 5 号内圆车刀
	G00 X12 Z3	快速定位循环起点
	G71 U3 R1	X 向每次吃刀量 3,退刀为 1
	G71 P30 Q40 U−0.4 W0.1 F80	循环程序段 30～40
内轮廓	N30 G00 X25	垂直移动到内圆最高处,不能有 Z 值
	G01 Z0	接触工件
	X22 Z−30	斜向车削内锥面
	Z−70	车削 ϕ22 的内圆
	N40 X10	降刀
精车	M03 S1200	提高主轴转速,1200r/min
	G70 P30 Q40 F30	精车
	G00 X200 Z200	快速退刀
结束	M05	主轴停
	M30	程序结束

（2）第二次掉头装夹的 FANUC 程序

	M03 S800	主轴正转,800r/min
开始	T0101	换 1 号外圆车刀
	G98	指定走刀按照 mm/min 进给
端面	G00 X85 Z0	快速定位工件端面上方
	G01 X0 F80	车端面,走刀速度 80mm/min
外轮廓	G00 X85 Z2	快速定位循环起点
	G90 X70 Z−15 F80	第 1 刀
	X64	第 2 刀
	X61	第 3 刀
	X60	第 4 刀
	G00 X200 Z200	快速退刀
内轮廓	T0505	换 5 号内圆车刀
	G00 X8 Z2	快速定位循环起点
	G90 X12 Z−22 F60	第 1 刀,多走 2mm 为了消除飞边
	X18	第 2 刀
	X22	第 3 刀
	X24 Z−20	第 4 刀
	X30	第 5 刀
	X32	第 6 刀
	G00 X200 Z200	快速退刀

端面槽	T0606	换 6 号端面车刀
	G00 X50 Z2	快速定位循环起点
	G01 Z−5 F10	切槽
	Z2 F100	退刀第 2 刀
	G00 X200 Z200	快速退刀
结束	M05	主轴停
	M30	程序结束

5. 刀具路径及切削验证（见图 4.61）

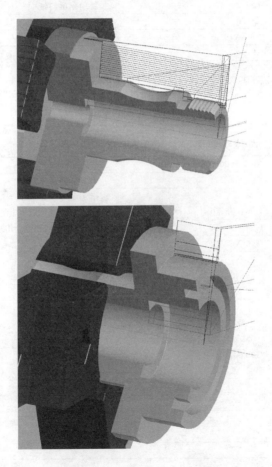

图 4.61　刀具路径及切削验证

十七、内螺纹同心套零件

1. 学习目的

① 思考和熟练掌握每一次装夹的位置和加工范围，设计最合理的加工工艺。

视频演示-1 视频演示-2 视频演示-3 视频演示-4

② 思考内外圆的圆弧如何计算。

③ 熟练掌握通过三角函数计算尺寸的方法。

④ 熟练掌握通过内外径粗车循环 G71、复合轮廓粗车循环 G73 编程的方法。

⑤ 掌握实现内圆的编程方法。

⑥ 学习如何对内螺纹进行编程。

⑦ 能迅速构建编程所使用的模型。

2. 加工图纸及要求

数控车削加工如图 4.62 所示的零件，编制其加工的数控程序。

3. 工艺分析和模型

(1) 工艺分析

该零件由内外圆柱面、顺圆弧、逆圆弧、内沟槽、螺纹等表面组成，零件图尺寸标注完整，符合数控加工尺寸标注要求；轮廓描述清楚完整；零件材料为 45 钢，切削加工性能较好，无热处理和硬度要求。

(2) 毛坯选择

零件材料为 45 钢，ϕ72mm 棒料。

(3) 刀具选择（见表 4.17）

表 4.17 刀具选择

刀具号	刀具规格名称	加工内容	刀具特征	备注
T01	硬质合金 35°外圆车刀	车端面及车轮廓		
T02	切断刀（切槽刀）	切断	宽 3mm	
T03	螺纹刀	外螺纹	60°牙型角	
T04	钻头	钻孔	118°麻花钻	ϕ10mm
T05	内圆车刀	车内圆轮廓	水平安装	刀刃与 X 轴平行
T06	内螺纹刀	内螺纹	60°牙型角	
T07	内割刀	切内轮廓的槽	宽 4mm	

(4) 几何模型

本例题需要两次装夹，轮廓部分采用 G71 和 G73 的循环联合编程，其两次装夹的加工路径的模型设计见图 4.63、图 4.64。

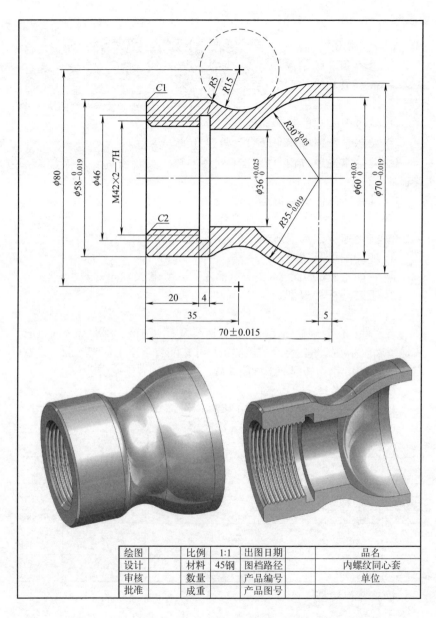

绘图		比例	1:1	出图日期		品名	
设计		材料	45钢	图档路径		内螺纹同心套	
审核		数量		产品编号		单位	
批准		成重		产品图号			

图 4.62 内螺纹同心套零件

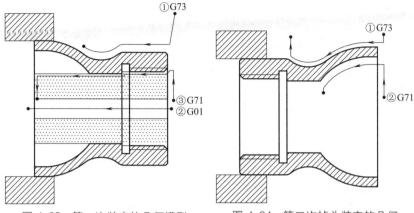

图 4.63　第一次装夹的几何模型
和编程路径示意图

图 4.64　第二次掉头装夹的几何
模型和编程路径示意图

(5) 数学计算

本题需要计算圆弧的坐标值，可采用三角函数、勾股定理等几何知识计算，也可使用计算机制图软件（如 AutoCAD、UG、Mastercam、SolidWorks 等）的标注方法来计算。

4. 数控程序

(1) 第一次装夹的 FANUC 程序

开始	M03 S800	主轴正转，800r/min
	T0101	换 1 号外圆车刀
	G98	指定走刀按照 mm/min 进给
端面	G00 X75 Z0	快速定位工件端面上方
	G01 X0　F80	车端面，走刀速度 80mm/min
G73 粗车循环	G00 X75 Z3	快速定位循环起点
	G73 U10 W1 R3	G73 粗车循环，循环 3 次
	G73 P10 Q20 U0.2 W0.2F80	循环程序段 10～20
外轮廓	N10 G00 X56	垂直移动到最低处
	G01 Z0	接触工件
	X58 Z−1	车削倒角
	G01 Z−23	车削 $\phi72$ 的外圆
	G03 X56 Z−26 R5	车削 R5 的逆时针圆弧
	G02 X56 Z−44 R15	车削 R15 的顺时针圆弧
	N20 G01 X70	

	M03 S1200	提高主轴转速,1200r/min
精车	G70 P10 Q20 F40	精车
	G00 X200 Z200	快速退刀
	T0404	换 04 号钻头
	M03 S800	主轴正转,800r/min
钻孔	G00 X0 Z2	定位孔
	G01 Z−75 F15	钻孔
	Z2 F100	退出孔
	G00 X200 Z200	快速退刀
G71 粗车循环	T0505	换 5 号内圆车刀
	G00 X10 Z3	快速定位循环起点
	G71 U3 R1	X 向每次吃刀量 3,退刀为 1
	G71 P30 Q40 U−0.4 W0.1 F80	循环程序段 30～40
内轮廓	N30 G00 X42	垂直移动到内圆最高处,不能有 Z 值
	G01 Z0	接触工件
	X38 Z−2	车削倒角
	Z−24	车削 $\phi38$ 的内圆
	X36	车削 $\phi36$ 的内圆右端面
	Z−72	车削 $\phi36$ 的内圆
	N40 X8	降刀
精车	M03 S1200	提高主轴转速,1200r/min
	G70 P30 Q40 F30	精车
	G00 X200 Z200	快速退刀
退刀槽	M03S800	降低主轴转速,800r/min
	T0707	换 07 号内割刀
	G00 X34 Z2	快速移动至内圆外部
	Z−24	定位在槽的下方
	G01 X46 F10	切槽
	X34 F100	降刀
	Z2 F300	退出内圆
	G00 X200 Z200	快速退刀
内螺纹	T0606	换 06 号螺纹刀
	G00 X34 Z2	快速定位螺纹起点
	G76 P010060 Q100 R0.1	G76 螺纹循环固定格式
	G76 X42 Z−22 P1083Q500R0F2	G76 螺纹循环固定格式
	G00 X200 Z200	快速退刀
结束	M05	主轴停
	M30	程序结束

(2) 第二次掉头装夹的 FANUC 程序

	M03 S800	主轴正转,800r/min
开始	T0101	换 1 号外圆车刀
	G98	指定走刀按照 mm/min 进给
端面	G00 X75 Z0	快速定位工件端面上方
	G01 X10 F80	车端面,走刀速度 80mm/min
G73 粗车循环	G00 X75 Z3	快速定位循环起点
	G73 U6 W1 R3	G73 粗车循环,循环 3 次
	G73 P10 Q20 U0.2 W0.2F80	循环程序段 10~20
外轮廓	N10 G00 X70	垂直移动到最低处
	G01 Z-5	车削 φ70 的外圆
	G03 X56 Z-26 R35	车削 R35 的逆时针圆弧
	G02 X56 Z-44 R15	车削 R15 的顺时针圆弧,重叠区域,避免接刀痕
	N20 G01 X70	抬刀
精车	M03 S1200	提高主轴转速,1200r/min
	G70 P10 Q20 F40	精车
	G00 X200 Z200	快速退刀
G71 粗车循环	T0505	换 5 号内圆车刀
	G00 X12 Z3	快速定位循环起点
	G71 U3 R1	X 向每次吃刀量 3,退刀为 1
	G71 P30 Q40 U-0.4 W0.1 F80	循环程序段 30~40
内轮廓	N30 G00 X60	垂直移动到内圆最高处,不能有 Z 值
	G01 Z-5	车削 φ60 的内圆
	G03 X36 Z-29 R30	车削 R30 的逆时针圆弧
	N40 G01 X30	降刀
精车	M03 S1200	提高主轴转速,1200r/min
	G70 P30 Q40 F30	精车
	G00 X200 Z200	快速退刀
结束	M05	主轴停
	M30	程序结束

5. 刀具路径及切削验证（见图 4.65）

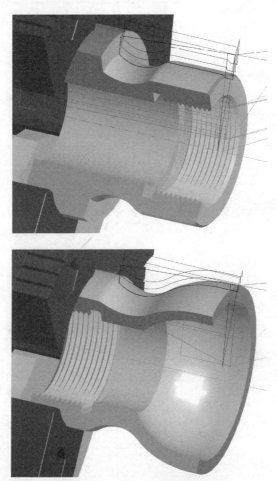

图 4.65　刀具路径及切削验证

十八、锥螺纹螺纹套零件

1. 学习目的

① 思考和熟练掌握每一次装夹的位置和加工范围，设计最合理的加工工艺。

视频演示-1　视频演示-2　视频演示-3　视频演示-4

② 思考中间圆弧如何计算。

③ 熟练掌握内圆锥度面的计算方法。

④ 熟练掌握通过内外径粗车循环 G71 编程的方法。

⑤ 掌握实现内圆的编程方法。

⑥ 学习如何对锥度螺纹进行编程。

⑦ 能迅速构建编程所使用的模型。

2. 加工图纸及要求

数控车削加工如图 4.66 所示的零件，编制其加工的数控程序。

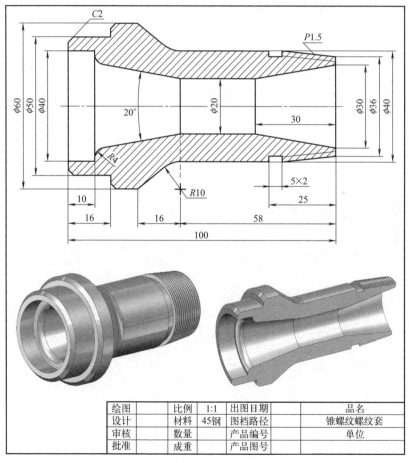

绘图		比例	1:1	出图日期		品名	
设计		材料	45钢	图档路径		锥螺纹螺纹套	
审核		数量		产品编号		单位	
批准		成重		产品图号			

图 4.66　锥螺纹螺纹套零件

3. 工艺分析和模型

(1) 工艺分析

该零件由内外圆柱面、顺圆弧、逆圆弧、斜锥面、槽、螺纹等表面组成，零件图尺寸标注完整，符合数控加工尺寸标注要求；轮廓描述清楚完整；零件材料为 45 钢，切削加工性能较好，无热处理和硬度要求。

(2) 毛坯选择

零件材料为 45 钢，ϕ62mm 棒料。

(3) 刀具选择 （见表 4.18）

表 4.18 刀具选择

刀具号	刀具规格名称	加工内容	刀具特征	备注
T01	硬质合金 35°外圆车刀	车端面及车轮廓		
T02	切断刀（切槽刀）	切槽	宽 3mm	
T03	螺纹刀	外螺纹	60°牙型角	
T04	钻头	钻孔	118°麻花钻	
T05	内圆车刀	车内圆轮廓	水平安装	刀刃与 X 轴平行

(4) 几何模型

本例题需要两次装夹，轮廓部分采用 G71 的循环编程，其两次装夹的加工路径的模型设计见图 4.67、图 4.68。

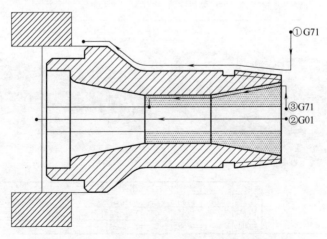

图 4.67 第一次装夹的几何模型和编程路径示意图

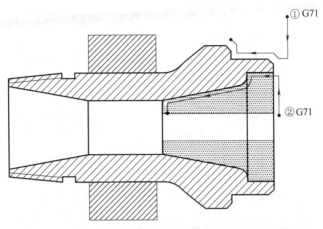

图 4.68　第二次掉头装夹的几何模型和编程路径示意图

(5) 数学计算

本题需要计算圆弧的坐标值和锥面关键点的坐标值，可采用三角函数、勾股定理等几何知识计算，也可使用计算机制图软件（如 AutoCAD、UG、Mastercam、SolidWorks 等）的标注方法来计算。

4. 数控程序

(1) 第一次装夹的 FANUC 程序

开始	M03 S800	主轴正转，800r/min
	T0101	换 1 号外圆车刀
	G98	指定走刀按照 mm/min 进给
端面	G00 X65 Z0	快速定位工件端面上方
	G01 X0　F80	车端面，走刀速度 80mm/min
G71 粗车循环	G00 X65 Z3	快速定位循环起点
	G71 U3 R1	X 向每次吃刀量 3，退刀为 1
	G71 P10 Q20 U0.4 W0.1 F100	循环程序段 10～20
外轮廓	N10 G00 X36	垂直移动到最低处，不能有 Z 值
	G01 Z0	接触工件
	X40 Z−20	车削螺纹锥面
	Z−57.269	车削 $\phi40$ 的外圆
	G02 X44.388 Z−64.25 R10	车削 $R10$ 的顺时针圆弧
	G01 X60 Z−74	斜向车削锥面
	N20 Z−85	车削 $\phi60$ 的外圆

	M03 S1200	提高主轴转速,1200r/min
精车	G70 P10 Q20 F40	精车
	G00 X200 Z200	快速退刀
退刀槽	M03 S800	主轴正转,800r/min
	T0202	换 02 号切槽刀
	G00 X44 Z−23	定位切槽循环起点
	G75 R1	G75 切槽循环固定格式
	G75 X36 Z−25 P3000 Q2000 R0 F20	G75 切槽循环固定格式
	G00 X200 Z200	快速退刀
外螺纹	T0303	换 03 号螺纹刀
	G00 X43 Z3	定位到螺纹循环起点(延长点)
	G76 P010060 Q100 R0.1	G76 螺纹循环固定格式
	G76 X38.376 Z−23 P813 Q400 R−2.6 F1.5	G76 螺纹循环固定格式
	G00 X200 Z200	快速退刀
钻孔	T0404	换 04 号钻头
	M03 S800	主轴正转,800r/min
	G00 X0 Z2	定位孔
	G01 Z−105 F15	钻孔
	Z2 F100	退出孔
	G00 X200 Z200	快速退刀
G71 粗车循环	T0505	换 5 号内圆车刀
	G00 X10 Z3	快速定位循环起点
	G71 U3 R1	X 向每次吃刀量3,退刀为1
	G71 P30 Q40 U−0.4 W0.1 F80	循环程序段 30～40
内轮廓	N30 G00 X30	垂直移动到内圆最高处,不能有 Z 值
	G01 Z0	接触工件
	X20 Z−30	斜向车削内锥面
	Z−58	车削 $\phi20$ 的内圆
	N40 X10	降刀
精车	M03 S1200	提高主轴转速,1200r/min
	G70 P30 Q40 F30	精车
	G00 X200 Z200	快速退刀
结束	M05	主轴停
	M30	程序结束

（2）第二次掉头装夹的 FANUC 程序

	M03 S800	主轴正转,800r/min
开始	T0101	换 1 号外圆车刀
	G98	指定走刀按照 mm/min 进给
端面	G00 X65 Z0	快速定位工件端面上方
	G01 X0 F80	车端面,走刀速度 80mm/min
G71 粗车循环	G00 X65 Z3	快速定位循环起点
	G71 U2 R1	X 向每次吃刀量 2,退刀为 1
	G71 P10 Q20 U0.4 W0.1 F100	循环程序段 10～20
外轮廓	N10 G00 X46	垂直移动到最低处,不能有 Z 值
	G01 Z0	接触工件
	X50 Z−2	车削倒角
	Z−16	车削 ϕ40 的外圆
	X56	车削 ϕ60 的外圆右端面
	X60 Z−18	车削倒角
	N20 Z−26	车削 ϕ60 的外圆
精车	M03 S1200	提高主轴转速,1200r/min
	G70 P10 Q20 F40	精车
	G00 X200 Z200	快速退刀
G71 粗车循环	M03 S800	主轴正转,800r/min
	T0505	换 5 号内圆车刀
	G00 X12 Z3	快速定位循环起点
	G71 U3 R1	X 向每次吃刀量 3,退刀为 1
	G71 P30 Q40 U−0.4 W0 F80	循环程序段 30～40
内轮廓	N30 G00 X40	垂直移动到内圆最高处,不能有 Z 值
	G01 Z−10	车削 ϕ40 的内圆
	X37.998	车削到圆弧起点
	G02 X30.199 Z−13.305 R4	车削圆角
	G01 X20 Z−42	斜向车削锥面
	Z−44	多车一刀,避免飞边
	N40X8	降刀
精车	M03 S1200	提高主轴转速,1200r/min
	G70 P30 Q40 F30	精车
	G00 X200 Z200	快速退刀
结束	M05	主轴停
	M30	程序结束

5. 刀具路径及切削验证（见图 4.69）

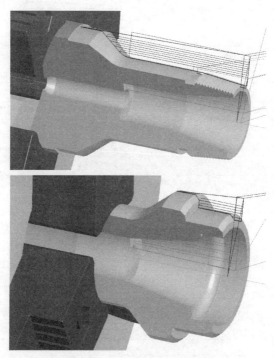

图 4.69 刀具路径及切削验证

十九、螺纹支承配件套零件

1. 学习目的

① 思考和熟练掌握每一次装夹的位置和加工范围，设计最合理的加工工艺。

视频演示-1　视频演示-2　视频演示-3　视频演示-4

② 思考中间两段圆弧如何计算。

③ 熟练掌握内圆锥度面的计算方法。

④ 熟练掌握通过内外径粗车循环 G71、复合轮廓粗车循环 G73 编程的方法。

⑤ 掌握实现内圆的编程方法。

⑥ 学习如何对螺纹进行编程。

⑦ 能迅速构建编程所使用的模型。

2. 加工图纸及要求

数控车削加工如图 4.70 所示的零件，编制其加工的数控程序。

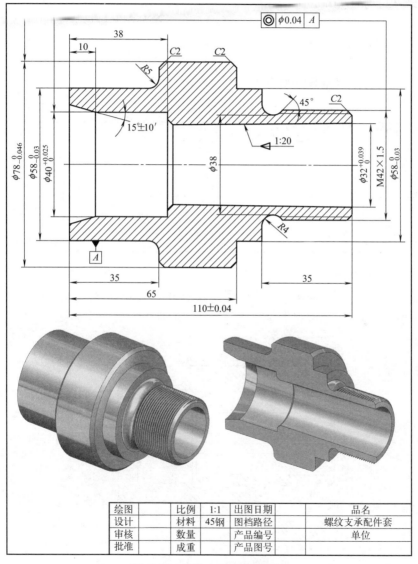

绘图		比例	1:1	出图日期		品名	
设计		材料	45钢	图档路径		螺纹支承配件套	
审核		数量		产品编号		单位	
批准		成重		产品图号			

图 4.70　螺纹支承配件套零件

3. 工艺分析和模型

(1) 工艺分析

该零件由内外圆柱面、顺圆弧、圆弧槽、螺纹等表面组成，零件图尺寸标注完整，符合数控加工尺寸标注要求；轮廓描述清楚完整；零件材料为 45 钢，切削加工性能较好，无热处理和硬度要求。

(2) 毛坯选择

零件材料为 45 钢，ϕ80mm 棒料。

(3) 刀具选择 （见表 4.19）

表 4.19　刀具选择

刀具号	刀具规格名称	加工内容	刀具特征	备注
T01	硬质合金 35°外圆车刀	车端面及车轮廓		
T02	—			
T03	螺纹刀	外螺纹	60°牙型角	
T04	钻头	钻孔	118°麻花钻	ϕ10mm
T05	内圆车刀	车内圆轮廓	水平安装	刀刃与 X 轴平行

(4) 几何模型

本例题需要两次装夹，轮廓部分采用 G71 和 G73 的循环联合编程，其两次装夹的加工路径的模型设计见图 4.71、图 4.72。

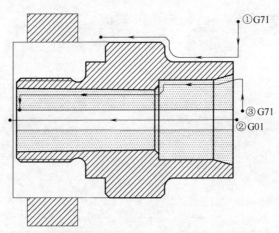

图 4.71　第一次装夹的几何模型和编程路径示意图

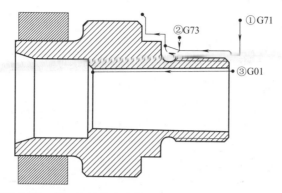

图 4.72　第二次掉头装夹的几何模型和编程路径示意图

（5）数学计算

本题需要计算锥面关键点的坐标值，可采用三角函数、勾股定理等几何知识计算，也可使用计算机制图软件（如 AutoCAD、UG、Mastercam、SolidWorks 等）的标注方法来计算。

4. 数控程序

（1）第一次装夹的 FANUC 程序

开始	M03 S800	主轴正转,800r/min
	T0101	换 1 号外圆车刀
	G98	指定走刀按照 mm/min 进给
端面	G00 X85 Z0	快速定位工件端面上方
	G01 X0 F80	车端面,走刀速度 80mm/min
G71 粗车循环	G00 X85 Z3	快速定位循环起点
	G71 U2 R1	X 向每次吃刀量 2,退刀为 1
	G71 P10 Q20 U0.4 W0.1 F100	循环程序段 10～20
外轮廓	N10 G00 X58	垂直移动到最低处,不能有 Z 值
	G01 Z−30	车削 $\phi58$ 的外圆
	G02 X68 Z−35 R5	车削圆角
	G01 X74	车削 $\phi78$ 的外圆右端面
	X78 Z−37	车削倒角
	N20 Z−68	车削 $\phi78$ 的外圆
精车	M03 S1200	提高主轴转速,1200r/min
	G70 P10 Q20 F40	精车
	G00 X200 Z200	快速退刀
钻孔	T0404	换 04 号钻头
	M03 S800	主轴正转,800r/min

	G00 X0 Z2	定位孔
钻孔	G01 Z-120 F15	钻孔
	Z2 F100	退出孔
	G00 X200 Z200	快速退刀
G71 粗车循环	T0505	换5号内圆车刀
	G00 X12 Z3	快速定位循环起点
	G71 U3 R1	X 向每次吃刀量3,退刀为1
	G71 P30 Q40 U-0.4 W0.1 F80	循环程序段30～40
内轮廓	N30 G00 X45.359	垂直移动到内圆最高处,不能有 Z 值
	G01 Z0	接触工件
	X40 Z-10	斜向车削内锥面
	Z-38	车削 $\phi40$ 的内圆
	X34.100	车削至倒角的外圆右端面
	N35 X30.148Z-40	车削倒角
	Z-112	斜向车削内锥面下的内圆
	N40 X8	降刀
精车	M03 S1200	提高主轴转速,1200r/min
	G70 P30 Q35 F30	精车
	G00 X200 Z200	快速退刀
结束	M05	主轴停
	M30	程序结束

(2) 第二次掉头装夹的 FANUC 程序

	M03 S800	主轴正转,800r/min
开始	T0101	换1号外圆车刀
	G98	指定走刀按照 mm/min 进给
端面	G00 X85 Z0	快速定位工件端面上方
	G01 X30 F80	车端面,走刀速度80mm/min
G71 粗车循环	G00 X85 Z3	快速定位循环起点
	G71 U3 R1	X 向每次吃刀量3,退刀为1
	G71 P10 Q20 U0.4 W0.1 F100	循环程序段10～20
外轮廓	N10 G00 X38	垂直移动到最低处,不能有 Z 值
	G01 Z0	接触工件
	X42 Z-2	车削倒角
	Z-27.343	车削 $\phi42$ 的内圆
	X46 Z-35	斜向车削至圆弧左侧

外轮廓	X58	车削 $\phi 58$ 的外圆右端面
	Z-45	车削 $\phi 50$ 的内圆
	X74	车削 $\phi 78$ 的外圆右端面
	N20 X78 Z-47	车削倒角
精车	M03 S1200	提高主轴转速,1200r/min
	G70 P10 Q20 F40	精车
G73 粗车循环	G00 X45 Z-27	快速定位循环起点
	G73 U1.5 W1 R2	G73 粗车循环,循环 2 次
	G73 P30 Q40 U0.2 W0.2F80	循环程序段 30~40
外轮廓	N30 G01 X42 Z-27.343	快速定位
	X40.343 Z-28.172	车削 45°倒角
	N40 G02 X46 Z-35 R4	车削 R5 的逆时针圆弧
精车	M03 S1200	提高主轴转速,1200r/min
	G70 P30 Q40F40	精车
	G00 X200 Z200	快速退刀
外螺纹	T0303	换 03 号螺纹刀
	G00X45 Z3	定位到螺纹循环起点
	G76 P010060 Q80R0.1	G76 螺纹循环固定格式
	G76 X40.376 Z-30 P813 Q400 R0 F1.5	G76 螺纹循环固定格式
	G00 X200 Z200	快速退刀
内轮廓	T0505	换 5 号内圆车刀
	M03 S1200	提高主轴转速,1200r/min
	G00 X32 Z2	快速定位到内圆外侧
	G01 Z0 F40	车削第 1 层内圆
	X30.148 Z-70	车削内圆锥面
	X20	降刀
	G00 Z2	退出内圆
	G00 X200 Z200	快速退刀
结束	M05	主轴停
	M30	程序结束

5. 刀具路径及切削验证（见图 4.73）

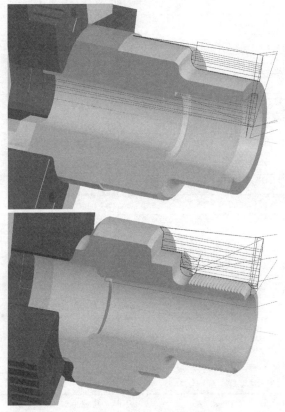

图 4.73　刀具路径及切削验证

二十、内锥面螺纹轴配合套零件

1. 学习目的

① 思考和熟练掌握每一次装夹的位置和加工范围，设计最合理的加工工艺。

视频演示-1　视频演示-2　视频演示-3　视频演示-4

② 思考中间圆弧如何计算。

③ 熟练掌握多种编程的方法。

④ 熟练掌握通过内外径粗车循环 G71 编程的方法。

⑤ 掌握实现内圆的编程方法。

⑥ 学习如何对嵌入式螺纹进行编程。

⑦ 能迅速构建编程所使用的模型。

2. 加工图纸及要求

数控车削加工如图 4.74 所示的零件，编制其加工的数控程序。

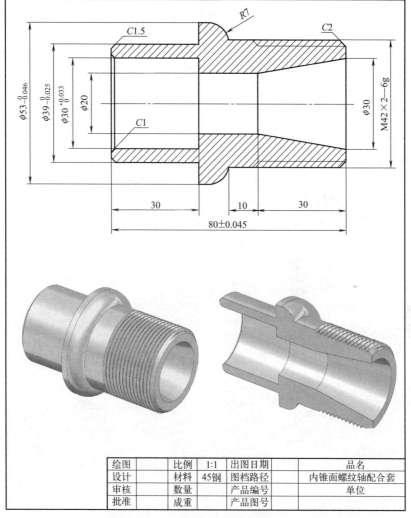

绘图		比例	1:1	出图日期		品名
设计		材料	45钢	图档路径		内锥面螺纹轴配合套
审核		数量		产品编号		单位
批准		成重		产品图号		

图 4.74 内锥面螺纹轴配合套零件

3. 工艺分析和模型

(1) 工艺分析

该零件由内外圆柱面、逆圆弧、斜锥面、螺纹等表面组成，零件图尺寸标注完整，符合数控加工尺寸标注要求；轮廓描述清楚完整；零件材料为 45 钢，切削加工性能较好，无热处理和硬度要求。

(2) 毛坯选择

零件材料为 45 钢，ϕ55mm 棒料。

(3) 刀具选择（见表 4.20）

表 4.20　刀具选择

刀具号	刀具规格名称	加工内容	刀具特征	备注
T01	硬质合金 35°外圆车刀	车端面及车轮廓		
T02	—			
T03	螺纹刀	外螺纹	60°牙型角	
T04	钻头	钻孔	118°麻花钻	
T05	内圆车刀	车内圆轮廓	水平安装	刀刃与 X 轴平行

(4) 几何模型

本例题需要两次装夹，轮廓部分采用 G71、G90 的循环联合编程，其两次装夹的加工路径的模型设计见图 4.75、图 4.76。

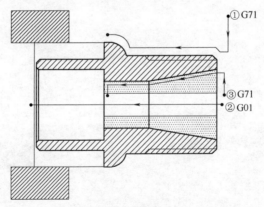

图 4.75　第一次装夹的几何模型和编程路径示意图

(5) 数学计算

本题需要计算圆弧的坐标值，可采用三角函数、勾股定理等几何知识计算，也可使用计算机制图软件（如 AutoCAD、UG、Master-

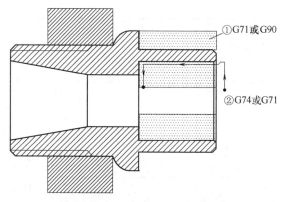

①G71或G90

②G74或G71

图 4.76 第二次掉头装夹的几何模型和编程路径示意图

cam、SolidWorks 等）的标注方法来计算。

4. 数控程序

(1) 第一次装夹的 FANUC 程序

开始	M03 S800	主轴正转,800r/min
	T0101	换 1 号外圆车刀
	G98	指定走刀按照 mm/min 进给
端面	G00 X60 Z0	快速定位工件端面上方
	G01 X0 F80	车端面,走刀速度 80mm/min
G71 粗车循环	G00 X60 Z3	快速定位循环起点
	G71 U2 R1	X 向每次吃刀量 2,退刀为 1
	G71 P10 Q20 U0.4 W0.1 F100	循环程序段 10～20
外轮廓	N10 G00 X38	垂直移动到最低处,不能有 Z 值
	G01 Z0	接触工件
	X42 Z-2	车削倒角
	Z-40	车削 $\phi42$ 的内圆
	G03 X53 Z-46.837 R7	车削 $R7$ 的逆时针圆弧
	N20 G01 Z-50	车削 $\phi53$ 的外圆
精车	M03 S1200	提高主轴转速,1200r/min
	G70 P10 Q20 F40	精车
	G00 X200 Z200	快速退刀
外螺纹	T0303	换 03 号螺纹刀
	G00 X45 Z3	定位到第 1 个螺纹循环起点
	G76 P010260 Q100R0.1	G76 螺纹循环固定格式
	G76 X39.835 Z-17.5 P1083Q500R0F2	G76 螺纹循环固定格式
	G00 X200 Z200	快速退刀

	T0404	换 04 号钻头
钻孔	M03 S800	主轴正转,800r/min
	G00 X0 Z2	定位孔
	G01 Z−85 F15	钻孔
	Z2 F100	退出孔
	G00 X200 Z200	快速退刀
G71 粗车循环	T0505	换 5 号内圆车刀
	G00 X12 Z3	快速定位循环起点
	G71 U3 R1	X 向每次吃刀量 3,退刀为 1
	G71 P30 Q40 U−0.4 W0.1 F80	循环程序段 30~40
内轮廓	N30 G00 X30	垂直移动到内圆最高处,不能有 Z 值
	G01 Z0	接触工件
	X20 Z−30	斜向车削内锥面
	Z−50	车削 $\phi20$ 的内圆
	N40 X10	降刀
精车	M03 S1200	提高主轴转速,1200r/min
	G70 P30 Q40 F30	精车
	G00 X200 Z200	快速退刀
结束	M05	主轴停
	M30	程序结束

(2) 第二次掉头装夹的 FANUC 程序

	M03 S800	主轴正转,800r/min
开始	T0101	换 1 号外圆车刀
	G98	指定走刀按照 mm/min 进给
G71 粗车循环	G00 X60 Z3	快速定位循环起点
	G71 U2 R1	X 向每次吃刀量 2,退刀为 1
	G71 P10 Q20 U0.4 W0.1 F100	循环程序段 10~20
外轮廓	N10 G00 X36	快速定位到倒角外部
	G01 Z0 F80	接触工件
	X39 Z−1.5	车削倒角
	Z−30	
	X53	
	N20 Z−32	多车一刀,避免飞边
精车	M03 S1200	提高主轴转速,1200r/min
	G70 P10 Q20 F40	精车
	G00 X200 Z200	快速退刀

G71 粗车循环	T0505	换 5 号内圆车刀
	G00 X8 Z3	快速走位伸坯起点
	G71 U3 R1	X 向每次吃刀量 3,退刀为 1
	G71 P30 Q40 U−0.4 W0.1 F80	循环程序段 30~40
内轮廓	N30G00 X32	快速定位到倒角外部
	G01 Z0 F80	接触工件
	X30 Z−1	车削倒角
	Z−30	车削 $\phi30$ 的内圆
	X20	降刀
	Z−31	多车一刀,避免飞边
	N40 X8	降刀
精车	M03 S1200	提高主轴转速,1200r/min
	G70 P30 Q40 F30	精车
	G00 X200 Z200	快速退刀
结束	M05	主轴停
	M30	程序结束

5. 刀具路径及切削验证（见图 4.77）

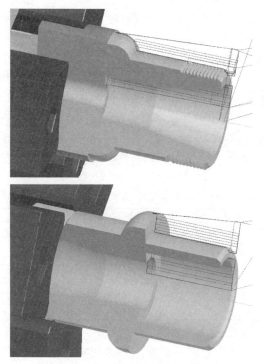

图 4.77　刀具路径及切削验证

二十一、多圆弧内锥套零件

1. 学习目的

① 思考和熟练掌握每一次装夹的位置和加工范围，设计最合理的加工工艺。

视频演示-1 视频演示-2 视频演示-3 视频演示-4

② 思考中间连续圆弧如何计算。

③ 熟练掌握通过三角函数计算角度的方法。

④ 熟练掌握通过内外径粗车循环 G71、复合轮廓粗车循环 G73 编程的方法。

⑤ 掌握实现内圆的编程方法。

⑥ 学习如何对内螺纹进行编程。

⑦ 能迅速构建编程所使用的模型。

2. 加工图纸及要求

数控车削加工如图 4.78 所示的零件，编制其加工的数控程序。

3. 工艺分析和模型

(1) 工艺分析

该零件由内外圆柱面、顺圆弧、逆圆弧、螺纹等表面组成，零件图尺寸标注完整，符合数控加工尺寸标注要求；轮廓描述清楚完整；零件材料为 45 钢，切削加工性能较好，无热处理和硬度要求。

(2) 毛坯选择

零件材料为 45 钢，ϕ64mm 棒料。

(3) 刀具选择（见表 4.21）

表 4.21　刀具选择

刀具号	刀具规格名称	加工内容	刀具特征	备注
T01	硬质合金 35°外圆车刀	车端面及车轮廓		
T02	—			
T03	—			
T04	钻头	钻孔	118°麻花钻	
T05	内圆车刀	车内圆轮廓	水平安装	刀刃与 X 轴平行
T06	内螺纹刀	内螺纹	60°牙型角	

(4) 几何模型

本例题需要两次装夹，轮廓部分采用 G71 和 G73 的循环联合编程，其两次装夹的加工路径的模型设计见图 4.79、图 4.80。

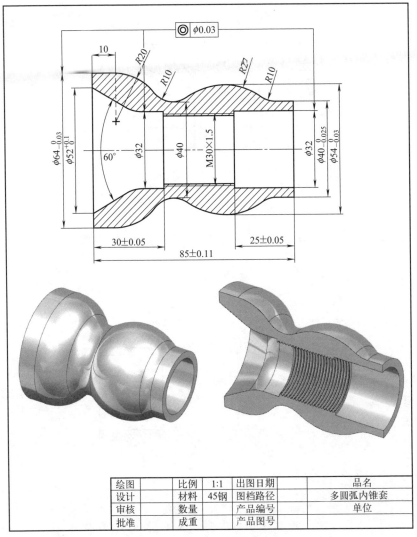

绘图		比例	1:1	出图日期		品名	
设计		材料	45钢	图档路径		多圆弧内锥套	
审核		数量		产品编号		单位	
批准		成重		产品图号			

图 4.78　多圆弧内锥套零件

(5) 数学计算

本题需要计算圆弧的坐标值和锥面关键点的坐标值,可采用三角函数、勾股定理等几何知识计算,也可使用计算机制图软件(如 Au-toCAD、UG、Mastercam、SolidWorks 等)的标注方法来计算。

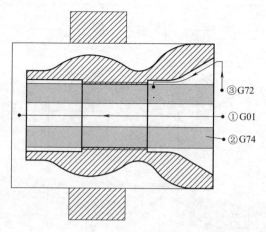

图 4.79　第一次装夹的几何模型和编程路径示意图

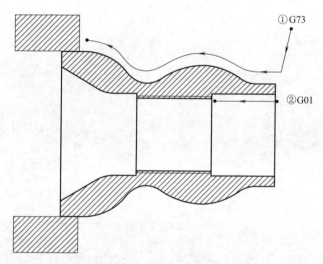

图 4.80　第二次掉头装夹的几何模型和编程路径示意图

4. 数控程序

(1) 第一次装夹的 FANUC 程序

	M03 S800	主轴正转，800r/min
开始	T0101	换 1 号外圆车刀
	G98	指定走刀按照 mm/min 进给

	G00 X70 Z0	快速定位工件端面上方
端面	G01 X0 F80	车端面,走刀速度 80mm/min
	G00 X200 Z200	快速退刀
	T0404	换 04 号钻头
	M03 S800	主轴正转,800r/min
钻孔	G00 X0 Z2	定位孔
	G01 Z−90F15	钻孔
	Z2 F100	退出孔
	G00 X200 Z200	快速退刀
G71 粗车	T0505	换 5 号内圆车刀
循环	G00 X8 Z3	快速定位循环起点
	G71 U3 R1	X 向每次吃刀量 3,退刀为 1
	G71 P10 Q20 U−0.4 W0.1 F80	循环程序段 10~20
	N10 G00 X52	垂直移动到内圆最高处,不能有 Z 值
	G01 Z0	接触工件
	X36.019 Z−13.84	斜向车削内锥面
内轮廓	G02 X32 Z−21.34 R20	车削 R20 的顺时针圆弧
	G01 Z−30	车削 φ40 的内圆
	N15X28	车削内螺纹的内圆右端面
	Z−87	车削内螺纹的内圆,不必精确
	N20 X10	降刀
	M03 S1200	提高主轴转速,1200r/min
精车	G70 P10 Q15 F30	精车
	G00 X200 Z200	快速退刀
结束	M05	主轴停
	M30	程序结束

(2) 第二次掉头装夹的 FANUC 程序

	M03 S800	主轴正转,800r/min
开始	T0101	换 1 号外圆车刀
	G98	指定走刀按照 mm/min 进给
端面	G00 X70 Z0	快速定位工件端面上方
	G01 X28 F80	车端面,走刀速度 80mm/min
G73 粗车	G00 X70 Z3	快速定位循环起点
循环	G73U8 W0 R4	G73 粗车循环,循环 4 次
	G73P10Q20U0.4 W0 F80	循环程序段 10~20
外轮廓	N10 G00 X40	垂直移动到起始处
	G01 Z−7.687	接触工件

	G02 X43.784 Z−13.54 R10	车削 R10 的顺时针圆弧
外轮廓	G03 X43.784 Z−45.147 R27	车削 R27 的逆时针圆弧
	G02 X48 Z−59 R10	车削 R10 的顺时针圆弧
	G03 X64 Z−75 R20	车削 R20 的逆时针圆弧
	N20 G01 X70	抬刀
精车	M03 S1200	提高主轴转速,1200r/min
	G70 P10 Q20 F40	精车
	G00 X200 Z200	快速退刀
内轮廓	M03 S800	主轴正转,800r/min
	T0505	换 5 号内圆车刀
	G00 X32 Z3	快速定位循环起点
	G01 Z−25 F40	车削 φ32 的内圆
	X25 F00	降刀
	Z3 F300	退出内圆
	G00 X200 Z200	快速退刀
内螺纹	T0606	换 6 号内螺纹刀
	G00 X22 Z3	快速移动至内圆右侧
	Z−21	定位螺纹循环起点
	G76 P010060 Q80R0.1	G76 螺纹循环固定格式
	G76 X30 Z−59 P813 Q400 R0 F1.5	G76 螺纹循环固定格式
	Z2	退出内圆
	G00 X200 Z200	快速退刀
结束	M05	主轴停
	M30	程序结束

5. 刀具路径及切削验证（见图 4.81）

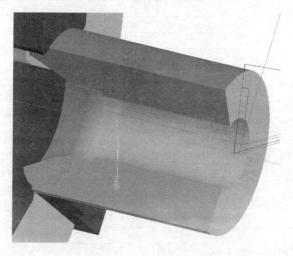

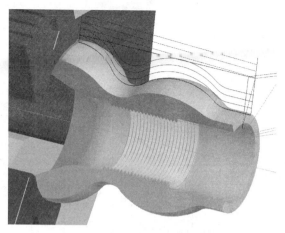

图 4.81　刀具路径及切削验证

二十二、轴颈配合套零件

1. 学习目的

① 思考和熟练掌握每一次装夹的位置和加工范围，设计最合理的加工工艺。

视频演示-1　视频演示-2　视频演示-3　视频演示-4

② 思考工件中出现的内外圆的圆弧如何计算。

③ 熟练掌握槽形区域编程的方法。

④ 掌握端面的加工方法以及编程方法。

⑤ 熟练掌握通过内外径粗车循环 G71 编程的方法。

⑥ 掌握实现内圆的编程方法。

⑦ 学习如何对内螺纹进行编程。

⑧ 能迅速构建编程所使用的模型。

2. 加工图纸及要求

数控车削加工如图 4.82 所示的零件，编制其加工的数控程序。

3. 工艺分析和模型

（1）工艺分析

该零件由内外圆柱面、顺圆弧、逆圆弧、多组槽、螺纹等表面组成，零件图尺寸标注完整，符合数控加工尺寸标注要求；轮廓描述清楚完整；零件材料为 45 钢，切削加工性能较好，无热处理和硬度要求。

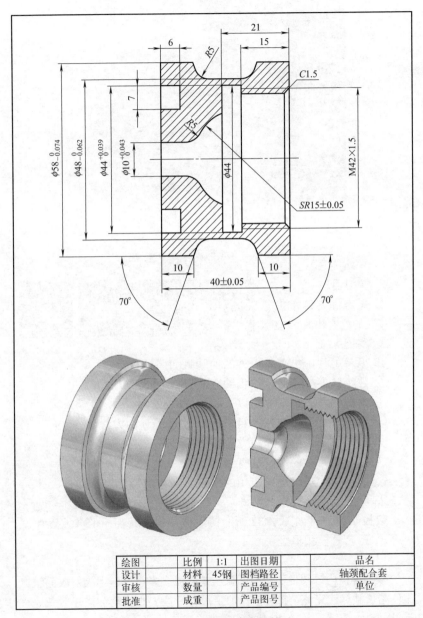

绘图		比例	1:1	出图日期		品名	
设计		材料	45钢	图档路径		轴颈配合套	
审核		数量		产品编号		单位	
批准		成重		产品图号			

图 4.82　轴颈配合套零件

(2) **毛坯选择**

零件材料为 45 钢，ϕ58mm 棒料。

(3) **刀具选择**（表 4.22）

表 4.22　刀具选择

刀具号	刀具规格名称	加工内容	刀具特征	备注
T01	硬质合金 35°外圆车刀	车端面及车轮廓		
T02	切断刀（切槽刀）	切槽	宽 3mm	
T03	—			
T04	钻头	钻孔	118°麻花钻	
T05	内圆车刀	车内圆轮廓	水平安装	刀刃与 X 轴平行
T06	内螺纹刀	内螺纹	60°牙型角	
T07	内割刀	切内轮廓的槽	宽 3mm	
T08	端面槽刀	切端面槽	宽 4mm	注意断面槽刀的对刀点

(4) **几何模型**

本例题需要两次装夹，轮廓部分采用 G01、G75 的循环联合编程，其两次装夹的加工路径的模型设计见图 4.83、图 4.84。

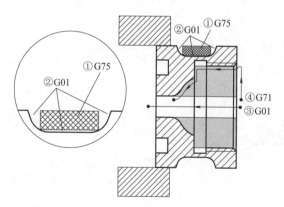

图 4.83　第一次装夹的几何模型和编程路径示意图

(5) **数学计算**

本题需要计算圆弧的坐标值，可采用三角函数、勾股定理等几何知识计算，也可使用计算机制图软件（如 AutoCAD、UG、Mastercam、SolidWorks 等）的标注方法来计算。

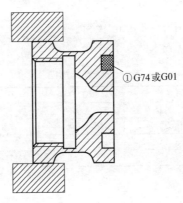

①G74或G01

图 4.84 第二次掉头装夹的几何模型和编程路径示意图

4. 数控程序

(1) 第一次装夹的 FANUC 程序

开始	M03 S800	主轴正转,800r/min
	T0101	换 1 号外圆车刀
	G98	指定走刀按照 mm/min 进给
端面	G00 X65 Z0	快速定位工件端面上方
	G01 X0 F80	车端面,走刀速度 80mm/min
	G00 X200 Z200	快速退刀
宽槽	T0202	换 02 号切槽刀
	G00 X62 Z−16	定位切槽循环起点
	G75 R1	G75 切槽循环固定格式
	G75 X49.143 Z−27 P3000 Q2000 R0 F20	G75 切槽循环固定格式
宽槽右侧	G00 Z−13	快速定位在右侧圆弧上方
	G01X58 F100	接触工件
	X54.580 Z−13.622 F20	切削斜面
	G02 X48 Z−18.321 R5	车削 $R5$ 的圆角
	G01 Z−24	平槽底
	X62 F100	抬刀
宽槽左侧	G00 Z−30	快速定位在左侧圆弧上方
	G01X58 F100	接触工件
	X54.580 Z−29.378 F20	切削斜面
	G03 X48 Z−24.679 R5	车削 $R5$ 的圆角
	G01 X62 F100	抬刀
	G00 X200 Z200	快速退刀

	T0404	换 04 号钻头
	M03 S800	主轴正转,800r/min
钻孔	G00 X0 Z2	定位孔
	G01 Z−45 F15	钻孔
	Z2 F100	退出孔
	G00 X200 Z200	快速退刀
G71 粗车循环	T0505	换 5 号内圆车刀
	G00 X8 Z3	快速定位循环起点
	G71 U3 R1	X 向每次吃刀量 3,退刀为 1
	G71 P30 Q40 U−0.4 W0.1 F80	循环程序段 30~40
内轮廓	N30 G00 X42	垂直移动到内圆最高处,不能有 Z 值
	G01 Z0	接触工件
	X39 Z−1.5	车削倒角
	Z−21	车削内螺纹处的内圆
	X27.495	车削至圆弧右侧
	G03 X15 Z−27.990 R15	车削 R15 的逆时针圆弧
	G02 X10Z−32.321 R5	车削 R5 的顺时针圆弧
	N40 G01 Z−34	多走一刀,避免接刀痕
精车	M03 S1200	提高主轴转速,1200r/min
	G70 P30 Q40 F30	精车
	G00 X200 Z200	快速退刀
退刀槽	M03S800	降低主轴转速,800r/min
	T0707	换 07 号内割刀
	G00 X35 Z2	快速移动至内圆外部
	Z−18	定位在槽的下方
	G75 R1	G75 切槽循环固定格式
	G75 X44 Z−21 P3000 Q2000 R0 F20	G75 切槽循环固定格式
	Z2 F300	退出内圆
	G00 X200 Z200	快速退刀
内螺纹	T0606	换 06 号螺纹刀
	G00 X36 Z2	快速定位螺纹起点
	G76 P010060 Q100 R0.1	G76 螺纹循环固定格式
	G76 X42 Z−18 P813 Q400R0F1.5	G76 螺纹循环固定格式
	G00 X200 Z200	快速退刀
结束	M05	主轴停
	M30	程序结束

(2) 第二次掉头装夹的 FANUC 程序

开始	M03 S800	主轴正转,800r/min
	T0101	换 1 号外圆车刀
	G98	指定走刀按照 mm/min 进给
端面	G00 X65 Z0	快速定位工件端面上方
	G01 X10 F80	车端面,走刀速度 80mm/min
	G00 X200 Z200	快速退刀
端面槽	T0808	换 08 号端面槽刀
	M03 S800	主轴正转,800r/min
	G00 X36 Z2	定位镗孔循环起点
	G74 R1	G74 镗孔循环固定格式
	G74X30 Z－6 P2000 Q2000 R0 F15	G74 镗孔循环固定格式
	G00 X200 Z200	快速退刀
结束	M05	主轴停
	M30	程序结束

5. 刀具路径及切削验证（见图 4.85）

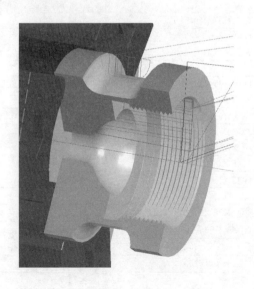

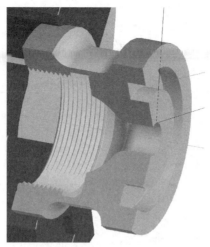

图 4.85 刀具路径及切削验证

二十三、内锥螺纹多槽啮合零件

1. 学习目的

① 思考和熟练掌握每一次装夹的位置和加工范围，设计最合理的加工工艺。

视频演示-1 视频演示-2 视频演示-3 视频演示-4

② 思考等距宽槽如何计算。

③ 熟练掌握通过内外径粗车循环 G71 编程的方法。

④ 掌握实现内圆的编程方法。

⑤ 如何对锥度内螺纹进行编程。

⑥ 能迅速构建编程所使用的模型。

2. 加工图纸及要求

数控车削加工如图 4.86 所示的零件，编制其加工的数控程序。

3. 工艺分析和模型

(1) 工艺分析

该零件表面由内外圆柱面、顺圆弧、逆圆弧、斜锥面、槽、螺纹等表面组成，零件图尺寸标注完整，符合数控加工尺寸标注要求；轮廓描述清楚完整；零件材料为 45 钢，切削加工性能较好，无热处理和硬度要求。

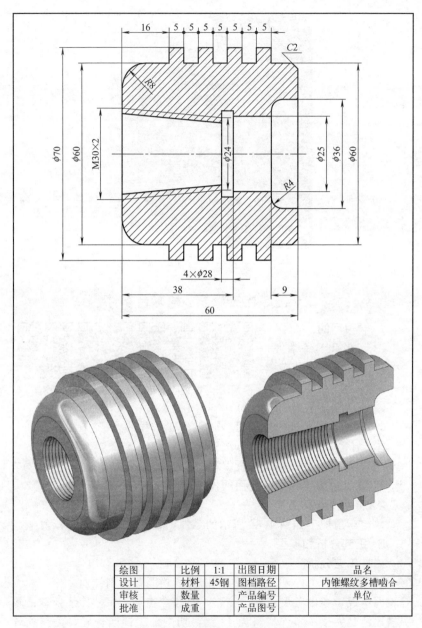

图 4.86 内锥螺纹多槽啮合零件

绘图		比例	1:1	出图日期		品名	
设计		材料	45钢	图档路径		内锥螺纹多槽啮合	
审核		数量		产品编号		单位	
批准		成重		产品图号			

(2) 毛坯选择

零件材料为 45 钢，$\phi 45mm$ 棒料。

(3) 刀具选择（见表 4.23）

表 4.23　刀具选择

刀具号	刀具规格名称	加工内容	刀具特征	备注
T01	硬质合金 35°外圆车刀	车端面及车轮廓		
T02	切断刀（切槽刀）	切槽	宽 4mm	
T03	—			
T04	钻头	钻孔	118°麻花钻	
T05	内圆车刀	车内圆轮廓	水平安装	刀刃与 X 轴平行
T06	内螺纹刀	内螺纹	60°牙型角	
T07	内割刀	切内轮廓的槽	宽 4mm	

(4) 几何模型

本例题需要两次装夹，轮廓部分采用 G71 的循环编程，其两次装夹的加工路径的模型设计见图 4.87、图 4.88。

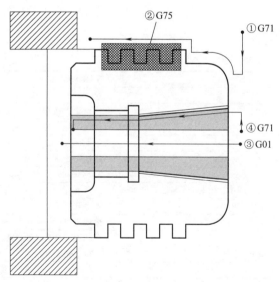

图 4.87　第一次装夹的几何模型和编程路径示意图

(5) 数学计算

本题工件尺寸和坐标值明确，可直接进行编程。

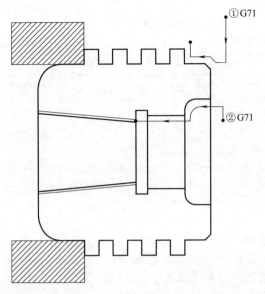

图 4.88　第二次掉头装夹的几何模型和编程路径示意图

4. 数控程序

（1）第一次装夹的 FANUC 程序

	M03 S800	主轴正转,800r/min
开始	T0101	换 1 号外圆车刀
	G98	指定走刀按照 mm/min 进给
端面	G00 X80 Z0	快速定位工件端面上方
	G01 X0 F80	车端面,走刀速度 80mm/min
G71 粗车 循环	G00 X80 Z3	快速定位循环起点
	G71 U2 R1	X 向每次吃刀量,退刀为 1
	G71 P10 Q20 U0.4 W0.1 F100	循环程序段 10～20
外轮廓	N10 G00 X44	垂直移动到最低处,不能有 Z 值
	G01 Z0	接触工件
	G03 X60 Z−8 R8	车削 $R8$ 的逆时针圆弧
	G01 Z−16	车削 $\phi60$ 的内圆
	X70	车削 $\phi70$ 的外圆右端面
	N20 Z−52	车削 $\phi70$ 的外圆
精车	M03 S1200	提高主轴转速,1200r/min
	G70 P10 Q20 F40	精车
	G00 X200 Z200	快速退刀

	M03S800	降低主轴转速,800r/min
	T0202	换 02 号切槽刀
	G00 X74 Z-25	快速定位至槽上方,切削第 1 刀槽
	G75 R1	G75 切槽循环固定格式
等距宽槽	G75 X60 Z-45 P3000 Q10000 R0 F20	G75 切槽循环固定格式
	G00 X74 Z-26	快速定位至槽上方,切削第 2 刀槽
	G75 R1	G75 切槽循环固定格式
	G75 X60 Z-46 P3000 Q10000 R0 F20	G75 切槽循环固定格式
	G00 X200 Z200	快速退刀
钻孔	T0404	换 04 号钻头
	M03 S800	主轴正转,800r/min
	G00 X0 Z2	定位孔
	G01 Z-65 F15	钻孔
	Z2 F100	退出孔
	G00 X200 Z200	快速退刀
G71 粗车循环	T0505	换 5 号内圆车刀
	G00 X8 Z3	快速定位循环起点
	G71 U3 R1	X 向每次吃刀量3,退刀为1
	G71 P30 Q40 U-0.4 W0.1 F80	循环程序段 30~40
内轮廓	N30 G00 X26.587	垂直移动到内圆最高处,不能有 Z 值
	G01 Z0	接触工件
	X20.5 Z-34	斜向车削内锥面,无需十分精确
	Z-60	车削最后的内圆
	N40 X10	降刀
精车	M03 S1200	提高主轴转速,1200r/min
	G70 P30 Q40 F30	精车
	G00 X200 Z200	快速退刀
退刀槽	M03S800	降低主轴转速,800r/min
	T0707	换 07 号内割刀
	G00 X20 Z2	快速移动至内圆外部
	G01 Z-38 F300	定位在槽的上方
	X28 F15	切槽
	X20 F100	降刀
	Z2 F300	退出内圆
	G00 X200 Z200	快速退刀

	T0606	换 06 号内螺纹刀
	G00 X17 Z3	定位到第 1 个螺纹循环起点
内螺纹	G76 P010460 Q100R0.1	G76 螺纹循环固定格式
	G76 X24 Z−36 P1083 Q500 R3.625 F2	G76 螺纹循环固定格式
	G00 X200 Z200	快速退刀
结束	M05	主轴停
	M30	程序结束

(2) 第二次掉头装夹的 FANUC 程序

开始	M03 S800	主轴正转,800r/min
	T0101	换 1 号外圆车刀
	G98	指定走刀按照 mm/min 进给
端面	G00 X80 Z0	快速定位工件端面上方
	G01 X10 F80	车端面,走刀速度 80mm/min
G71 粗车 循环	G00 X80 Z3	快速定位循环起点
	G71 U2 R1	X 向每次吃刀量 2,退刀为 1
	G71 P10 Q20 U0.4 W0.1 F100	循环程序段 10~20
轮廓	N10 G00 X56	垂直移动到最低处,不能有 Z 值
	G01 Z0	接触工件
	X60 Z−2	倒角
	Z−9	车削 $\phi60$ 的内圆
	X70	车削 $\phi70$ 的外圆右端面
	N20 Z−10	横向多走一刀,去飞边
精车	M03 S1200	提高主轴转速,1200r/min
	G70 P10 Q20 F40	精车
	G00 X200 Z200	快速退刀
G71 粗车 循环	M03 S800	主轴正转,800r/min
	T0505	换 5 号内圆车刀
	G00 X8 Z3	快速定位循环起点
	G71 U3 R1	X 向每次吃刀量 3,退刀为 1
	G71 P30 Q40 U−0.4 W0.1 F80	循环程序段 30~40
内轮廓	N30 G00 X36	垂直移动到内圆最高处,不能有 Z 值
	G01 Z−5	车削 $\phi36$ 的内圆
	G03 X28 Z−9 R4	车削 R4 的逆时针圆弧
	G01 X25	车削 $\phi25$ 的内圆右端面
	Z−23	车削 $\phi25$ 的内圆
	N40 X10	降刀
精车	M03 S1200	提高主轴转速,1200r/min
	G70 P30 Q40 F30	精车
	G00 X200 Z200	快速退刀
结束	M05	主轴停
	M30	程序结束

5. 刀具路径及切削验证（见图 4.89）

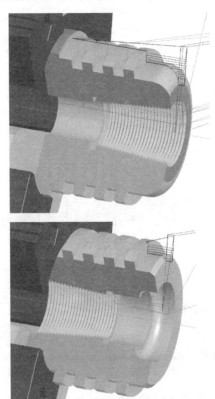

图 4.89　刀具路径及切削验证

二十四、复合多螺纹轴套零件

1. 学习目的

① 思考和熟练掌握每一次装夹的位置和加工范围，设计最合理的加工工艺。

视频演示-1　视频演示-2　视频演示-3　视频演示-4

② 熟练掌握通过内外径粗车循环 G71 编程的方法。

③ 掌握实现内圆的编程方法。

④ 学习如何对四组螺纹进行编程。

⑤ 能迅速构建编程所使用的模型。

2. 加工图纸及要求

数控车削加工如图 4.90 所示的零件，编制其加工的数控程序。

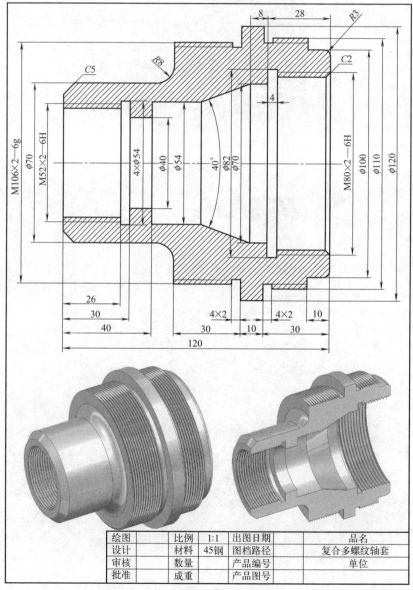

绘图		比例	1:1	出图日期		品名	
设计		材料	45钢	图档路径		复合多螺纹轴套	
审核		数量		产品编号		单位	
批准		成重		产品图号			

图 4.90 复合多螺纹轴套零件

3. 工艺分析和模型

(1) 工艺分析

该零件由内外圆柱面、圆弧面、斜锥面、多组槽、螺纹等表面组成，零件图尺寸标注完整，符合数控加工尺寸标注要求，轮廓描述清楚完整；零件材料为45钢，切削加工性能较好，无热处理和硬度要求。

(2) 毛坯选择

零件材料为45钢，ϕ125mm棒料。

(3) 刀具选择（见表4.24）

表 4.24　刀具选择

刀具号	刀具规格名称	加工内容	刀具特征	备注
T01	硬质合金35°外圆车刀	车端面及车轮廓		
T02	切断刀(切槽刀)	切槽	宽4mm	
T03	螺纹刀	外螺纹	60°牙型角	
T04	钻头	钻孔	118°麻花钻	
T05	内圆车刀	车内圆轮廓	水平安装	刀刃与 X 轴平行
T06	内螺纹刀	内螺纹	60°牙型角	
T07	内割刀	切内轮廓的槽	宽4mm	

(4) 几何模型

本例题需要两次装夹，轮廓部分采用G71的循环编程，其两次装夹的加工路径的模型设计见图4.91、图4.92。

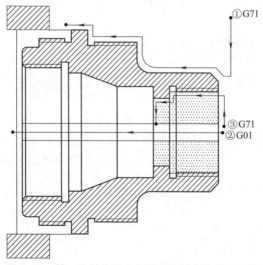

图 4.91　第一次装夹的几何模型和编程路径示意图

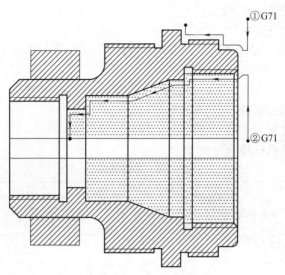

图 4.92　第二次掉头装夹的几何模型和编程路径示意图

（5）数学计算

本题需要计算锥面关键点的坐标值，可采用三角函数、勾股定理等几何知识计算，也可使用计算机制图软件（如 AutoCAD、UG、Mastercam、SolidWorks 等）的标注方法来计算。

4. 数控程序

（1）第一次装夹的 FANUC 程序

开始	M03 S800	主轴正转，800r/min
	T0101	换 1 号外圆车刀
	G98	指定走刀按照 mm/min 进给
端面	G00 X130 Z0	快速定位工件端面上方
	G01 X0 F80	车端面，走刀速度 80mm/min
G71 粗车循环	G00 X130 Z3	快速定位循环起点
	G71 U3 R1	X 向每次吃刀量 3，退刀为 1
	G71 P10 Q20 U0.4 W0.1 F100	循环程序段 10～20
外轮廓	N10 G00 X60	垂直移动到最低处，不能有 Z 值
	G01 Z0	接触工件
	X70 Z−5	车削倒角
	Z−42	车削 $\phi70$ 的外圆
	G02 X86 Z−50 R8	车削 $R8$ 的逆时针圆弧
	G01 X106	车削 $\phi106$ 的外圆右端面

外轮廓	Z—80	车削 φ106 的外圆
	X120	车削 φ120 的外圆右端面
	N20 Z—92	车削 φ120 的外圆
精车	M03 S1200	提高主轴转速,1200r/min
	G70 P10 Q20 F40	精车
	G00 X200 Z200	快速退刀
退刀槽	T0202	换切断刀,即切槽刀
	M03 S800	主轴正转,800r/min
	G00 X125 Z—80	定位切槽位置
	G01 X108 F80	降刀
	X102 F20	切槽
	X125 F200	抬刀
	G00 X200 Z200	快速退刀
外螺纹	T0303	换 03 号螺纹刀
	G00 X110 Z—47	定位到第 1 个螺纹循环起点
	G76 P010260 Q100R0.1	G76 螺纹循环固定格式
	G76 X103.835 Z—78 P1083Q500 R0F2	G76 螺纹循环固定格式
	G00 X200 Z200	快速退刀
钻孔	T0404	换 04 号钻头
	M03 S800	主轴正转,800r/min
	G00 X0 Z2	定位孔
	G01 Z—125 F15	钻孔
	Z2 F100	退出孔
	G00 X200 Z200	快速退刀
G71 粗车循环	T0505	换 5 号内圆车刀
	G00 X12 Z3	快速定位循环起点
	G71 U3 R1	X 向每次吃刀量3,退刀为1
	G71 P30 Q40 U—0.4 W0.1 F80	循环程序段 30~40
内轮廓	N30 G00 X48	垂直移动到内圆最高处,不能有 Z 值
	G01 Z—30	车削 φ48 的内圆
	X40	车削 φ40 的内圆的右端面
	Z—40	车削 φ40 的内圆
	N40 X10	降刀
精车	M03 S1200	提高主轴转速,1200r/min
	G70 P30 Q40 F30	精车
	G00 X200 Z200	快速退刀

	M03S800	降低主轴转速,800r/min
退刀槽	T0707	换 07 号内割刀
	G00 X38 Z2	快速移动至内圆外部
	Z-30	定位在槽的下方
	G01 X54 F15	切槽
	X38 F100	降刀
	Z2 F300	退出内圆
	G00 X200 Z200	快速退刀
内螺纹	T0606	换 06 号内螺纹刀
	G00 X45 Z3	定位到第 1 个螺纹循环起点
	G76 P010460 Q100R0.1	G76 螺纹循环固定格式
	G76 X52 Z-28 P1083 Q500 R0 F2	G76 螺纹循环固定格式
	G00 X200 Z200	快速退刀
结束	M05	主轴停
	M30	程序结束

(2) 第二次掉头装夹的 FANUC 程序

	M03 S800	主轴正转,800r/min
开始	T0101	换 1 号外圆车刀
	G98	指定走刀按照 mm/min 进给
端面	G00 X130Z0	快速定位工件端面上方
	G01 X10 F80	车端面,走刀速度 80mm/min
G71 粗车循环	G00 X130Z3	快速定位循环起点
	G71 U3 R1	X 向每次吃刀量 3,退刀为 1
	G71 P10 Q20 U0.4 W0.1 F100	循环程序段 10~20
外轮廓	N10 G00 X94	垂直移动到最低处,不能有 Z 值
	G01 Z0	接触工件
	G03 X100 Z-3 R3	车削 R8 的逆时针圆弧
	G01 Z-10	车削 ϕ100 的外圆
	X110	车削 ϕ110 的外圆右端面
	Z-30	车削 ϕ110 的外圆
	N20 X120	车削 ϕ120 的外圆右端面
精车	M03 S1200	提高主轴转速,1200r/min
	G70 P10 Q20 F40	精车
	G00 X200 Z200	快速退刀
退刀槽	T0202	换切断刀,即切槽刀
	M03 S800	主轴正转,800r/min
	G00 X125 Z-30	定位切槽位置

	G01 X112 F80	降刀
退刀槽	X106 F20	切槽
	X125 F200	抬刀
	G00 X200 Z200	快速退刀
	T0303	换 03 号螺纹刀
	G00 X110 Z−7	定位到第 1 个螺纹循环起点
外螺纹	G76 P010260 Q100R0.1	G76 螺纹循环固定格式
	G76 X107.835 Z−28 P1083 Q500R0F2	G76 螺纹循环固定格式
	G00 X200 Z200	快速退刀
	M03 S800	主轴正转,800r/min
G71 粗车	T0505	换 5 号内圆车刀
循环	G00 X12 Z3	快速定位循环起点
	G71 U3 R1	X 向每次吃刀量 3,退刀为 1
	G71 P30 Q40 U−0.4 W0.1 F80	循环程序段 30~40
	N30 G00 X80	垂直移动到内圆最高处,不能有 Z 值
	G01 Z0	接触工件
	X76 Z−2	车削倒角
	Z−28	车削 $\phi76$ 的内圆
	X70	车削 $\phi70$ 的内圆的右端面
内轮廓	Z−36	车削 $\phi70$ 的内圆
	X54 Z−57.980	斜向车削内锥面
	Z−80	车削 $\phi54$ 的内圆
	X40	车削 $\phi40$ 的内圆的右端面
	Z−92	车削 $\phi40$ 的内圆
	N40 X10	降刀
	M03 S1200	提高主轴转速,1200r/min
精车	G70 P30 Q40 F30	精车
	G00 X200 Z200	快速退刀
	M03S800	降低主轴转速,800r/min
	T0707	换 07 号内割刀
	G00 X68 Z2	快速移动至内圆外部
退刀槽	Z−28	定位在槽的下方
	G01 X82 F15	切槽
	X68 F100	降刀
	Z2 F300	退出内圆
	G00 X200 Z200	快速退刀
内螺纹	T0606	换 06 号内螺纹刀
	G00 X76 Z3	定位到第 1 个螺纹循环起点

	G76 P010460 Q100R0.1	G76 螺纹循环固定格式
内螺纹	G76 X80 Z－26 P1083 Q500 R0 F2	G76 螺纹循环固定格式
	G00 X200 Z200	快速退刀
结束	M05	主轴停
	M30	程序结束

5. 刀具路径及切削验证（见图 4.93）

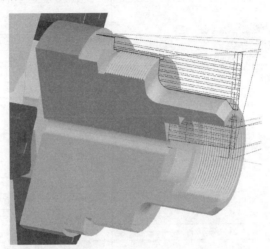

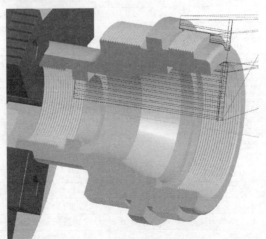

图 4.93　刀具路径及切削验证

二十五、机械支承盘座配合零件

l. 学习目的

① 思考和熟练掌握每一次装夹的位置和加工范围，设计最合理的加工工艺。

② 思考对工件的大圆弧如何计算。

③ 熟练掌握通过内外径粗车循环 G71、端面粗车循环 G72 编程的方法。

④ 掌握实现内圆的编程方法。

⑤ 能迅速构建编程所使用的模型。

视频演示-1

视频演示-2

2. 加工图纸及要求

数控车削加工如图 4.94 所示的零件，编制其加工的数控程序。

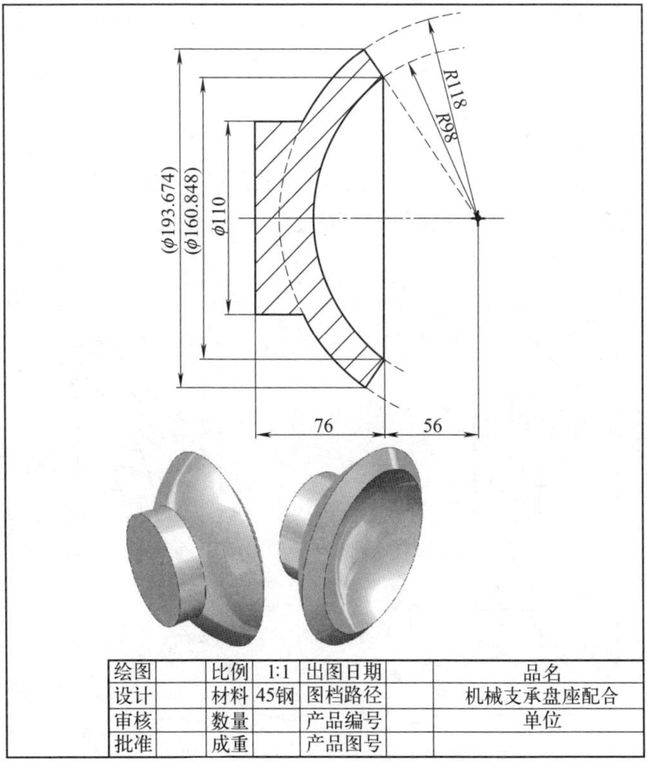

绘图		比例	1:1	出图日期		品名	
设计		材料	45钢	图档路径		机械支承盘座配合	
审核		数量		产品编号		单位	
批准		成重		产品图号			

图 4.94　机械支承盘座配合零件

3. 工艺分析和模型

(1) 工艺分析

该零件由外圆柱面、大圆弧面等表面组成，零件图尺寸标注完整，符合数控加工尺寸标注要求；轮廓描述清楚完整；零件材料为45钢，切削加工性能较好，无热处理和硬度要求。

(2) 毛坯选择

零件材料为45钢，ϕ195mm棒料。

(3) 刀具选择（见表4.25）

表4.25　刀具选择

刀具号	刀具规格名称	加工内容	刀具特征	备注
T01	硬质合金35°外圆车刀	车端面及车轮廓		
T02	—			
T03	—			
T04	钻头	钻孔	118°麻花钻	
T05	内圆车刀	车内圆轮廓	水平安装	刀刃与X轴平行

(4) 几何模型

本例题需要两次装夹，轮廓部分采用G71和G72的循环联合编程，其两次装夹的加工路径的模型设计见图4.95、图4.96。

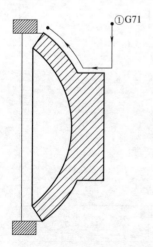

图4.95　第一次装夹的几何模型和
编程路径示意图

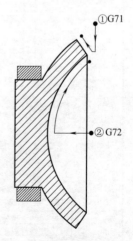

图4.96　第二次掉头装夹的几何模型
和编程路径示意图

(5) **数学计算**

本题需要计算圆弧的坐标值，可采用三角函数、勾股定理等几何知识计算，也可使用计算机制图软件（如 AutoCAD、UG、Mastercam、SolidWorks 等）的标注方法来计算。

4. 数控程序

(1) 第一次装夹的 FANUC 程序

开始	M03 S800	主轴正转,800r/min
	T0101	换 1 号外圆车刀
	G98	指定走刀按照 mm/min 进给
端面	G00 X200 Z0	快速定位工件端面上方
	G01 X0 F80	车端面,走刀速度 80mm/min
G71 粗车循环	G00 X200 Z3	快速定位循环起点
	G71 U3 R1	X 向每次吃刀量 3,退刀为 1
	G71 P10 Q20 U0.4 W0.1 F100	循环程序段 10~20
外轮廓	N10 G00 X110	垂直移动到最低处,不能有 Z 值
	G01 Z-27.602	车削 φ110 的外圆
	N20 G03 X193.674 Z-64.571 R118	车削 R8 的逆时针圆弧
精车	M03 S1200	提高主轴转速,1200r/min
	G70 P10 Q20 F40	精车
	G00 X200 Z200	快速退刀
结束	M05	主轴停
	M30	程序结束

(2) 第二次掉头装夹的 FANUC 程序

开始	M03 S800	主轴正转,800r/min
	T0101	换 1 号外圆车刀
	G98	指定走刀按照 mm/min 进给
G71 粗车循环	G00 X200 Z3	快速定位循环起点
	G71 U3 R1	X 向每次吃刀量 3,退刀为 1
	G71 P10 Q20 U0.4 W0.1 F100	循环程序段 10~20
外轮廓	N10 G00 X160.848	垂直移动到最低处,不能有 Z 值
	G01 Z0	接触工件
	N20 X193.674 Z-11.429	车削倒角
精车	M03 S1200	提高主轴转速,1200r/min
	G70 P10 Q20 F40	精车
	G00 X200 Z200	快速退刀
钻孔	T0404	换 04 号钻头
	M03 S800	主轴正转,800r/min
	G00 X0 Z2	定位孔

	G01 Z—41.8 F15	钻孔
钻孔	Z2 F100	退出孔
	G00 X200 Z200	快速退刀
G72 粗车	T0505	换 5 号内圆车刀
	G00 X0 Z3	快速定位循环起点
循环	G72 W3 R1	Z 向每次吃刀量为 3，退刀为 1
	G72 P30 Q40U—0.2 W0.2F60	循环程序段 30～40
内轮廓	N30 G01 Z—42	移动到内圆最深处，不能有 X 值
	N40 G02 X160.848 Z0 R98	车削 R98 的顺时针圆弧
精车	M03 S1200	提高主轴转速，1200r/min
	G70 P10 Q20 F20	精车
	G00 X200 Z200	快速退刀
结束	M05	主轴停
	M30	程序结束

5. 刀具路径及切削验证（见图 4.97）

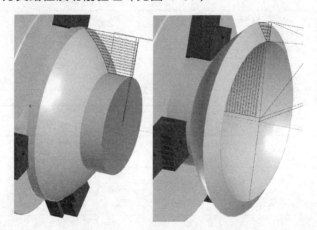

图 4.97　刀具路径及切削验证

第五章
宏程序零件

一、椭圆宽槽复合轴零件

1. 学习目的

① 思考椭圆的宏程序编程如何实现。

② 熟练掌握通过外径粗车循环 G71、复合轮廓粗车循环 G73 联合编程的方法。

③ 掌握实现宽槽的编程方法。

④ 能迅速构建编程所使用的模型。

视频演示

2. 加工图纸及要求

数控车削加工如图 5.1 所示的零件，编制其加工的数控宏程序。

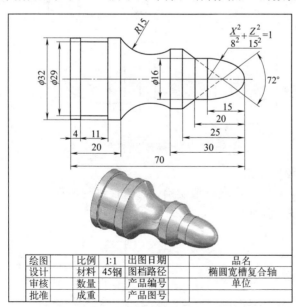

绘图	比例	1:1	出图日期		品名	
设计	材料	45钢	图档路径		椭圆宽槽复合轴	
审核	数量		产品编号		单位	
批准	成重		产品图号			

图 5.1 椭圆宽槽复合轴零件

3. 工艺分析和模型

(1) 工艺分析

该零件由内外圆柱面、顺圆弧、椭圆、斜锥面等表面组成，零件图尺寸标注完整，符合数控加工尺寸标注要求；轮廓描述清楚完整；零件材料为 45 钢，切削加工性能较好，无热处理和硬度要求。

(2) 毛坯选择

零件材料为 45 钢，ϕ35mm 棒料。

(3) 刀具选择 （见表 5.1）

表 5.1　刀具选择

刀具号	刀具规格名称	加工内容	刀具特征	备注
T01	硬质合金 35°外圆车刀	车端面及车轮廓		
T02	切断刀（切槽刀）	切槽和切断	宽 3mm	

(4) 几何模型

本例题一次性装夹，轮廓部分采用 G71 和 G73 的循环联合编程，其加工路径的模型设计见图 5.2。

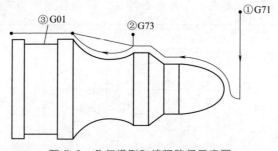

图 5.2　几何模型和编程路径示意图

(5) 数学计算

本题工件尺寸和坐标值明确，可直接进行编程。

4. 数控程序

	M03 S800	主轴正转，800r/min
开始	T0101	换 1 号外圆车刀
	G98	指定走刀按照 mm/min 进给
G71 粗车	G00 X38 Z2	快速定位循环起点
循环	G71U2R1	X 向每次吃刀量 2，退刀为 1
	G71P10Q40U0.4 W0.1F100	循环程序段 10～40

	N10G00X－4	快速定位到相切圆弧起点
外轮廓	G02 X0 Z0 R2	R2 的过渡顺时针圆弧
	♯100＝0	♯100 为中间变量,用于指定 Z 的起始位置
	N20♯101＝♯100＋15	为椭圆公式中的 Z 值(♯101)赋值
	♯102＝8＊SQRT[1－♯101＊♯101/225]	椭圆的计算公式
	G01 X[2＊♯102] Z[♯100]	直线拟合曲线
	♯100＝♯100－0.1	Z 方向每次移动－0.1mm
	IF[♯100GT－15]GOTO20	比较刀具当前是否到达 Z 向终点,如不到达,则返回 N20 段反复执行,直到到达椭圆 Z 向终点值为止
	G01 Z－20	车削 φ16 的外圆
	X23.215 Z－25	斜向车削锥面
	N30 Z－30	车削 φ23.215 的外圆
	X32 Z－50	斜向车削到 φ30 外圆的右侧
	N40Z－73	车削 φ32 的外圆
精车	M03 S1200	提高主轴转速,1200r/min
	G70 P10 Q30 F40	精车
G73 粗车循环	M03 S800	主轴正转,800r/min
	G00 X34 Z－30	快速定位循环起点
	G73 U3 W0 R3	G73 粗车循环,循环 3 次
	G73 P50 Q60 U0.2 W0 F100	循环程序段 50～60
外轮廓	N50 G01 X23.315	接触工件
	N60 G02 X32 Z－50 R15	车削 R15 的顺时针圆弧
精车	M03 S1200	提高主轴转速,1200r/min
	G70 P50 Q60 F40	精车
精车尾部	G00 X32 Z－48	定位后部的起点
	G01 Z－56 F40	车削右边的 φ32 的外圆
	Z－64 F300	移动到下一个位置
	Z－73 F40	车削左边的 φ32 的外圆
	X42 F300	抬刀
	G00 X200 Z200	快速退刀
宽槽	T0202	换切断刀,即切槽刀
	M03S800	主轴正转,800r/min
	G00 X35 Z－58	定位浅槽起点
	G01 X29 F20	切槽
	Z－66 F40	平槽底
	X38 F300	抬刀

切断	Z−73	快速定位至切断处
	G01 X0 F20	切断
结束	G00 X200 Z200	快速退刀
	M05	主轴停
	M30	程序结束

5. 刀具路径及切削验证（见图 5.3）

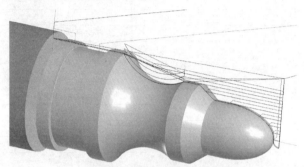

图 5.3 刀具路径及切削验证

二、椭圆多槽短轴零件

1. 学习目的

① 思考椭圆的宏程序编程如何实现。

② 熟练掌握通过复合轮廓粗车循环 G73 和 G01 联合编程的方法。

③ 掌握实现等距的编程方法。

④ 能迅速构建编程所使用的模型。

视频演示

2. 加工图纸及要求

数控车削加工如图 5.4 所示的零件，编制其加工的数控宏程序。

3. 工艺分析和模型

（1）工艺分析

该零件由内外圆柱面、椭圆、斜锥面等表面组成，零件图尺寸标注完整，符合数控加工尺寸标注要求；轮廓描述清楚完整；零件材料为 45 钢，切削加工性能较好，无热处理和硬度要求。

（2）毛坯选择

零件材料为 45 钢，ϕ55mm 棒料。

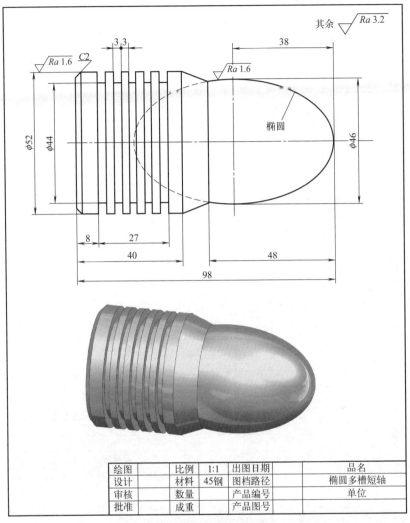

图 5.4　椭圆多槽短轴零件

（3）刀具选择（见表 5.2）

表 5.2　刀具选择

刀具号	刀具规格名称	加工内容	刀具特征	备注
T01	硬质合金 35°外圆车刀	车端面及车轮廓		
T02	切断刀（切槽刀）	切槽、尾部倒角和切断	宽 3mm	

(4) 几何模型

本例题一次性装夹,轮廓部分采用 G71 和 G73 的循环联合编程,其加工路径的模型设计见图 5.5。

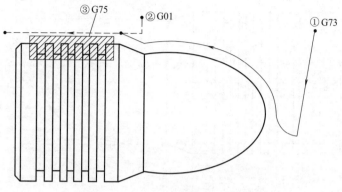

图 5.5　几何模型和编程路径示意图

(5) 数学计算

本题工件尺寸和坐标值明确,可直接进行编程。

4. 数控程序

	M03 S800	主轴正转,800r/min
开始	T0101	换 1 号外圆车刀
	G98	指定走刀按照 mm/min 进给
G73 粗车	G00 X60 Z3	快速定位循环起点
	G73 U10W3 R4	G73 粗车循环,循环 4 次
	G73 P10 Q30 U0.2 W0.1 F100	循环程序段 10～30
外轮廓	N10G00X−4 Z2	快速定位到相切圆弧起点
	G02 X0 Z0 R2	R2 的过渡顺时针圆弧
	♯100＝0	♯100 为中间变量,用于指定 Z 的起始位置
	N20 ♯101＝♯100＋38	为椭圆公式中的 Z 值(♯101)赋值
	♯102＝23 * SQRT[1−♯101 * ♯101/1444]	椭圆的计算公式
	G01 X[2 * ♯102] Z[♯100]	直线拟合曲线
	♯100＝♯100−0.1	Z 方向每次移动−0.1mm
	IF[♯100GT−48] GOTO20	比较刀具当前是否到达 Z 向终点,如不到达,则返回 N20 段反复执行,直到到达椭圆 Z 向终点值为止
	N30 G01 X52 Z−58	斜向车削锥面

精车	M03 S1200	提高主轴转速,1200r/min
	G70 P10 Q30 F40	精车
尾部外轮廓	G00Z−55	定位尾部外圆上方
	X52 F100	接触工件
	Z−101 F40	车削 ϕ52 的外圆
	X60	抬刀
	G00 X200 Z200	快速退刀
等距槽	T0202	换切断刀,即切槽刀
	M03 S800	主轴正转,800r/min
	G00 X56 Z−66	定位切槽循环起点
	G75 R1	G75 切槽循环固定格式
	G75 X44 Z−90 P3000 Q6000 R0 F20	G75 切槽循环固定格式
尾部倒角和切断	G00 Z−101	定位到尾部切断处
	G01 X48 F20	切出槽的位置
	X56 F300	抬刀
	Z−99	定位到倒角上方
	X52 F100	接触倒角
	X48 Z−101 F20	切倒角
	G01 X0 F20	切断
	G00 X200 Z200	快速退刀
结束	M05	主轴停
	M30	程序结束

5. 刀具路径及切削验证（见图 5.6）

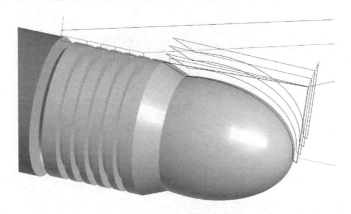

图 5.6　刀具路径及切削验证

三、抛物线标准轴零件

1. 学习目的

① 思考抛物线的宏程序编程如何实现。

② 熟练掌握通过外径粗车循环 G71、复合轮廓粗车循环 G73 和 G01 联合编程的方法。

③ 掌握对螺纹进行编程的方法。

④ 能迅速构建编程所使用的模型。

视频演示-1　视频演示-2

2. 加工图纸及要求

数控车削加工如图 5.7 所示的零件，编制其加工的数控宏程序。

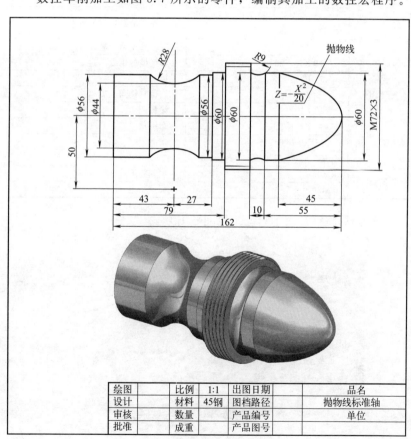

$$Z=-\frac{X^2}{20}$$

绘图		比例	1:1	出图日期		品名	
设计		材料	45钢	图档路径		抛物线标准轴	
审核		数量		产品编号		单位	
批准		成重		产品图号			

图 5.7　抛物线标准轴零件

3. 工艺分析和模型

(1) 工艺分析

该零件由内外圆柱面、顺圆弧、抛物线、斜锥面等表面组成，零件图尺寸标注完整，符合数控加工尺寸标注要求；轮廓描述清楚完整；零件材料为 45 钢，切削加工性能较好，无热处理和硬度要求。

(2) 毛坯选择

零件材料为 45 钢，ϕ75mm 棒料。

(3) 刀具选择（见表 5.3）

表 5.3 刀具选择

刀具号	刀具规格名称	加工内容	刀具特征	备注
T01	硬质合金 35°外圆车刀	车端面及车轮廓		
T02	切断刀（切槽刀）	切槽和切断	宽 3mm	
T03	螺纹刀	外螺纹	60°牙型角	

(4) 几何模型

本例题需要两次装夹，轮廓部分采用 G71、G73、G01 的循环联合编程，其两次装夹的加工路径的模型设计见图 5.8、图 5.9。

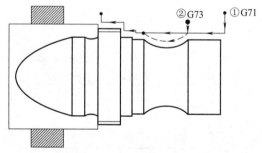

图 5.8 第一次装夹几何模型和编程路径示意图

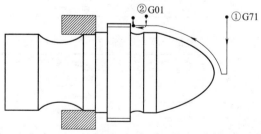

图 5.9 第二次掉头装夹几何模型和编程路径示意图

(5) 数学计算

本题工件尺寸和坐标值明确，可直接进行编程。

4. 数控程序

(1) 第一次装夹的 FANUC 程序

开始	M03 S800	主轴正转,800r/min
	T0101	换 1 号外圆车刀
	G98	指定走刀按照 mm/min 进给
端面	G00 X80 Z0	快速定位工件端面上方
	G01 X0 F80	车端面,走刀速度 80mm/min
G71 粗车循环	G00 X80 Z3	快速定位循环起点
	G71 U3 R1	X 向每次吃刀量 3,退刀为 1
	G71 P10 Q20 U0.4 W0.1 F100	循环程序段 10～20
外轮廓	N10G00 X56	垂直移动到最低处,不能有 Z 值
	G01 Z－70	车削 ϕ56 的外圆
	X60	车削 ϕ60 的外圆右端面
	Z－79	车削 ϕ60 的外圆
	N15 X72	车削 ϕ72 的外圆右端面
	N20 Z－98	车削 ϕ72 的外圆
精车	M03 S1200	提高主轴转速,1200r/min
	G70 P10 Q15 F40	精车
G73 粗车循环	M03 S800	主轴正转,800r/min
	G00 X60 Z－25.679	快速定位循环起点
	G73 U3 W3 R2	G73 粗车循环,循环 2 次
	G73 P30 Q40 U0.2 W0 F80	循环程序段 30～40
外轮廓	N30G01 X56	接触工件
	N40G02 X56 Z－60.321 R28	车削 R28 的顺时针圆弧
精车	M03 S1200	提高主轴转速,1200r/min
	G70 P30 Q40 F40	精车
	G00 X200 Z200	快速退刀
结束	M05	主轴停
	M30	程序结束

(2) 第二次掉头装夹的 FANUC 程序

开始	M03 S800	主轴正转,800r/min
	T0101	换 1 号外圆车刀
	G98	指定走刀按照 mm/min 进给
G71 粗车循环	G00 X76Z3	快速定位循环起点
	G71 U3 R1	X 向每次吃刀量 3,退刀为 1
	G71 P10 Q20 U0.4 W0.1 F100	循环程序段 10～20

	N10G00 X−4 Z2	垂直移动到最低处,不能有 Z 值
外轮廓	G02 X0 Z0 R2	接触工件
	♯1=0	Z 方向起始值
	N15♯2=2＊SQRT[20＊♯1]	计算 X 方向值
	G01 X♯2 Z−♯1	指定抛物线的加工点
	♯1=♯1+0.1	Z 向坐标值递增 0.1mm
	IF[♯1LE45]GOTO 15	如果 Z 向值♯1≤45,则程序跳转到 N15 程序段
	Z−65	车削 φ60 的外圆
	N20 X72	车削 φ72 的外圆右端面
精车	M03 S1200	提高主轴转速,1200r/min
	G70 P10 Q20 F40	精车
小圆弧	G00 X62 Z−55	定位至圆弧上方
	G01 X60	接触工件
	G02 X60 Z−65 R9	车削 R15 的顺时针圆弧
	G01X75 F200	抬刀
	G00 X200 Z200	快速退刀
外螺纹	T0303	换 03 号螺纹刀
	G00X75 Z−62	定位到螺纹循环起点
	G76 P010260 Q100R0.1	G76 螺纹循环固定格式
	G76 X68.752 Z−86 P1624 Q700R0F2.5	G76 螺纹循环固定格式
	G00 X200 Z200	快速退刀
结束	M05	主轴停
	M30	程序结束

5. 刀具路径及切削验证（见图 5.10）

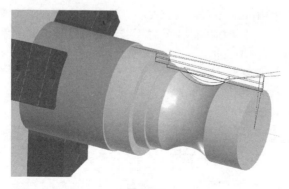

图 5.10

图 5.10　刀具路径及切削验证

四、双曲线腰轴零件

1. 学习目的

① 思考双曲线的宏程序编程如何实现。

② 熟练掌握通过外径粗车循环 G71、复合轮廓粗车循环 G73 联合编程的方法。

③ 掌握对螺纹进行编程的方法。

④ 能迅速构建编程所使用的模型。

视频演示

2. 加工图纸及要求

数控车削加工如图 5.11 所示的零件，编制其加工的数控宏程序。

3. 工艺分析和模型

(1) 工艺分析

该零件由内外圆柱面、双曲线、斜锥面等表面组成，零件图尺寸标注完整，符合数控加工尺寸标注要求；轮廓描述清楚完整；零件材料为 45 钢，切削加工性能较好，无热处理和硬度要求。

(2) 毛坯选择

零件材料为 45 钢，$\phi 36mm$ 棒料。

(3) 刀具选择（见表 5.4）

表 5.4　刀具选择

刀具号	刀具规格名称	加工内容	刀具特征	备注
T01	硬质合金 35°外圆车刀	车端面及车轮廓		
T02	切断刀（切槽刀）	切槽和切断	宽 3mm	
T03	螺纹刀	外螺纹	60°牙型角	

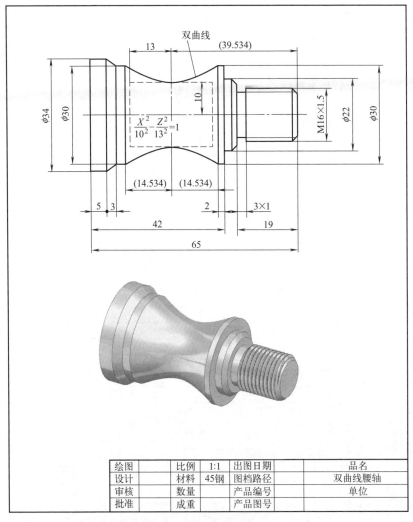

双曲线

$$\frac{X^2}{10^2}-\frac{Z^2}{13^2}=1$$

绘图		比例	1:1	出图日期		品名	
设计		材料	45钢	图档路径		双曲线腰轴	
审核		数量		产品编号		单位	
批准		成重		产品图号			

图 5.11 双曲线腰轴零件

(4) 几何模型

本例题一次性装夹，轮廓部分采用 G71 和 G73 的循环联合编程，其加工路径的模型设计见图 5.12。

(5) 数学计算

本题工件尺寸和坐标值明确，可直接进行编程。

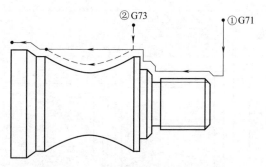

图 5.12　几何模型和编程路径示意图

4. 数控程序

开始	M03 S800	主轴正转,800r/min
	T0101	换 1 号外圆车刀
	G98	指定走刀按照 mm/min 进给
端面	G00 X40 Z0	快速定位工件端面上方
	G01 X0 F80	车端面,走刀速度 80mm/min
G71 粗车循环	G00 X36 Z3	快速定位循环起点
	G71 U3 R1	X 向每次吃刀量 3,退刀为 1
	G71 P10 Q20 U0.4 W0.1 F100	循环程序段 10～20
外轮廓	N10 G00 X13	垂直移动到最低处,不能有 Z 值
	G01 Z0	接触工件
	X16 Z－1.5	车削倒角
	Z－19	车削 $\phi16$ 的外圆
	X19	车削退刀槽外圆左端面
	X22 Z－20.5	车削倒角
	Z－23	车削 $\phi22$ 的外圆
	N15 X30	车削 $\phi30$ 的外圆右端面
	Z－57	车削 $\phi30$ 的外圆
	X34 Z－60	斜向车削锥面
	N20 Z－68	车削 $\phi34$ 的外圆
精车	M03 S1200	提高主轴转速,1200r/min
	G70 P10 Q20 F40	精车
G73 粗车循环	M03 S800	主轴正转,800r/min
	G00 X38 Z－25	快速定位循环起点
	G73 U3W0 R3	G73 粗车循环,循环 3 次
	G73 P50 Q60 U0.2 W0 F100	循环程序段 50～60
外轮廓	N50 G01 X30	定位在双曲线上方
	♯1＝13	双曲线实半轴长赋值

外轮廓	#2＝10	双曲线虚半轴长赋值
	#3＝14.534	双曲线加工起点在自身坐标系下的 Z 坐标值
	#4＝－14.534	双曲线加工终点在自身坐标系下的 Z 坐标值
	#5＝0	双曲线中心在工件坐标系下的 X 坐标值
	#6＝－39.534	双曲线中心在工件坐标系下的 Z 坐标值
	#7＝0.2	坐标递变量
	WHILE[#3GE#4]DO1	加工条件判断
	#10＝#2＊SQRT[1＋#3＊#3/[#1＊#1]]	计算 X 值
	G01 X[2＊#10＋#5]Z[#3＋#6]	直线插补逼近曲线
	#3＝#3－#7	Z 坐标递减
	END1	循环结束
	N60 X32	抬刀
精车	M03 S1200	提高主轴转速,1200r/min
	G70 P50 Q60 F40	精车
	G00 X200 Z200	快速退刀
退刀槽	T0202	换切断刀,即切槽刀
	M03S800	主轴正转,800r/min
	G00 X22 Z－19	定位在槽上方
	G01 X14 F20	切槽
	G01 X22 F100	抬刀
	G00 X200 Z200	快速退刀
外螺纹	T0303	换 03 号螺纹刀
	G00X18 Z3	定位到螺纹循环起点
	G76 P010060 Q100R0.1	G76 螺纹循环固定格式
	G76 X14.376 Z－17.5 P812 Q400R0F2	G76 螺纹循环固定格式
	G00 X200 Z200	快速退刀
切断	T0202	换切断刀,即切槽刀
	M03S800	主轴正转,800r/min
	G00 X38 Z－69	快速定位至切断处

切断	G01 X0 F20	切断
	G00 X200 Z200	快速退刀
结束	M05	主轴停
	M30	程序结束

5. 刀具路径及切削验证（见图 5.13）

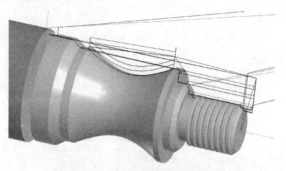

图 5.13　刀具路径及切削验证

五、余弦螺纹标准轴零件

1. 学习目的

① 思考余弦的宏程序编程如何实现。

② 熟练掌握通过外径粗车循环 G71 和复合轮廓粗车循环 G73 联合编程的方法。

③ 掌握嵌入式螺纹进行编程的方法。

④ 能迅速构建编程所使用的模型。

视频演示

2. 加工图纸及要求

数控车削加工如图 5.14 所示的零件，编制其加工的数控宏程序。

3. 工艺分析和模型

（1）工艺分析

该零件由内外圆柱面、余弦曲线、斜锥面等表面组成，零件图尺寸标注完整，符合数控加工尺寸标注要求；轮廓描述清楚完整；零件材料为 45 钢，切削加工性能较好，无热处理和硬度要求。

（2）毛坯选择

零件材料为 45 钢，$\phi 52mm$ 棒料。

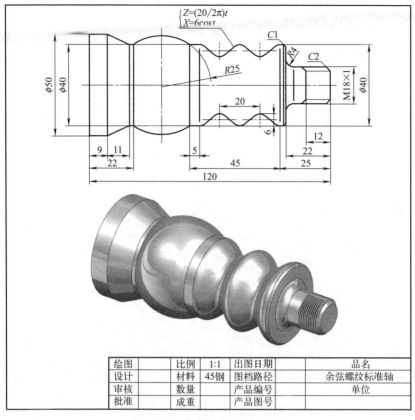

$Z=(20/2\pi)t$
$X=6\cos t$

φ50
φ40
R25
C1
R4
C2
M18×1
φ40

9 11
22
5
20
6
45
12
22
25
120

绘图		比例	1:1	出图日期		品名	
设计		材料	45钢	图档路径		余弦螺纹标准轴	
审核		数量		产品编号		单位	
批准		成重		产品图号			

图 5.14　余弦螺纹标准轴零件

（3）刀具选择（见表 5.5）

表 5.5　刀具选择

刀具号	刀具规格名称	加工内容	刀具特征	备注
T01	硬质合金 35°外圆车刀	车端面及车轮廓		
T02	切断刀（切槽刀）	切断	宽 3mm	
T03	螺纹刀	外螺纹	60°牙型角	
T04	硬质合金 30°精车刀	车轮廓	对称刀片	

（4）几何模型

本例题一次性装夹，轮廓部分采用 G71 和 G73 的循环联合编程，其加工路径的模型设计见图 5.15。

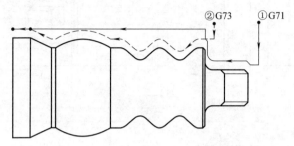

图 5.15　几何模型和编程路径示意图

（5）数学计算

本题工件尺寸和坐标值明确，可直接进行编程。

4. 数控程序

开始	M03 S800	主轴正转,800r/min
	T0101	换 1 号外圆车刀
	G98	指定走刀按照 mm/min 进给
端面	G00 X55 Z0	快速定位工件端面上方
	G01 X0 F80	车端面,走刀速度 80mm/min
G71 粗车循环	G00 X55 Z3	快速定位循环起点
	G71 U3 R1	X 向每次吃刀量 3,退刀为 1
	G71 P10 Q20 U0.4 W0.1 F100	循环程序段 10~20
外轮廓	N10 G00 X14	垂直移动到最低处,不能有 Z 值
	G01 Z0	接触工件
	X18 Z−2	车削倒角
	Z−18	车削 $\phi18$ 的外圆
	G02 X26 Z−22 R4	车削圆角
	G01 X38	车削余弦曲线的右端面
	N15 X40 Z−23	车削倒角
	X50	车削 $\phi50$ 的外圆右端面
	N20 Z−123	车削 $\phi50$ 的外圆
精车	M03 S1200	提高主轴转速,1200r/min
	G70 P10 Q15 F40	精车
	G00 X200 Z200	快速退刀
G73 粗车循环	T0404	换 04 号外圆车刀
	M03 S800	主轴正转,800r/min

G73 粗车循环	G00 X55 Z－20	快速定位循环起点
	G73 U8W0 R4	G73 粗车循环,循环 4 次
	G73 P50 Q60 U0.2 W0 F100	循环程序段 50～60
外轮廓	N50 G00 X40	移动至余弦曲线
	G01 Z－25	车削 $\phi40$ 的外圆
	♯1＝－1	起始弧度
	N55 ♯2＝♯1－25	计算 Z 方向起始值
	♯3＝♯1＊720/40	计算角度值
	♯4＝34＋6＊COS♯3	计算 X 方向增量值
	G01 X♯4 Z♯2	直线逼近车削余弦曲线
	♯1＝♯1－0.2	角度之递减
	IF［♯1GE－40］GOTO 55	如果♯1≥－40,则跳转到 N55 程序段,继续计算角度的变化值
	G01 X40 Z－70	车削 $\phi40$ 的外圆
	G03 X40 Z－98 R25	车削 R25 的逆时针圆弧
	G01 Z－100	车削 $\phi18$ 的外圆
	X50 Z－111	斜向车削锥面
	N60 Z－123	车削 $\phi50$ 的外圆
精车	M03 S1200	提高主轴转速,1200r/min
	G70 P50 Q60 F40	精车
	G00 X200 Z200	快速退刀
外螺纹	T0303	换 03 号螺纹刀
	G00X20 Z3	定位到螺纹循环起点
	G76 P010260 Q50R0.1	G76 螺纹循环固定格式
	G76 X16.917 Z－12 P542 Q200 R0F1	G76 螺纹循环固定格式
	G00 X200 Z200	快速退刀
切断	T0202	换切断刀,即切槽刀
	M03S800	主轴正转,800r/min
	G00 X55 Z－123	快速定位至切断处
	G01 X0 F20	切断
	G00 X200 Z200	快速退刀
结束	M05	主轴停
	M30	程序结束

5. 刀具路径及切削验证（见图 5.16）

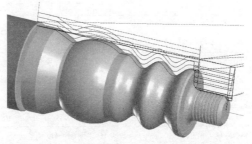

图 5.16 刀具路径及切削验证

六、余弦配合短轴零件

1. 学习目的

① 思考余弦的宏程序编程如何实现。

② 熟练掌握通过外径粗车循环 G71、复合轮廓粗车循环 G73 联合编程的方法。

③ 掌握实现内圆加工的编程方法。

④ 能迅速构建编程所使用的模型。

视频演示-1 视频演示-2

2. 加工图纸及要求

控车削加工如图 5.17 所示的零件，编制其加工的数控宏程序。

3. 工艺分析和模型

（1）工艺分析

该零件由内外圆柱面、余弦曲线、斜锥面等表面组成，零件图尺寸标注完整，符合数控加工尺寸标注要求；轮廓描述清楚完整；零件材料为 45 钢，切削加工性能较好，无热处理和硬度要求。

（2）毛坯选择

零件材料为 45 钢，$\phi58mm$ 棒料。

（3）刀具选择（见表 5.6）

表 5.6 刀具选择

刀具号	刀具规格名称	加工内容	刀具特征	备注
T01	硬质合金 45°外圆车刀	车端面		
T02	切断刀(切槽刀)	切槽和切断	宽 3mm	
T03	硬质合金 30°精车刀	车外圆	对称刀片	
T04	钻头	钻孔	118°麻花钻	$\phi10mm$
T05	内圆车刀	车轮廓		刀刃与 X 轴平行

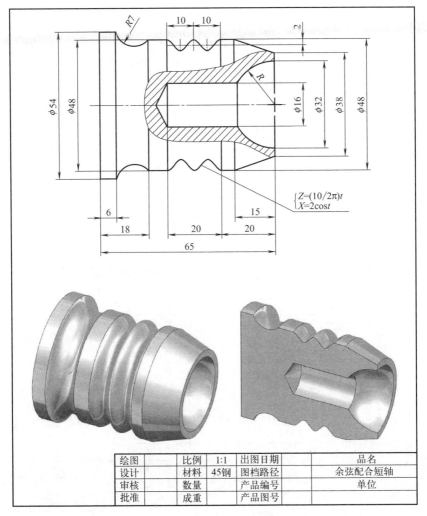

图 5.17　余弦配合短轴零件

(4) 几何模型

本例题一次性装夹，轮廓部分采用 G71 和 G73 的循环联合编程，其加工路径的模型设计见图 5.18。

(5) 数学计算

本题工件尺寸和坐标值明确，可直接进行编程。

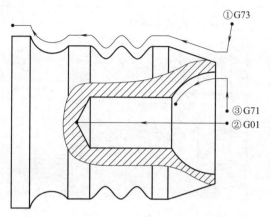

图 5.18　几何模型和编程路径示意图

4. 数控程序

开始	M03 S800	主轴正转,800r/min
	T0101	换 1 号外圆车刀
	G98	指定走刀按照 mm/min 进给
端面	G00 X60 Z0	快速定位工件端面上方
	G01 X0 F80	车端面,走刀速度 80mm/min
	G00 X200 Z200	快速退刀
G73 粗车循环	T0303	换 03 号外圆车刀
	G00 X60 Z3	快速定位循环起点
	G73 U6W0 R4	G73 粗车循环,循环 4 次
	G73 P10 Q20 U0.2 W0 F100	循环程序段 10~20
外轮廓	N10 G00 X38	快速定位到轮廓右端 3mm 处
	G01 Z0	接触工件
	X48 Z−15	斜向车削锥面
	Z−20	车削 $\phi48$ 的外圆
	♯1=0	余弦公式中的 Z 坐标初始值
	N15 ♯2=2 * COS[♯1 * 720/20]	计算余弦公式中的 X 坐标值
	♯3=2 * ♯2+44	计算坐标系中余弦轮廓的 X 坐标值
	♯4=−♯1−20	计算坐标系中余弦轮廓的 Z 坐标值
	G01 X♯3 Z♯4	直线逼近车削余弦曲线
	♯1=♯1+0.2	Z 坐标递增 0.2°
	IF[♯1LE 20]GOTO 15	如果♯11≤20,则跳转到 N15 程序段,继续计算角度的变化值

	G01 Z－17	车削 φ48 的外圆
外轮廓	G02 X54 Z－59 R7	车削 R7 的顺时针圆弧
	N20 G01 Z－68	车削 φ54 的部分
精车	M03 S1200	提高主轴转速,1200r/min
	G70 P10 Q20 F40	精车
	G00 X200 Z200	快速退刀
钻孔	T0404	换钻头
	M03 S800	主轴正转,800r/min
	G00 X0 Z2	快速定位至钻孔中心外部
	G01 Z－55 F20	钻孔
	Z2 F300	退刀
	G00 X200 Z200	快速退刀
G71 粗车 循环	T0505	换 5 号内圆车刀
	G00 X14 Z3	快速定位循环起点
	G71 U1 R0.5	X 向每次吃刀量 1,退刀为 0.5
	G71 P30 Q40 U－0.4 W0.1 F100	循环程序段 30～40
内轮廓	N30 G00 X32	垂直移动到内圆最高处,不能有 Z 值
	G01 Z0	接触工件
	N40 G03 X16 Z－13.856 R16	车削 R16 的逆时针圆弧
精车	M03 S1200	提高主轴转速,1200r/min
	G70 P30 Q40 F40	精车
	G00 X200 Z200	快速退刀
切断	T0202	换切断刀,即切槽刀
	M03S800	主轴正转,800r/min
	G00 X55 Z－68	快速定位至切断处
	G01 X0 F20	切断
结束	G00 X200 Z200	快速退刀
	M05	主轴停
	M30	程序结束

5. 刀具路径及切削验证（见图 5.19）

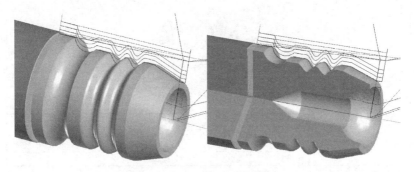

图 5.19　刀具路径及切削验证

七、沟槽螺纹配合轴零件

1. 学习目的

① 思考等距槽宏程序编程如何实现。

② 熟练掌握通过三角函数计算角度的方法。

③ 熟练掌握通过外径粗车循环 G71、复合轮廓粗车循环 G73 和 G01 联合编程的方法。

视频演示

④ 掌握对螺纹进行编程的方法。

⑤ 能迅速构建编程所使用的模型。

2. 加工图纸及要求

数控车削加工如图 5.20 所示的零件，编制其加工的数控宏程序。

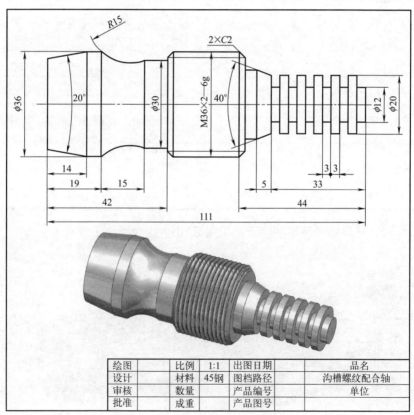

图 5.20 沟槽螺纹配合轴零件

3. 工艺分析和模型

(1) 工艺分析

该零件由内外圆柱面、顺圆弧、斜锥面、多组槽等表面组成，零件图尺寸标注完整，符合数控加工尺寸标注要求；轮廓描述清楚完整；零件材料为 45 钢，切削加工性能较好，无热处理和硬度要求。

(2) 毛坯选择

零件材料为 45 钢，ϕ40mm 棒料。

(3) 刀具选择（见表 5.7）

表 5.7　刀具选择

刀具号	刀具规格名称	加工内容	刀具特征	备注
T01	硬质合金 35°外圆车刀	车端面及车轮廓		
T02	切断刀（切槽刀）	切槽、尾部倒角和切断	宽 3mm	
T03	螺纹刀	外螺纹	60°牙型角	

(4) 几何模型

本例题一次性装夹，轮廓部分采用 G71、G73、G01 的循环联合编程，其加工路径的模型设计见图 5.21。

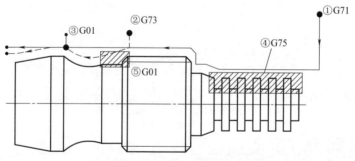

图 5.21　几何模型和编程路径示意图

(5) 数学计算

本题需要计算圆弧的坐标值和锥面关键点的坐标值，可采用三角函数、勾股定理等几何知识计算，也可使用计算机制图软件（如 AutoCAD、UG、Mastercam、SolidWorks 等）的标注方法来计算。

4. 数控程序

开始	M03 S800	主轴正转，800r/min
	T0101	换 1 号外圆车刀
	G98	指定走刀按照 mm/min 进给

端面	G00 X44 Z0	快速定位工件端面上方
	G01 X0 F80	车端面,走刀速度 80mm/min
G71 粗车循环	G00 X42 Z3	快速定位循环起点
	G71U2R1	X 向每次吃刀量 2,退刀为 1
	G71P10Q20U0.4 W0.1F100	循环程序段 10～20
外轮廓	N10 G00 X20	垂直移动到最低处,不能有 Z 值
	G01 Z－33	车削 ϕ20 的外圆
	X23.64 Z－38	斜向车削锥面
	Z－42	车削 ϕ23.64 的外圆
	X32	车削 ϕ36 的外圆右端面
	X36 Z－44	车削倒角
	N15 Z－67	车削 ϕ36 的外圆,分开为了精车
	N20 Z－114	车削 ϕ36 的外圆
精车	M03 S1200	提高主轴转速,1200r/min
	G70 P10 Q15 F40	精车
G73 粗车循环	M03 S800	主轴正转,800r/min
	G00 X40 Z－67	快速定位循环起点
	G73 U3W0 R2	G73 粗车循环,循环 2 次
	G73 P30 Q40 U0.2 W0 F100	循环程序段 30～40
外轮廓	N30 G01 X36	接触工件
	X30 Z－77	斜向车削到圆弧起点
	N40 G02 X36 Z－92 R15	车削 R15 的顺时针圆弧
精车	M03 S1200	提高主轴转速,1200r/min
	G70 P30 Q40 F40	精车
尾部锥面	G00 X40 Z－92	定位至尾部,准备一次精车尾部外圆
	M03 S1200	提高主轴转速,1200r/min
	G01 X36 F40	接触工件
	Z－97	车削 ϕ36 的外圆
	X31.063 Z－111	斜向车削尾部锥面
	X44 F100	抬刀
等距槽	G00 X200 Z200	快速退刀
	T0202	换切断刀,即切槽刀
	M03 S800	主轴正转,800r/min
	♯1＝20	外圆直径
	♯2＝12	沟槽的直径
	♯3＝3	沟槽的间距
	♯4＝3	沟槽的宽度
	♯5＝0	沟槽的右侧起始位置

等距槽	♯6＝1	沟槽的个数的初始赋值
	♯7＝6	沟槽的总数
	♯8＝♯5－♯4	沟槽的左侧起始位置赋值,因为切槽刀左侧对刀
	N100G00 X[♯1＋3] Z♯8	刀具快速移动到沟槽上方
	G01 X♯2 F20	切槽
	G01 X[♯1＋3]	抬刀
	♯8＝♯8－[♯4＋♯3]	移动到下一个沟槽的距离上方
	♯6＝♯6＋1	槽的个数增加
	IF [♯6LE♯7] GOTO100	条件判断,如果沟槽数小于等于总数,返回 N100 继续加工
	G00 X40	抬刀
螺纹左侧退刀槽	Z－72	定位切槽循环起点
	G75 R1	G75 切槽循环固定格式
	G75 X30 Z－77 P3000 Q2000 R0 F20	G75 切槽循环固定格式
倒角	G00 Z－70	定位到倒角上方
	G01 X36	接触倒角
	X32 Z－72 F20	车削倒角
	X40 F80	抬刀
	G00 X200 Z200	快速退刀
外螺纹	T0303	换 03 号螺纹刀
	G00X40 Z－38	定位到螺纹循环起点
	G76 P010060 Q100R0.1	G76 螺纹循环固定格式
	G76 X33.835 Z－73 P812 Q400 R0F2	G76 螺纹循环固定格式
	G00 X200 Z200	快速退刀
切断	T0202	快速退刀
	M03 S800	主轴正转,800r/min
	G00 X45 Z－114	快速定位至切断处
	G01 X0 F20	切断
结束	G00 X200 Z200	快速退刀
	M05	主轴停
	M30	程序结束

5. 刀具路径及切削验证（见图 5.22）

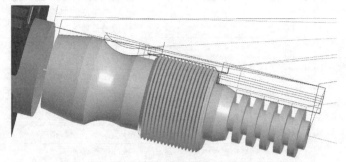

图 5.22　刀具路径及切削验证

八、锥槽阶台连接轴零件

1. 学习目的

① 思考重复的等距外形区域的宏程序编程如何实现。

视频演示

② 熟练掌握通过三角函数计算角度的方法。

③ 熟练掌握通过外径粗车循环 G71 编程的方法。

④ 能迅速构建编程所使用的模型。

2. 加工图纸及要求

数控车削加工如图 5.23 所示的零件，编制其加工的数控宏程序。

3. 工艺分析和模型

（1）工艺分析

该零件由内外圆柱面、斜锥面、多组槽等表面组成，零件图尺寸标注完整，符合数控加工尺寸标注要求；轮廓描述清楚完整；零件材料为 45 钢，切削加工性能较好，无热处理和硬度要求。

（2）毛坯选择

零件材料为 45 钢，$\phi 132mm$ 棒料。

（3）刀具选择 （见表 5.8）

表 5.8　刀具选择

刀具号	刀具规格名称	加工内容	刀具特征	备注
T01	硬质合金 35°外圆车刀	车端面、车轮廓和锥槽		
T02	切断刀（切槽刀）	切断	宽 3mm	

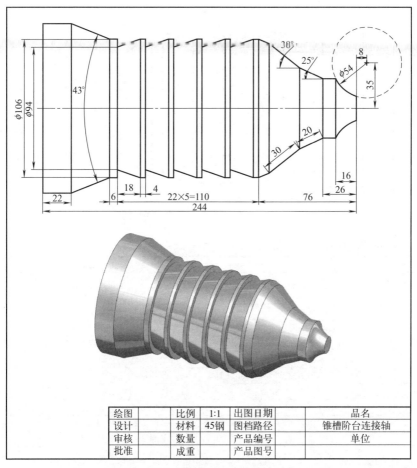

绘图		比例	1:1	出图日期		品名	
设计		材料	45钢	图档路径		锥槽阶台连接轴	
审核		数量		产品编号		单位	
批准		成重		产品图号			

图 5.23　锥槽阶台连接轴零件

（4）几何模型

本例题一次性装夹，轮廓部分采用 G71 的循环编程，其加工路径的模型设计见图 5.24。

（5）数学计算

本题需要计算圆弧的坐标值和锥面关键点的坐标值，可采用三角函数、勾股定理等几何知识计算，也可使用计算机制图软件（如 AutoCAD、UG、Mastercam、SolidWorks 等）的标注方法来计算。

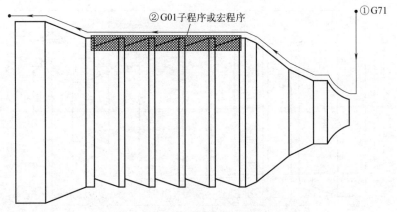

②G01子程序或宏程序

①G71

图 5.24　几何模型和编程路径示意图

4. 数控程序

开始	M03 S800	主轴正转,800r/min
	T0101	换 1 号外圆车刀
	G98	指定走刀按照 mm/min 进给
端面	G00 X140 Z0	快速定位工件端面上方
	G01 X0 F80	车端面,走刀速度 80mm/min
G71 粗车循环	G00 X140 Z3	快速定位循环起点
	G71U3R1	X 向每次吃刀量 3,退刀为 1
	G71P10Q20U0.4 W0.1F100	循环程序段 10~20
外轮廓	N10 G00 X18.425	垂直移动到最低处,不能有 Z 值
	G01 Z0	接触工件
	G02 X45.261 Z−16 R27	车削 $R27$ 的顺时针圆弧
	G01 Z−26	车削 $\phi45.261$ 的外圆
	X62.166 Z−44.126	斜向车削锥面
	X99.106 Z−67.766	斜向车削锥面
	X106 Z−76	斜向车削锥面
	Z−192	车削 $\phi106$ 的外圆
	X129.688 Z−222	斜向车削锥面
	N20 Z−247	车削 $\phi129.688$ 的外圆
精车	M03 S1200	提高主轴转速,1200r/min
	G70 P10 Q20 F40	精车
等距锥槽	M03 S800	主轴正转,800r/min
	♯1=106	外圆直径
	♯2=−80	锥面的右侧起始位置
	♯6=1	锥面的个数的初始赋值

等距锥槽	♯7＝5	锥面的总数
	N100 G00 X[♯1＋0] Z♯2	刀具快速移动到沟槽上方
	G01 X♯1 F80	接触工件
	X[♯1－12] Z[♯2－18]	斜向车削
	X[♯1＋3]	抬刀
	♯2＝♯2－18－4	移动到下一个锥面的上方
	♯6＝♯6＋1	锥面的个数增加
	IF [♯6LE♯7] GOTO100	条件判断,如果沟槽数小于等于总数,返回 N100 继续加工
	G00 X200 Z200	快速退刀
切断	T0202	换切断刀,即切槽刀
	M03S800	主轴正转,800r/min
	G00 X132 Z－247	快速定位至切断处
	G01 X0 F20	切断
结束	G00 X200 Z200	快速退刀
	M05	主轴停
	M30	程序结束

5. 刀具路径及切削验证（见图 5.25）

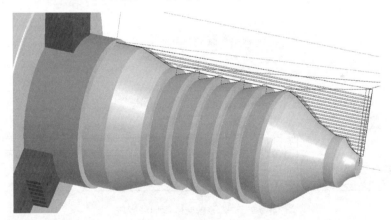

图 5.25　刀具路径及切削验证

九、V 形槽连接传动轴零件

1. 学习目的

① 思考重复的等距 V 形槽区域的宏程序编程如何实现。

② 熟练掌握通过外径粗车循环 G71 编程的方法。

视频演示

③ 能迅速构建编程所使用的模型。

2. 加工图纸及要求

数控车削加工如图 5.26 所示的零件，编制其加工的数控宏程序。

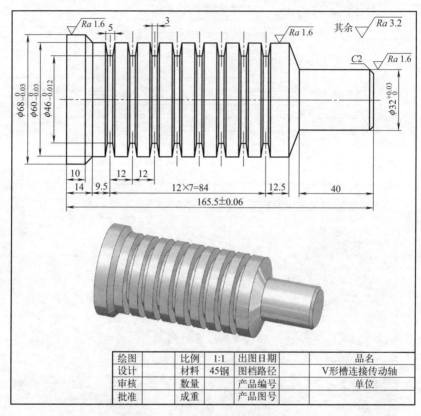

图 5.26　V形槽连接传动轴零件

3. 工艺分析和模型

(1) 工艺分析

该零件由内外圆柱面、斜锥面、多组槽等表面组成，零件图尺寸标注完整，符合数控加工尺寸标注要求；轮廓描述清楚完整；零件材料为 45 钢，切削加工性能较好，无热处理和硬度要求。

(2) 毛坯选择

零件材料为 45 钢，$\phi 70$mm 棒料。

(3) 刀具选择（见表 5.9）

表 5.9　刀具选择

刀具号	刀具规格名称	加工内容	刀具特征	备注
T01	硬质合金 35°外圆车刀	车端面及车轮廓		
T02	切断刀（切槽刀）	切槽和切断	宽 3mm	

(4) 几何模型

本例题一次性装夹，轮廓部分采用 G71 的循环编程，其加工路径的模型设计见图 5.27。

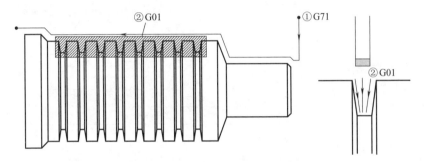

图 5.27　几何模型和编程路径示意图

(5) 数学计算

本题工件尺寸和坐标值明确，可直接进行编程。

4. 数控程序

开始	M03 S800	主轴正转，800r/min
	T0101	换 1 号外圆车刀
	G98	指定走刀按照 mm/min 进给
端面	G00 X75 Z0	快速定位工件端面上方
	G01 X0 F80	车端面，走刀速度 80mm/min
G71 粗车循环	G00 X75 Z3	快速定位循环起点
	G71U3R1	X 向每次吃刀量 3，退刀为 1
	G71P10Q20U0.4 W0.1F100	循环程序段 10～20
外轮廓	N10 G00 X28	垂直移动到最低处，不能有 Z 值
	G01 Z0	接触工件
	X32 Z－2	车削倒角
	Z－40	车削 $\phi32$ 的外圆
	X60 Z－45.5	斜向车削锥面

外轮廓	Z−151.5	车削 φ60 的外圆
	X68 Z−155.5	斜向车削锥面
	N20 G01 Z−168.5	车削 φ68 的外圆
精车	M03 S1200	提高主轴转速,1200r/min
	G70 P10 Q20 F40	精车
	G00 X200 Z200	快速退刀
等距 V 形槽	T0202	换切断刀,即切槽刀
	M03S800	主轴正转,800r/min
	♯1=60	外圆直径
	♯2=−59.5	V 形槽的中间位置的起始点,包括刀宽
	♯3=46	V 形槽槽底直径
	♯6=1	V 形槽的个数的初始赋值
	♯7=8	V 形槽的总数
	N100 G00 X[♯1+3] Z♯2	刀具快速移动到 V 形槽上方
	G01 X♯3 F20	切中间槽
	X[♯1+2] F100	抬刀
	Z[♯2+1]	移至右侧剩余区域上方
	X♯1 F20	切槽至倒角处
	X♯3 Z♯2	切倒角
	X[♯1+2] F100	抬刀
	Z[♯2−1]	移至左侧剩余区域上方
	X♯1 F20	切槽至倒角处
	X♯3 Z♯2	切倒角
	X[♯1+2] F100	抬刀
	♯2=♯2−12	移动到下一个沟槽的距离上方
	♯6=♯6+1	槽的个数增加
	IF [♯6LE♯7] GOTO100	条件判断,如果沟槽数小于等于总数,返回 N100 继续加工
	G00 X80	抬刀
切断	G00 X72 Z−168.5	快速定位至切断处
	G01 X0 F20	切断
	G00 X200 Z200	快速退刀
结束	M05	主轴停
	M30	程序结束

5. 刀具路径及切削验证（见图 5.28）

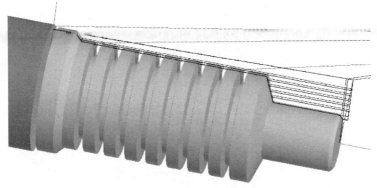

图 5.28　刀具路径及切削验证

十、U 形槽标准固定轴零件

1. 学习目的

① 思考重复的 U 形槽区域的宏程序编程如何实现。

② 熟练掌握通过三角函数计算角度的方法。

③ 熟练掌握通过外径粗车循环 G71 编程的方法。

④ 能迅速构建编程所使用的模型。

视频演示

2. 加工图纸及要求

数控车削加工如图 5.29 所示的零件，编制其加工的数控宏程序。

3. 工艺分析和模型

(1) 工艺分析

该零件由内外圆柱面、斜锥面、多组槽等表面组成，零件图尺寸标注完整，符合数控加工尺寸标注要求；轮廓描述清楚完整；零件材料为 45 钢，切削加工性能较好，无热处理和硬度要求。

(2) 毛坯选择

零件材料为 45 钢，$\phi 52mm$ 棒料。

(3) 刀具选择（见表 5.10）

表 5.10　刀具选择

刀具号	刀具规格名称	加工内容	刀具特征	备注
T01	硬质合金 35°外圆车刀	车端面及车轮廓		
T02	切断刀（割槽刀）	切槽、尾部倒角和切断	宽 3mm	

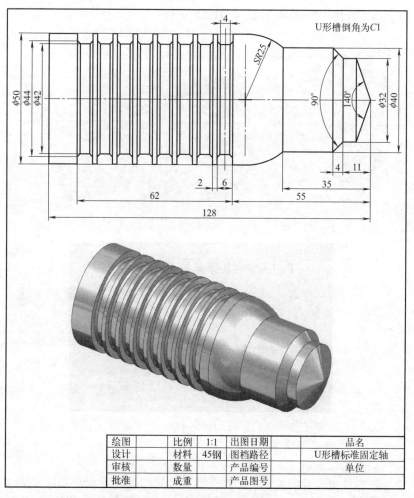

绘图		比例	1:1	出图日期		品名	
设计		材料	45钢	图档路径		U形槽标准固定轴	
审核		数量		产品编号		单位	
批准		成重		产品图号			

图 5.29　U 形槽标准固定轴零件

（4）几何模型

本例题一次性装夹，轮廓部分采用 G71 的循环编程，其加工路径的模型设计见图 5.30。

（5）数学计算

本题需要计算圆弧的坐标值和锥面关键点的坐标值，可采用三角函数、勾股定理等几何知识计算，也可使用计算机制图软件（如 AutoCAD、UG、Mastercam、SolidWorks 等）的标注方法来计算。

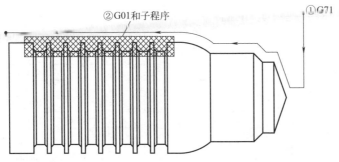

②G01和子程序　　　　　　　　　　　　　　　①G71

图 5.30　几何模型和编程路径示意图

4. 数控程序

开始	M03 S800	主轴正转,800r/min
	T0101	换 1 号外圆车刀
	G98	指定走刀按照 mm/min 进给
G71 粗车循环	G00 X55 Z3	快速定位循环起点
	G71U3R1	X 向每次吃刀量 3,退刀为 1
	G71P10Q20U0.4 W0.1F100	循环程序段 10～20
外轮廓	N10 G00 X0	垂直移动到最低处,不能有 Z 值
	G01 Z0	接触工件
	X32 Z−5.824	斜向车削锥面
	Z−11	车削 $\phi32$ 的外圆
	X40 Z−15	斜向车削锥面
	Z−35	车削 $\phi40$ 的外圆
	G03 X50 Z−50 R25	车削 R25 的逆时针圆弧
	N20 G01 Z−132	车削 $\phi50$ 的外圆
精车	M03 S1200	提高主轴转速,1200r/min
	G70 P10 Q20 F40	精车
	G00 X200 Z200	快速退刀
等距U 形槽	T0202	换切断刀,即切槽刀
	M03S800	主轴正转,800r/min
	#1=50	外圆直径
	#2=−60	U 形槽的中间位置的起始点,包括刀宽
	#3=42	U 形槽槽底直径
	#6=1	U 形槽的个数的初始赋值
	#7=8	U 形槽的总数
	N100 G00 X[#1+3] Z#2	刀具快速移动到沟槽上方
	G01 X#3 F20	切中间槽

	X[#1+2] F100	抬刀
	Z[#2+1]	移至右侧剩余区域上方
	X[#3+2] F20	切槽至倒角处
	X#3 Z#2	切倒角
	X[#1+2] F100	抬刀
等距 U形槽	Z[#2-1]	移至左侧剩余区域上方
	X[#3+2] F20	切槽至倒角处
	X#3 Z#2	切倒角
	X[#1+2] F100	抬刀
	#2=#2-8	移动到下一个沟槽的距离上方
	#6=#6+1	槽的个数增加
	IF[#6 LE #7]GOTO100	条件判断,如果沟槽数小于等于总数,返回 N100 继续加工
	G00 X200 Z200	快速退刀
切断	T0202	换切断刀,即切槽刀
	M03S800	主轴正转,800r/min
	G00 X55 Z-132	快速定位至切断处
	G01 X0 F20	切断
	G00 X200 Z200	快速退刀
结束	M05	主轴停
	M30	程序结束

5. 刀具路径及切削验证（见图 5.31）

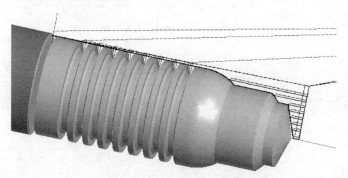

图 5.31　刀具路径及切削验证

第六章
多件套配合零件

一、螺纹球体配合两件套 A 件

1. 学习目的

① 思考和熟练掌握每一次装夹的位置和加工范围，设计最合理的加工工艺。

② 思考外圆圆弧如何计算。

视频演示-1　视频演示-2

③ 熟练掌握通过内外径粗车循环 G71、复合轮廓粗车循环 G73 编程的方法。

④ 掌握实现内圆的编程方法。

⑤ 学习如何对内螺纹进行编程。

⑥ 能迅速构建编程所使用的模型。

2. 加工图纸及要求

数控车削加工如图 6.1 所示的零件，编制其加工的数控程序。

3. 工艺分析和模型

（1）工艺分析

该零件由内外圆柱面、顺圆弧、逆圆弧、螺纹等表面组成，零件图尺寸标注完整，符合数控加工尺寸标注要求；轮廓描述清楚完整；零件材料为 45 钢，切削加工性能较好，无热处理和硬度要求。

（2）毛坯选择

零件材料为 45 钢，ϕ60mm 棒料。

（3）刀具选择（见表 6.1）

表 6.1　刀具选择

刀具号	刀具规格名称	加工内容	刀具特征	备注
T01	硬质合金 45°外圆车刀	车端面及车轮廓		
T02	切断刀(切槽刀)	切槽和切断	宽 3mm	
T03	—			
T04	钻头	钻孔	118°麻花钻	ϕ10mm
T05	内圆车刀	车内孔		刀刃与 X 轴平行
T06	内螺纹刀	内螺纹	60°牙型角	

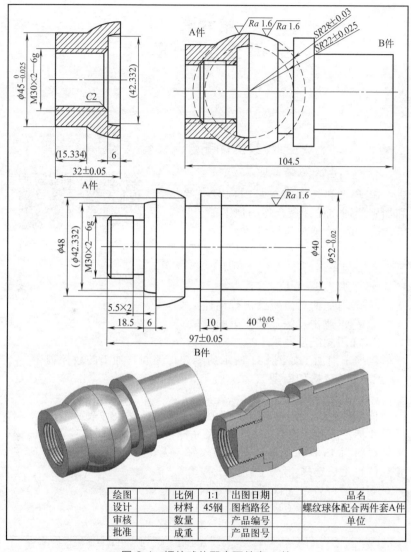

绘图		比例	1:1	出图日期		品名
设计		材料	45钢	图档路径		螺纹球体配合两件套A件
审核		数量		产品编号		单位
批准		成重		产品图号		

图 6.1 螺纹球体配合两件套 A 件

（4）几何模型

本例题一次性装夹，轮廓部分采用 G71、G73、G01 的循环联合编程，其加工路径的模型设计见图 6.2。

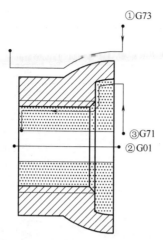

①G73

③G71
②G01

图 6.2　几何模型和编程路径示意图

(5) 数学计算

本题需要计算圆弧的坐标值，可采用三角函数、勾股定理等几何知识计算，也可使用计算机制图软件（如 AutoCAD、UG、Master-cam、SolidWorks 等）的标注方法来计算。

4. 数控程序

开始	M03 S800	主轴正转,800r/min
	T0101	换 1 号外圆车刀
	G98	指定走刀按照 mm/min 进给
端面	G00 X65 Z0	快速定位工件端面上方
	G01 X0 F80	车端面,走刀速度 80mm/min
G73 粗车循环	G00 X60 Z3	快速定位循环起点
	G73U6 W0 R3	G73 粗车循环,循环 3 次
	G73 P10 Q20 U0.4 W0 F80	循环程序段 10～20
外轮廓	N10 G00 X56	垂直移动到最低处
	G01 Z0	接触工件
	G03 X45 Z−16.666 R28	车削 R28 的逆时针圆弧
	G01 Z−35	车削 $\phi45$ 的外圆,多车削一段距离
	N20X60	抬刀
精车	M03 S1200	提高主轴转速,1200r/min
	G70 P10 Q20 F40	精车
	G00 X200 Z200	快速退刀
钻孔	T0404	换 04 号钻头
	M03 S800	主轴正转,800r/min

	G00 X0 Z2	定位孔
钻孔	G01 Z−40 F15	钻孔
	Z2 F100	退出孔
	G00 X200 Z200	快速退刀
G71 粗车 循环	T0505	换 5 号内圆车刀
	G00 X8 Z3	快速定位循环起点
	G71 U3 R1	X 向每次吃刀量 3,退刀为 1
	G71 P30 Q40 U−0.4 W0.1 F80	循环程序段 30～40
内轮廓	N30 G00 X44	垂直移动到内圆最高处,不能有 Z 值
	G01 Z0	接触工件
	G03 X42.337 Z−6 R22	车削 R22 的逆时针圆弧
	G01X30	车削至倒角右侧
	X26 Z−8	车削倒角
	Z−40	车削内圆,多车一段,让出螺纹退刀位置
	N40 X10	降刀
精车	M03 S1200	提高主轴转速,1200r/min
	G70 P30 Q40 F30	精车
	G00 X200 Z200	快速退刀
内螺纹	T0606	换 06 号螺纹刀
	G00X20Z3	快速移动到工件右侧
	Z−3	定位到螺纹循环起点
	G76P010060Q100R0.1	G76 螺纹循环固定格式
	G76X30Z−35P1083Q500R0F2	G76 螺纹循环固定格式
	G01Z2F100	退出工件
	G00X200Z200	快速退刀
切断	T0202	换切断刀,即切槽刀
	M03S800	主轴正转,800r/min
	G00 X60 Z−35	快速定位至切断处
	G01 X20 F20	切断
	G00 X200 Z200	快速退刀
结束	M05	主轴停
	M30	程序结束

5. 刀具路径及切削验证（见图 6.3）

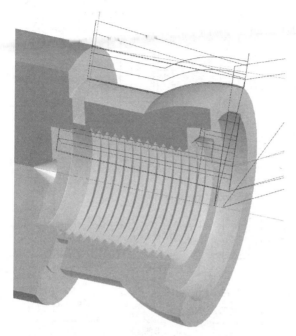

图 6.3　刀具路径及切削验证

二、螺纹球体配合两件套 B 件

1. 学习目的

① 思考和熟练掌握每一次装夹的位置和加工范围，设计最合理的加工工艺。

② 思考中间圆弧如何计算。

③ 熟练掌握通过内外径粗车循环 G71、复合轮廓粗车循环 G73 编程的方法。

视频演示

④ 掌握实现尾部外圆区域的加工。

⑤ 学习如何对螺纹进行编程。

⑥ 能迅速构建编程所使用的模型。

2. 加工图纸及要求

数控车削加工如图 6.4 所示的零件，编制其加工的数控程序。

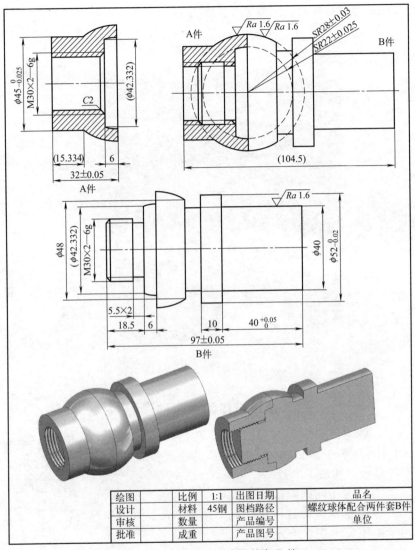

绘图		比例	1:1	出图日期		品名
设计		材料	45钢	图档路径		螺纹球体配合两件套B件
审核		数量		产品编号		单位
批准		成重		产品图号		

图 6.4　螺纹球体配合两件套 B 件

3. 工艺分析和模型

(1) 工艺分析

　　该零件由内外圆柱面、顺圆弧、逆圆弧、螺纹等表面组成，零件图尺寸标注完整，符合数控加工尺寸标注要求；轮廓描述清楚完整；

零件材料为 45 钢，切削加工性能较好，无热处理和硬度要求。

（2）毛坯选择

零件材料为 45 钢，ϕ45mm 棒料。

（3）刀具选择（见表 6.2）

表 6.2　刀具选择

刀具号	刀具规格名称	加工内容	刀具特征	备注
T01	硬质合金 45°外圆车刀	车端面及车轮廓		
T02	切断刀（切槽刀）	切槽和切断	宽 3mm	
T03	螺纹刀	外螺纹	60°牙型角	

（4）几何模型

本例题一次性装夹，轮廓部分采用 G71、G73、G75 的循环联合编程，其加工路径的模型设计见图 6.5。

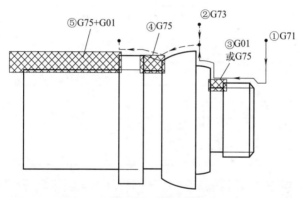

图 6.5　几何模型和编程路径示意图

（5）数学计算

本题需要计算圆弧的坐标值，可采用三角函数、勾股定理等几何知识计算，也可使用计算机制图软件（如 AutoCAD、UG、Master-cam、SolidWorks 等）的标注方法来计算。

4. 数控程序

开始	M03 S800	主轴正转，800r/min
	T0101	换 1 号外圆车刀
	G98	指定走刀按照 mm/min 进给
端面	G00 X65 Z0	快速定位工件端面上方
	G01 X0 F80	车端面，走刀速度 80mm/min

G71 粗车循环	G00 X65 Z3	快速定位循环起点
	G71 U3 R1	X 向每次吃刀量 3,退刀为 1
	G71 P10 Q20 U0.4 W0.1 F100	循环程序段 10～20
外轮廓	N10 G00 X26	垂直移动到最低处,不能有 Z 值
	G01 Z0	接触工件
	X30 Z-2	车削倒角
	Z-18.5	车削 φ30 的外圆
	G01 X42.332	车削小圆弧的右端面
	G03 X44 Z-24.5 R22	车削 R22 的逆时针圆弧
	N20 G01 X56	车削大圆弧的右端面
精车	M03 S1200	提高主轴转速,1200r/min
	G70 P10 Q20 F40	精车
G73 粗车循环	G00 X65 Z-24.5	快速定位循环起点
	G73 U2 W0 R2	G73 粗车循环,循环 2 次
	G73 P30 Q40 U0 W0.2F80	循环程序段 30～40
外轮廓	N30 G01 X56	接触工件
	G03 X48 Z-38.922 R28	车削 R28 的逆时针圆弧
	G01 X52 Z-47	斜向车削
	Z-57	车削 φ52 的外圆
	N40 X60	抬刀
精车	M03 S1200	提高主轴转速,1200r/min
	G70 P30 Q40 F40	精车
	G00 X200 Z200	快速退刀,准备换刀
退刀槽	M03 S800	主轴正转,800r/min
	T0202	换 02 号切槽刀
	G00 X34 Z-16	移动至第 1 个槽上方
	G75 R1	G75 切槽循环固定格式
	G75 X26 Z-18.5 P3000 Q2000 R0 F20	G75 切槽循环固定格式
	X62	抬刀
宽槽	Z-41.922	移动至第 2 个槽上方
	G75 R1	G75 切槽循环固定格式
	G75 X40 Z-47 P3000 Q2000 R0 F20	G75 切槽循环固定格式
尾部外圆	G01 Z-60	移动至第 3 个槽上方
	G75 R1	G75 切槽循环固定格式
	G75 X40 Z-100 P3000 Q2000 R0 F20	G75 切槽循环固定格式

	M03 S1200	提高主轴转速,1200r/min
	G01 X40 F40	接触工件
精修外圆	Z—100	平槽底
	X62	抬刀
	G00 X200 Z200	快速退刀
	T0303	换 03 号螺纹刀
	G00X33 Z3	定位到螺纹循环起点
外螺纹	G76 P010060 Q100R0.1	G76 螺纹循环固定格式
	G76 X27.835 Z—15 P1083Q500 R0F2	G76 螺纹循环固定格式
	G00 X200 Z200	快速退刀
	T0202	换切断刀,即切槽刀
	M03 S800	主轴正转,800r/min
切断	G00 X62 Z—100	快速定位至切断处
	G01 X0 F20	切断
	G00 X200 Z200	快速退刀
结束	M05	主轴停
	M30	程序结束

5. 刀具路径及切削验证（见图 6.6）

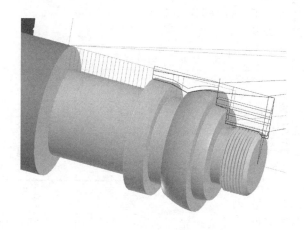

图 6.6 刀具路径及切削验证

三、多组合特型轴两件套 A 件

1. 学习目的

① 思考和熟练掌握每一次装夹的位置和加工范围，设计最合理的加工工艺。

视频演示-1　视频演示-2　视频演示-3

② 思考中间圆弧如何计算。

③ 熟练掌握通过内外径粗车循环 G71 编程的方法。

④ 掌握实现内圆的编程方法。

⑤ 学习如何对螺纹进行编程。

⑥ 能迅速构建编程所使用的模型。

2. 加工图纸及要求

数控车削加工如图 6.7 所示的零件，编制其加工的数控程序。

3. 工艺分析、毛坯、刀具选择

(1) 工艺分析

该零件由内外圆柱面、顺圆弧、逆圆弧、螺纹退刀槽及外螺纹等表面组成，零件图尺寸标注完整，符合数控加工尺寸标注要求；轮廓描述清楚完整；零件材料为 45 钢，切削加工性能较好，无热处理和硬度要求。

(2) 毛坯选择

零件材料为 45 钢，ϕ60mm 棒料。

(3) 刀具选择（见表 6.3）

表 6.3　刀具选择

刀具号	刀具规格名称	加工内容	刀具特征	备注
T01	硬质合金 45°外圆车刀	车端面及车轮廓		
T02	切断刀（切槽刀）	切槽	宽 3mm	
T03	螺纹刀	外螺纹	60°牙型角	
T04	钻头	钻孔	118°麻花钻	ϕ10mm
T05	内圆车刀	车内孔		刀刃与 X 轴平行

(4) 几何模型

本例题需要两次装夹，轮廓部分采用 G71、G01 的循环联合编程，其两次装夹的加工路径的模型设计见图 6.8、图 6.9。

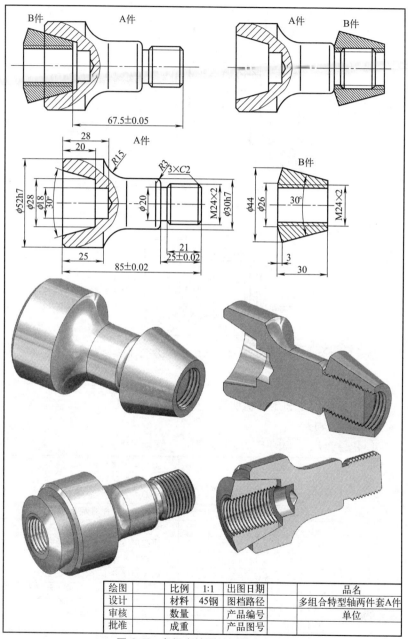

绘图		比例	1:1	出图日期		品名	
设计		材料	45钢	图档路径		多组合特型轴两件套A件	
审核		数量		产品编号		单位	
批准		成重		产品图号			

图 6.7　多组合特型轴两件套 A 件

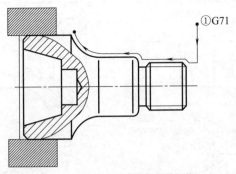

图 6.8　第一次装夹的几何模型和编程路径示意图

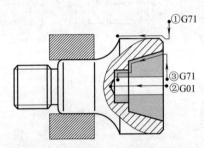

图 6.9　第二次掉头装夹的几何模型和编程路径示意图

(5) 数学计算

本题工件尺寸和坐标值明确，可直接进行编程。

4. 数控程序

(1) 第一次装夹的 FANUC 程序

	M03 S800	主轴正转，800r/min
开始	T0101	换 1 号外圆车刀
	G98	指定走刀按照 mm/min 进给
端面	G00 X60 Z0	快速定位工件端面上方
	G01 X0 F80	车端面，走刀速度 80mm/min
G71 粗车循环	G00 X60 Z3	快速定位循环起点
	G71 U3 R1	X 向每次吃刀量 3，退刀为 1
	G71 P10 Q20 U0.4 W0.1 F100	循环程序段 10～20
外轮廓	N10 G00 X20	垂直移动到最低处，不能有 Z 值
	G01 Z0	接触工件
	X24 Z−2	车削 C2 倒角
	Z−25	车削 φ52 的外圆

	G03 X30 Z－28 R3	车削圆角
外轮廓	G01 Z－45.543	车削 $\phi 30$ 的外圆
	N20 G02 X52 Z－60 R15	车削 $R15$ 的顺时针圆弧
精车	M03 S1200	提高主轴转速，1200r/min
	G70 P10 Q20 F40	精车
	G00 X200 Z200	快速退刀，准备换刀
螺纹 退刀槽	M03S800	降低主轴转速，800r/min
	T0202	换 02 号切槽刀
	G00 X28 Z－25	定位退刀槽起点
	G01 X20 F20	切槽
	X28 F100	抬刀
	Z－23	定位倒角上方
	X24	接触工件
	X20 Z－25 F20	切倒角
	X28 F100	抬刀
	G00 X200 Z200	快速退刀准备换刀
外螺纹	T0303	换 03 号螺纹刀
	G00X27 Z3	定位到螺纹循环起点
	G76 P010060 Q100R0.1	G76 螺纹循环固定格式
	G76 X21.835 Z－22.5 P1083 Q500R0F2	G76 螺纹循环固定格式
	G00 X200 Z200	快速退刀
结束	M05	主轴停
	M30	程序结束

（2）第二次掉头装夹的 FANUC 程序

	M03 S800	主轴正转，800r/min
开始	T0101	换 1 号外圆车刀
	G98	指定走刀按照 mm/min 进给
端面	G00 X60 Z0	快速定位工件端面上方
	G01 X0 F80	车端面，走刀速度 80mm/min
G71 粗车 循环	G00 X55 Z3	快速定位循环起点
	G71 U3 R1	X 向每次吃刀量 3，退刀为 1
	G71 P10 Q20 U0.4 W0.1 F100	循环程序段 10～20
外轮廓	N10 G00 X48	垂直移动到最低处，不能有 Z 值
	G01 Z0	接触工件
	X52 Z－2	车削倒角
	N20 Z－26	车削 $\phi 53$ 的外圆

	M03 S1200	提高主轴转速,1200r/min
精车	G70 P10 Q20F40	精车
	G00 X200 Z200	快速退刀
	T0404	换 04 号钻头
	G00 X0 Z2	定位孔
钻孔	M03 S800	主轴正转,800r/min
	G01 Z-35 F15	钻孔
	Z2 F100	退出孔
	G00 X200 Z200	快速退刀
G71 粗车	T0505	换 5 号内圆车刀
循环	G00 X8 Z3	快速定位循环起点
	G71 U2 R1	X 向每次吃刀量 2,退刀为 1
	G71 P30 Q40 U-0.4 W0.1 F80	循环程序段 30~40
	N30 G00 X38.718	垂直移动到最高处,不能有 Z 值
	G01 Z0	接触工件
内轮廓	X28 Z-20	斜向车削内锥面
	X18	车削 ϕ18 的内圆右端面
	Z-28	车削 ϕ18 的外圆
	N40 X10	车削内孔底面
	M03 S1200	提高主轴转速,1200r/min
精车	G70 P30 Q40 F30	精车
	G00 X200 Z200	快速退刀
结束	M05	主轴停
	M30	程序结束

5. 刀具路径及切削验证(见图 6.10)

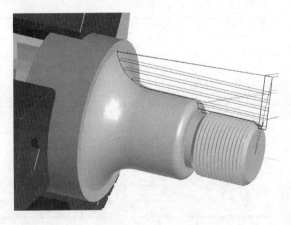

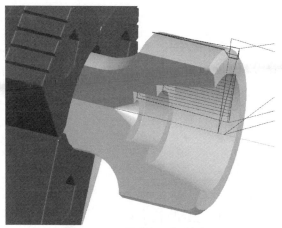

图 6.10   刀具路径及切削验证

四、多组合特型轴两件套 B 件

1. 学习目的

① 思考和熟练掌握每一次装夹的位置和加工范围，设计最合理的加工工艺。

视频演示-1   视频演示-2   视频演示-3

② 思考外圆锥面如何编程。

③ 熟练掌握通过内外径粗车循环 G71 编程的方法。

④ 掌握实现内圆的编程方法。

⑤ 学习如何对内螺纹进行编程。

⑥ 能迅速构建编程所使用的模型

2. 加工图纸及要求

数控车削加工如图 6.11 所示的零件，编制其加工的数控程序。

3. 工艺分析、毛坯、刀具选择

(1) 工艺分析

该零件由内外圆和螺纹等表面组成，零件图尺寸标注完整，符合数控加工尺寸标注要求；轮廓描述清楚完整；零件材料为 45 钢，切削加工性能较好，无热处理和硬度要求。

(2) 毛坯选择

零件材料为 45 钢，ϕ48mm 棒料。

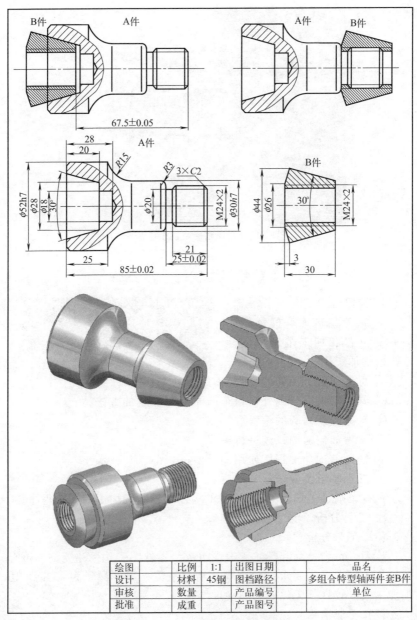

绘图		比例	1:1	出图日期		品名	
设计		材料	45钢	图档路径		多组合特型轴两件套B件	
审核		数量		产品编号		单位	
批准		成重		产品图号			

图 6.11　多组合特型轴两件套 B 件

(3) 刀具选择（见表 6.4）

表 6.4　刀具选择

刀具号	刀具规格名称	加工内容	刀具特征	备注
T01	硬质合金 45°外圆车刀	车端面及车轮廓		
T02	—			
T03	—			
T04	钻头	钻孔	118°麻花钻	$\phi10$mm
T05	镗刀	镗孔		刀刃与 X 轴平行
T06	内螺纹刀	内螺纹	60°牙型角	

(4) 几何模型

本例题需要两次装夹，轮廓部分采用 G71、G74、G01 的循环联合编程，其两次装夹的加工路径的模型设计见图 6.12、图 6.13。

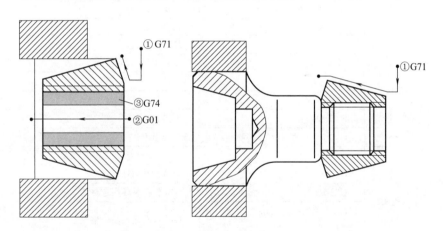

图 6.12　第一次装夹的几何模　　　图 6.13　第二次掉头装夹的几何模型
型和编程路径示意图　　　　　　　和编程路径示意图

(5) 数学计算

本题需要计算圆弧的坐标值和锥面关键点的坐标值，可采用三角函数、勾股定理等几何知识计算，也可使用计算机制图软件（如 AutoCAD、UG、Mastercam、SolidWorks 等）的标注方法来计算。

4. 数控程序

(1) 第一次装夹的 FANUC 程序

开始	M03 S800	主轴正转,800r/min
	T0101	换 1 号外圆车刀
	G98	指定走刀按照 mm/min 进给
端面	G00 X50 Z0	快速定位工件端面上方
	G01 X0 F80	车端面,走刀速度 80mm/min
G71 粗车循环	G00 X50 Z3	快速定位循环起点
	G71 U3 R1	X 向每次吃刀量 3,退刀为 1
	G71 P10 Q20 U0.4 W0.1 F100	循环程序段 10～20
外轮廓	N10 G00 X26	垂直移动到最低处,不能有 Z 值
	G01 Z0	接触工件
	X44 Z-3	斜向车削锥面
	N20 X50	抬刀
精车	M03 S1200	提高主轴转速,1200r/min
	G70 P10 Q20 F40	精车
	G00 X200 Z200	快速退刀
钻孔	T0404	换 04 号钻头
	M03 S800	主轴正转,800r/min
	G00 X0 Z2	定位孔
	G01 Z-35 F15	钻孔
	Z2 F100	退出孔
	G00 X200 Z200	快速退刀
内轮廓	T0505	换 05 号镗刀
	G00 X14 Z2	定位镗孔循环起点
	G74 R1	G74 镗孔循环固定格式
	G74 X20 Z-31 P3000 Q3000 R0 F20	G74 镗孔循环固定格式
	G00 X200 Z200	快速退刀
内螺纹	T0606	换 06 号螺纹刀
	G00 X16 Z2	快速定位螺纹起点
	G76 P010060 Q100 R0.1	G76 螺纹循环固定格式
	G76 X24 Z-33 P1083 Q500 R0 F2	G76 螺纹循环固定格式
	G00 X200 Z200	快速退刀
结束	M05	主轴停
	M30	程序结束

(2) 第二次掉头装夹的 FANUC 程序

开始	M03 S800	主轴正转，800r/min
	T0101	换 1 号外圆车刀
	G98	指定走刀按照 mm/min 进给
端面	G00 X50 Z0	快速定位工件端面上方
	G01 X0 F80	车端面，走刀速度 80mm/min
G71 粗车循环	G00 X50 Z3	快速定位循环起点
	G71 U3 R1	X 向每次吃刀量 3，退刀为 1
	G71 P10 Q20 U0.4 W0.1 F100	循环程序段 10~20
外轮廓	N10 G00 X39.34	垂直移动到最低处，不能有 Z 值
	G01 Z0	接触工件
	X44 Z-27.356	斜向车削锥面
	N20 Z-30	多车一刀避免飞边
精车	M03 S1200	提高主轴转速，1200r/min
	G70 P10 Q20 F40	精车
	G00 X200 Z200	快速退刀
结束	M05	主轴停
	M30	程序结束

5. 刀具路径及切削验证（见图 6.14）

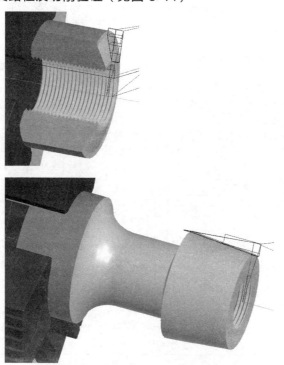

图 6.14　刀具路径及切削验证

五、双椭圆复合轴三件套 A 件

1. 学习目的

① 思考和熟练掌握每一次装夹的位置和加工范围，设计最合理的加工工艺。

视频演示-1　视频演示-2

② 思考椭圆部分宏程序编程如何实现。

③ 熟练掌握通过内外径粗车循环 G71 编程的方法。

④ 学习如何对螺纹进行编程。

⑤ 能迅速构建编程所使用的模型

2. 加工图纸及要求

数控车削加工如图 6.15 所示的零件，编制其加工的数控程序。

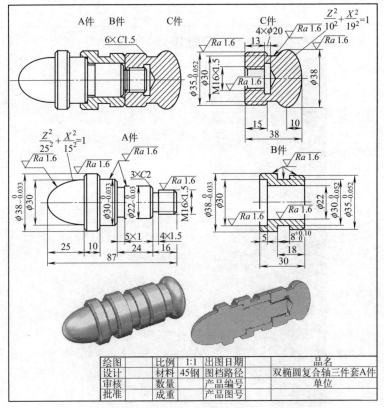

绘图		比例	1:1	出图日期		品名	
设计		材料	45钢	图档路径		双椭圆复合轴三件套A件	
审核		数量		产品编号		单位	
批准		成重		产品图号			

图 6.15　双椭圆复合轴三件套 A 件

3. 工艺分析、毛坯、刀具选择

(1) 工艺分析

该零件由内外圆柱面、顺圆弧、逆圆弧、槽、螺纹等表面组成，零件图尺寸标注完整，符合数控加工尺寸标注要求；轮廓描述清楚完整；零件材料为 45 钢，切削加工性能较好，无热处理和硬度要求。

(2) 毛坯选择

零件材料为 45 钢，$\phi40\text{mm}$ 棒料。

(3) 刀具选择 （见表 6.5）

表 6.5　刀具选择

刀具号	刀具规格名称	加工内容	刀具特征	备注
T01	硬质合金 45°外圆车刀	车端面及车轮廓		
T02	切断刀（切槽刀）	切槽	宽 3mm	
T03	螺纹刀	外螺纹	60°牙型角	

(4) 几何模型

本例题需要两次装夹，轮廓部分采用 G71 的循环编程，其两次装夹的加工路径的模型设计见图 6.16、图 6.17。

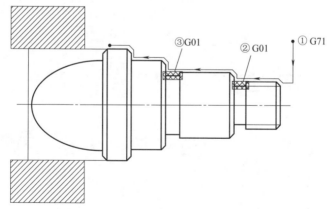

图 6.16　第一次装夹的几何模型和编程路径示意图

(5) 数学计算

本题工件尺寸和坐标值明确，可直接进行编程。

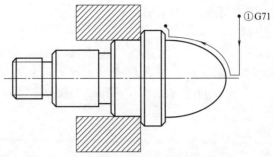

① G71

图 6.17 第二次掉头装夹的几何模型和编程路径示意图

4. 数控程序

(1) 第一次装夹的 FANUC 程序

开始	M03 S800	主轴正转,800r/min
	T0101	换 1 号外圆车刀
	G98	指定走刀按照 mm/min 进给
端面	G00 X45 Z0	快速定位工件端面上方
	G01 X0 F80	车端面,走刀速度 80mm/min
G71 粗车循环	G00 X45 Z3	快速定位循环起点
	G71U3R1	X 向每次吃刀量 3,退刀为 1
	G71P10Q20U0.4 W0.1F100	循环程序段 10~20
外轮廓	N10G00 X13	垂直移动到最低处,不能有 Z 值
	G01 Z0	接触工件
	X16 Z−1.5	车削倒角
	Z−16	车削 $\phi16$ 的外圆
	X19	车削 $\phi22$ 的外圆右端面
	X22 Z−17.5	车削倒角
	Z−40	车削 $\phi22$ 的外圆
	X27	车削 $\phi30$ 的外圆右端面
	X30 Z−41.5	车削倒角
	Z−52	车削 $\phi30$ 的外圆
	X35	车削 $\phi38$ 的外圆右端面
	X38 Z−53.5	车削倒角
	N20 Z−61	车削 $\phi38$ 的外圆
精车	M03 S1200	提高主轴转速,1200r/min
	G70 P10 Q20 F40	精车
	G00 X200 Z200	快速退刀
螺纹退刀槽	M03S800	降低主轴转速,800r/min
	T0202	换 02 号切槽刀
	G00 X23 Z−15	定位切槽循环点

	G75 R1	G75 切槽循环固定格式
螺纹退刀槽	G75 X13 Z－16 P3000 Q2000 R0 F20	G75 切槽循环固定格式
	G00 X29	抬刀
	Z－38	定位切槽循环起点
	G75 R1	G75 切槽循环固定格式
	G75 X20 Z－40 P3000 Q2000 R0 F20	G75 切槽循环固定格式
	G00 X200 Z200	快速退刀准备换刀
外螺纹	T0303	换 03 号螺纹刀
	G00X18 Z3	定位到螺纹循环起点
	G76 P010060 Q80R0.1	G76 螺纹循环固定格式
	G76 X14.376 Z－13 P812Q400 R0F1.5	G76 螺纹循环固定格式
	G00 X200 Z200	快速退刀
结束	M05	主轴停
	M30	程序结束

(2) 第二次掉头装夹的 FANUC 程序

开始	M03 S800	主轴正转,800r/min
	T0101	换 1 号外圆车刀
	G98	指定走刀按照 mm/min 进给
端面	G00 X45 Z0	快速定位工件端面上方
	G01 X0 F80	车端面,走刀速度 80mm/min
G71 粗车循环	G00 X45 Z2	快速定位循环起点
	G71 U2 R1	X 向每次吃刀量 2,退刀为 1
	G71 P10 Q30 U0.4 W0.1 F100	循环程序段 10～30
外轮廓	N10 G00X0	垂直移动到最低处,不能有 Z 值
	G01 Z0	接触工件
	♯100＝0	♯100 为中间变量,用于指定 Z 的起始位置
	N20♯101＝♯100＋25	为椭圆公式中的 Z 值(♯101)赋值
	♯102＝15 * SQRT[1－♯101 * ♯101/625]	椭圆的计算公式
	G01 X[2 * ♯102] Z[♯100]	直线拟合曲线
	♯100＝♯100－0.1	Z 方向每次移动－0.1mm
	IF[♯100GT－25]GOTO20	比较刀具当前是否到达 Z 向终点,如不到达,则返回 N20 段反复执行,直到到达椭圆 Z 向终点值为止

外轮廓	G01 X35	车削 $\phi38$ 的外圆右端面
	N30 X38 Z−26.5	车削倒角
精车	M03 S1200	提高主轴转速,1200r/min
	G70 P10 Q30F40	精车
	G00 X200 Z200	快速退刀
结束	M05	主轴停
	M30	程序结束

5. 刀具路径及切削验证（见图 6.18）

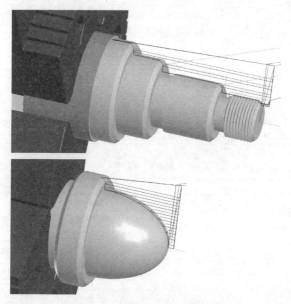

图 6.18　刀具路径及切削验证

六、双椭圆复合轴三件套 B 件

1. 学习目的

① 思考和熟练掌握每一次装夹的位置和加工范围，设计最合理的加工工艺。

视频演示-1　视频演示-2　视频演示-3　视频演示-4

② 熟练掌握通过内外径粗车循环 G71 编程的方法。

③ 掌握实现内圆的编程方法。

④ 学习如何对宽槽进行编程。

⑤ 能迅速构建编程所使用的模型。

2. 加工图纸及要求

数控车削加工如图 6.19 所示的零件，编制其加工的数控程序。

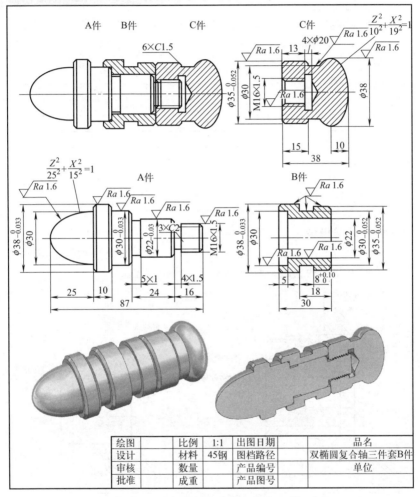

图 6.19 双椭圆复合轴三件套 B 件

3. 工艺分析、毛坯、刀具选择

(1) 工艺分析

该零件由内外圆柱面、顺圆弧、逆圆弧、槽、螺纹等表面组成，零件图尺寸标注完整，符合数控加工尺寸标注要求；轮廓描述清楚完整；零件材料为 45 钢，切削加工性能较好，无热处理和硬度要求。

（2）毛坯选择

零件材料为 45 钢，$\phi40$mm 棒料。

（3）刀具选择（见表 6.6）

表 6.6　刀具选择

刀具号	刀具规格名称	加工内容	刀具特征	备注
T01	硬质合金 45°外圆车刀	车端面及车轮廓		
T02	切断刀（切槽刀）	切槽	宽 3mm	
T03	—			
T04	钻头	钻孔	118°麻花钻	$\phi10$mm
T05	镗刀	镗孔		
T06	内圆车刀	车内孔		刀刃与 X 轴平行

（4）几何模型

本例题需要两次装夹，轮廓部分采用 G71 的循环编程，其两次装夹的加工路径的模型设计见图 6.20、图 6.21。

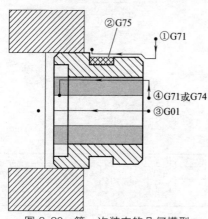

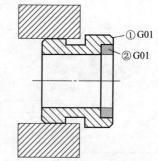

图 6.20　第一次装夹的几何模型和编程路径示意图

图 6.21　第二次掉头装夹的几何模型和编程路径示意图

（5）数学计算

本题工件尺寸和坐标值明确，可直接进行编程。

4. 数控程序
(1) 第一次装夹的 FANUC 程序

开始	M03 S800	主轴正转，800r/min
	T0101	换 1 号外圆车刀
	G98	指定走刀按照 mm/min 进给
端面	G00 X45 Z0	快速定位工件端面上方
	G01 X0 F80	车端面，走刀速度 80mm/min
G71 粗车循环	G00 X45 Z3	快速定位循环起点
	G71 U3 R1	X 向每次吃刀量 3，退刀为 1
	G71 P10 Q20 U0.4 W0.1 F100	循环程序段 10~20
外轮廓	N10 G00 X32	垂直移动到最低处，不能有 Z 值
	G01 Z0	接触工件
	X35 Z-1.5	车削倒角
	Z-18	车削 ϕ35 的外圆
	N20 X42	抬刀
精车	M03 S1200	提高主轴转速，1200r/min
	G70 P10 Q20 F40	精车
	G00 X200 Z200	快速退刀
宽槽	T0202	换 02 号切槽刀
	M03 S800	降低主轴转速，800r/min
	G00 X42 Z-13	定位切槽循环起点
	G75 R1	G75 切槽循环固定格式
	G75 X30 Z-18 P3000 Q2000 R0 F20	G75 切槽循环固定格式
	G00 X200 Z200	快速退刀
钻孔	T0404	换 04 号钻头
	G00 X0 Z2	定位孔
	G01 Z-35 F15	钻孔
	Z2 F100	退出孔
	G00 X200 Z200	快速退刀
内轮廓	T0505	换 05 号镗刀
	M03 S800	主轴正转，800r/min
	G00 X12 Z2	定位镗孔循环起点
	G74 R1	G74 镗孔循环固定格式
	G74 X22 Z-32 P3000 Q3200 R0 F20	G74 镗孔循环固定格式
	G00 X200 Z200	快速退刀
结束	M05	主轴停
	M30	程序结束

(2) 第二次掉头装夹的 FANUC 程序

开始	M03 S800	主轴正转,800r/min
	T0101	换 1 号外圆车刀
	G98	指定走刀按照 mm/min 进给
端面	G00 X45 Z0	快速定位工件端面上方
	G01 X20 F80	车端面,走刀速度 80mm/min
外轮廓	N10 G00 X[35+0.2] Z2	移动到倒角外侧,留余量
	G01 Z0	接触工件
	X[38+0.2] Z-1.5	车削倒角,留余量
	Z-13	车削 φ38 的外圆
	N20 X42	抬刀
精车	G00 Z2	定位精车起点
	M03 S1200	提高主轴转速,1200r/min
	G70 P10 Q20 F40	精车
	G00 X200 Z200	快速退刀
内轮廓	T0606	换 06 号内圆车刀
	M03 S800	主轴正转,800r/min
	G00 X26 Z2	定位内圆第 1 刀起点
	G01 Z-5 F20	车削内圆
	Z2 F80	退出内圆
	G00 X30	定位内圆第 1 刀起点
	G01 Z-5 F20	车削内圆
	Z2 F80	退出内圆
	G00 X200 Z200	快速退刀
结束	M05	主轴停
	M30	程序结束

5. 刀具路径及切削验证（见图 6.22）

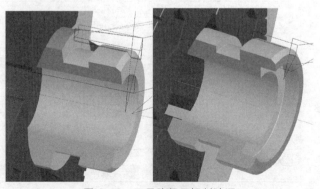

图 6.22 刀具路径及切削验证

七、双椭圆复合轴三件套 C 件

1. 学习日的

① 思考和熟练掌握每一次装夹的位置和加工范围，设计最合理的加工工艺。

视频演示-1　视频演示-2　视频演示-3

② 思考椭圆部分宏程序编程如何实现。

③ 熟练掌握通过内外径粗车循环 G71、复合轮廓粗车循环 G73 联合编程的方法。

④ 掌握实现内圆的编程方法。

⑤ 学习如何对内螺纹进行编程。

⑥ 能迅速构建编程所使用的模型。

2. 加工图纸及要求

数控车削加工如图 6.23 所示的零件，编制其加工的数控程序。

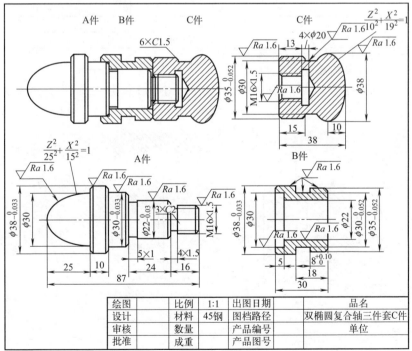

图 6.23　双椭圆复合轴三件套 C 件

3. 工艺分析、毛坯、刀具选择

(1) 工艺分析

该零件由内外圆柱面、顺圆弧、逆圆弧、槽、螺纹等表面组成，零件图尺寸标注完整，符合数控加工尺寸标注要求；轮廓描述清楚完整；零件材料为 45 钢，切削加工性能较好，无热处理和硬度要求。

(2) 毛坯选择

零件材料为 45 钢，ϕ40mm 棒料。

(3) 刀具选择 （见表 6.7）

表 6.7　刀具选择

刀具号	刀具规格名称	加工内容	刀具特征	备注
T01	硬质合金 45°外圆车刀	车端面及车轮廓		
T02	切断刀（切槽刀）	切槽	宽 3mm	
T03	—			
T04	钻头	钻孔	118°麻花钻	ϕ10mm
T05	内圆车刀	车内孔		刀刃与 X 轴平行
T06	内螺纹刀	内螺纹	60°牙型角	
T07	内割刀	切内轮廓的槽	宽 3mm	

(4) 几何模型

本例题需要两次装夹，轮廓部分采用 G71、G73、G75 的循环联合编程，其两次装夹的加工路径的模型设计见图 6.24、图 6.25。

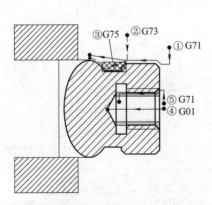

图 6.24　第一次装夹的几何模型和编程路径示意图

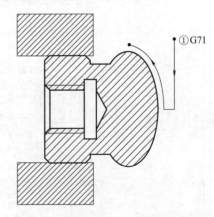

图 6.25　第二次掉头装夹的几何模型和编程路径示意图

(5) 数学计算

本题工件尺寸和坐标值明确，可直接进行编程。

4. 数控程序

(1) 第一次装夹的 FANUC 程序

开始	M03 S800	主轴正转,800r/min
	T0101	换 1 号外圆车刀
	G98	指定走刀按照 mm/min 进给
端面	G00 X45 Z0	快速定位工件端面上方
	G01 X0 F80	车端面,走刀速度 80mm/min
G71 粗车循环	G00 X45 Z3	快速定位循环起点
	G71U2 R1	X 向每次吃刀量 2,退刀为 1
	G71 P1 0Q20 U0.4 W0.1 F100	循环程序段 10~20
外轮廓	N10 G00 X32	垂直移动到最低处,不能有 Z 值
	G01 Z0	接触工件
	X35 Z−1.5	车削倒角
	N15 Z−14	车削 φ35 的外圆,取整数结束
	N20 X38 Z−28	斜向车削至椭圆顶部
精车	M03 S1200	提高主轴转速,1200r/min
	G70 P10 Q15 F40	精车
G73 粗车循环	G00 X42 Z−15	快速定位循环起点
	G73 U2 W1 R2	G73 粗车循环,循环 2 次
	G73 P30 Q50 U0.2 W0.2F80	循环程序段 30~40
外轮廓	N30 G01 X35	垂直移动到最低处,不能有 Z 值
	G01 X30 Z−21.862	斜向车削至椭圆顶部起点
	#1＝10	椭圆长半轴 a 赋值
	#2＝19	椭圆短半轴 b 赋值
	#3＝67.746	曲线加工起点的圆心角赋值
	#4＝90	曲线加工终点的圆心角赋值
	#5＝0.5	角度递变量赋值
	#10＝ATAN [#1 * TAN [#3]/ #2]	根据图中圆心角计算参数方程中离心角的值
	WHILE [#10LE#4] DO1	加工条件判断
	#20＝#2 * SIN[#10]	用参数方程计算 x 值
	#21＝#1 * COS[#10]	用参数方程计算 z 值
	G01 X[2 * #20] Z[#21−28]	直线拟合逼近曲线
	#10＝#10＋#5	离心角递增
	END1	循环结束
	N50 Z−30	多走一刀,避免接刀痕

	M03 S1200	提高主轴转速,1200r/min
精车	G70 P30 Q50 F40	精车
	G00 X200 Z200	快速退刀
	T0202	换切断刀,即切槽刀
	M03 S800	主轴正转,800r/min
宽槽	G00 X38 Z−18	定位切槽循环起点
	G75 R1	G75 切槽循环固定格式
	G75 X30 Z−21.862 P3000 Q1500 R0 F20	G75 切槽循环固定格式
	G00 Z−16.5	定位在倒角上方
	G01 X35 F80	接触工件
倒角	X32 Z−18 F20	车削倒角
	G00 X38	抬刀
	G00 X200 Z200	快速退刀
	T0404	换 04 号钻头
	M03 S800	主轴正转,800r/min
钻孔	G00 X0 Z2	定位孔
	G01 Z−22 F15	钻孔
	Z2 F100	退出孔
	G00 X200 Z200	快速退刀
	T0505	换 5 号内圆车刀
G71 粗车 循环	G00 X10 Z3	快速定位循环起点
	G71 U2 R1	X 向每次吃刀量 2,退刀为 1
	G71 P60 Q70 U−0.4 W0.1 F80	循环程序段 60~70
	N60 G00 X16	垂直移动到内圆最高处,不能有 Z 值
内轮廓	G01 Z0	接触工件
	X13 Z−1.5	斜向车削锥面
	Z−17	车削 ϕ13 的内圆
	N70 X10	降刀
	M03 S1200	提高主轴转速,1200r/min
精车	G70 P60 Q70 F30	精车
	G00 X200 Z200	快速退刀
	T0707	换内割刀
	M03 S800	主轴正转,800r/min
退刀槽	G00 X10 Z2	定位到内圆外侧
	G01 Z−17 F80	移至槽下方
	X20 F15	切槽

退刀槽	X10 F80	退出槽
	Z2	退出内圆
	G00 X200 Z200	快速退刀
内外螺纹	T0606	换 06 号内螺纹刀
	G00 X10 Z2	定位到第 1 个螺纹循环起点
	G76 P010060 Q80R0.1	G76 螺纹循环固定格式
	G76 X16 Z－15.5 P812Q400 R0F1.5	G76 螺纹循环固定格式
	G00 X200 Z200	快速退刀
结束	M05	主轴停
	M30	程序结束

(2) 第二次掉头装夹的 FANUC 程序

开始	M03 S800	主轴正转,800r/min
	T0101	换 1 号外圆车刀
	G98	指定走刀按照 mm/min 进给
端面	G00 X45 Z0	快速定位工件端面上方
	G01 X0 F80	车端面,走刀速度 80mm/min
G71 粗车循环	G00 X45 Z2	快速定位循环起点
	G71 U2 R1	X 向每次吃刀量 2,退刀为 1
	G71 P10 Q30 U0.4 W0.1 F100	循环程序段 10～30
外轮廓	N10 G00X0	垂直移动到最低处,不能有 Z 值
	G01 Z0	接触工件
	♯100＝0	♯100 为中间变量,用于指定 Z 的起始位置
	N20 ♯101＝♯100＋10	为椭圆公式中的 Z 值(♯101)赋值
	♯102＝19＊SQRT[1－♯101＊♯101/100]	椭圆的计算公式
	G01 X[2＊♯102] Z[♯100]	直线拟合曲线
	♯100＝♯100－0.1	Z 方向每次移动－0.1mm
	IF [♯100GT－10] GOTO20	比较刀具当前是否到达 Z 向终点,如不到达,则返回 N20 段反复执行,直到到达椭圆 Z 的终点值为止
	N30 Z－12	多走一刀,避免接刀痕
精车	M03 S1200	提高主轴转速,1200r/min
	G70 P10 Q30F40	精车
	G00 X200 Z200	快速退刀
结束	M05	主轴停
	M30	程序结束

5. 刀具路径及切削验证（见图 6.26）

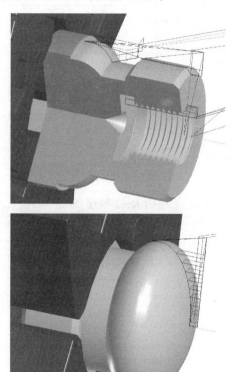

图 6.26　刀具路径及切削验证